全国职业院校课程改革/融合媒体教材

计算机应用与数据分析+人工智能

主　编　谢中梅　孔外平　李　琳

副主编　毛宏云　占　明　肖明华　陈书敏

参　编　谢明芸　潘斌辉　田高华　杨　群

　　　　陈为群　施俊容　郭　鹏　吴泞君

电子工业出版社

Publishing House of Electronics Industry

北京·BEIJING

内 容 简 介

全书共分为 8 个项目，包括计算机与信息技术基础、认识 Internet、Windows 10 操作系统的使用、Word 2016 文档编辑与管理、Excel 2016 数据统计与分析、PowerPoint 2016 演示文档制作与展示、人工智能技术及应用概论、大数据技术原理及应用概论。各项目内容通过任务逐步展开，有利于适应高等职业院校项目化教学要求，适应高职学生的学习特点。本书简明通俗，便于理解，不仅可以拓宽学生的知识面，还可以培养学生的计算机应用能力和解决问题的能力。

本书具有简明、实用、操作性强等特点，既可作为高等职业院校各专业计算机基础的教学用书，也可作为一般读者和专业人员的自学参考书，还可作为培训教材。

图书在版编目（CIP）数据

计算机应用与数据分析+人工智能/谢中梅，孔外平，李琳主编. —北京：电子工业出版社，2021.7

ISBN 978-7-121-41470-1

I. ①计… II. ①谢… ②孔… ③李… III. ①电子计算机－高等职业教育－教材②数据处理－高等职业教育－教材③人工智能－高等职业教育－教材 IV. ①TP3 ②TP274③TP18

中国版本图书馆 CIP 数据核字(2021)第 124204 号

责任编辑：韩 蕾
印　　刷：中国电影出版社印刷厂
装　　订：中国电影出版社印刷厂
出版发行：电子工业出版社
　　　　　北京市海淀区万寿路 173 信箱　邮编：100036
开　　本：787×1092　1/16　印张：17　字数：424 千字
版　　次：2021 年 7 月第 1 版
印　　次：2021 年 7 月第 1 次印刷
定　　价：48.00 元

凡所购买电子工业出版社图书有缺损问题，请向购买书店调换。若书店售缺，请与本社发行部联系，联系及邮购电话：（010）88254888，88258888。

质量投诉请发邮件至 zlts@phei.com.cn，盗版侵权举报请发邮件至 dbqq@phei.com.cn。

本书咨询联系方式：qiyuqin@phei.com.cn。

21 世纪，人类已经步入信息化社会。信息化社会将打破人们传统的工作方式和学习方式。人们的工作、生活都离不开计算机和网络，人工智能和大数据更给人们的生活添加了科学、准确、高效和智能的色彩。熟悉并掌握计算机信息处理技术的基本知识和技能已经成为胜任本职工作、适应社会发展的必备条件之一。随着计算机在各个领域的广泛使用，必然要求进入社会就业岗位的劳动者具有较好的计算机应用能力。这是信息社会对未来劳动者的要求，也是对培养社会新型劳动者的职业技术教育的必然要求。

因此，如何引导学生掌握计算机应用技术，注重培养、练习和提高他们的计算机应用能力，是每一位高职高专教师应该认真思考和解决的一个问题，并且要将好的解决方案贯穿于整个教学过程中，创造性地开展计算机教学，摸索合适的教学模式和教学方法。

全书共分为 8 个项目，主要内容包括计算机与信息技术基础、认识 Internet、Windows 10 操作系统的使用、Word 2016 文档编辑与管理、Excel 2016 数据统计与分析、PowerPoint 2016 演示文档制作与展示、人工智能技术及应用概论、大数据技术原理及应用概论。

通过本书的学习，读者能够对计算机的基本概念、计算机原理、网络知识、人工智能、大数据等有一个全面、清楚的了解和认识，并能熟练掌握系统软件和常用 Office 办公软件的操作和应用。在拓宽知识面的同时，培养读者的计算机应用能力和解决问题的能力。

此书由江西应用技术职业学院与江西医学高等专科学校联合编写，具体编写分工如下：项目 1 由谢中梅、郭鹏编写，项目 2 由肖明华、陈为群编写，项目 3 由毛宏云编写，项目 4 由李琳、田高华编写，项目 5 由孔外平、杨群编写，项目 6 由占明、谢明芸编写，项目 7 由陈书敏、潘斌辉编写，项目 8 由施俊容、吴泞君编写。在编写过程中，编者参阅了大量的资料，在此向各位参与编写的作者表示感谢，由于编者水平有限，书中难免存在不足之处，希望广大读者批评指正。

编　者

2021 年 5 月

项目 1 计算机与信息技术基础

── □ **任务 1.1 认识计算机** □ ──

1.1.1 任务要点

◆ 计算机的发展历程。
◆ 计算机的特点。
◆ 计算机的应用。
◆ 计算机的分类。

1.1.2 任务要求

在信息化如此发达的今天，计算机已成为人们工作、学习和生活中离不开的工具，计算机也成为各行各业工作人员的必备知识和技能。要求掌握计算机的基础知识，对计算机的发展历程、特点、应用和种类等知识有一个大概的了解。

1.1.3 实施过程

1. 通过理论学习，了解计算机的发展历程、特点、应用、种类等基础知识。
2. 课外通过实地走访的形式观察和了解不同种类计算机的应用场合和应用方式。

1.1.4 知识链接

1. 计算机的发展历程

（1）第一代计算机（1946—1957 年）：电子管计算机。

硬件方面，逻辑元件采用真空电子管；主存储器采用汞延迟线、阴极射线示波管、静电存储器、磁鼓、磁芯；外存储器采用磁带。软件方面，采用机器语言、汇编语言。应用领域以军事和科学计算为主。特点是体积大、功耗高、可靠性差、速度慢（一般为每秒数千次至数万次）、价格昂贵，但第一代计算机为以后的计算机发展奠定了基础。

（2） 第二代计算机（1958—1964 年）：晶体管计算机。

硬件方面，逻辑元件采用晶体管，主存储器采用磁芯，外存储器采用磁盘。软件方面，出现了以批处理为主的操作系统、高级语言及其编译程序。应用领域以科学计算和事务处理为主，并开始进入工业控制领域。特点是体积缩小、能耗降低、可靠性提高、运算速度提高（一般为数十万次每秒，可高达 300 万次每秒），性能相比第一代计算机有很大的提高。

（3） 第三代计算机（1965—1970 年）：中小规模集成电路计算机。

硬件方面，逻辑元件采用中、小规模集成电路（MSI、SSI），主存储器仍采用磁芯。软件方面，出现了分时操作系统以及结构化、规模化程序设计方法。应用领域开始进入文字处理和图形图像处理领域。特点是速度更快（一般为数百万次至数千万次每秒）、可靠性显著提高、价格进一步下降，产品走向了通用化、系列化和标准化。

（4） 第四代计算机（1971 年至今）：大规模、超大规模集成电路计算机。

硬件方面，逻辑元件采用大规模和超大规模集成电路（LSI 和 VLSI）。软件方面，出现了数据库管理系统、网络管理系统和面向对象语言等。1971 年世界上第一台微处理器在美国硅谷诞生，开创了微型计算机的新时代。应用领域从科学计算、事务管理、过程控制逐步走向家庭。

计算机的产生和发展

2. 计算机的特点

计算机作为一种通用的信息处理工具，它具有极高的处理速度、很强的存储能力、精确的计算逻辑判断能力，其主要特点如下。

（1） 运算速度快。截至 2019 年年底，超级计算机的运算速度已经达到每秒数十亿亿次，微型计算机也可以高达每秒几万亿次以上，使大量复杂的科学计算问题得以解决。

（2） 计算精确度高。科学技术的发展尤其是尖端科学技术的发展，需要高度精确地计算。计算机的计算精度从千分之几到百万分之几，令其他任何计算工具都望尘莫及。

（3） 具有记忆和逻辑判断能力。随着计算机存储容量的不断增大，可存储记忆的信息越来越多。计算机不仅能进行计算，而且能把参加运算的数据、程序以及计算结果保存起来，以供用户随时调用。还可以对各种信息通过编码进行算术运算和逻辑运算，甚至进行推理和证明。

（4） 具有自动控制能力。计算机内部操作是根据人们事先编好的程序自动控制进行的。用户根据实际应用需要，事先设计好运行步骤与程序，计算机会十分严格地按设定的步骤操作，整个过程无须人工干预。

（5） 可靠性高。计算机的运行不会受外力、情绪的影响，只要内部元器件不损坏就可以连续工作。

3. 计算机的应用

计算机的应用已渗透到社会的各个领域，正在改变着传统的工作、学习和生活方式，推动着社会的发展。总结起来计算机的主要应用领域有以下几个方面。

（1）科学计算。

科学计算也称为数值计算，是计算机最基本的功能之一。计算机最开始是为了解决科学研究和工程设计中遇到的大量数学问题中的数值计算而研制的计算工具。随着现代科学技术的进一步发展，数值计算在现代科学研究中的地位不断提高，在尖端科学领域中显得尤为重要。例如卫星运行轨迹、水坝应力、气象预报、油田布局、潮汐规律等，这些无法用人工解决的复杂的数值计算，都可以使用计算机快速而准确地解决。

（2）数据处理。

数据处理也叫信息处理，是计算机应用最广泛的领域。电子计算机早期主要用于数值计算，但不久应用范围就突破了这个局限，除了能进行数值计算之外，还能对字母、符号、表格、图形、图像等信息进行处理。计算机系统也发展了非数值算法和相应的数据结构，现代计算机可对数据进行采集、分类、排序、统计、制表、计算等方面的加工，并对处理的数据进行存储和传输。与科学计算相比，数据处理的特点是数据输入/输出量大，而计算则相对简单得多。

计算机的应用从数值计算发展到非数值计算的数据处理，大大拓宽了计算机应用的领域。目前，计算机的信息处理已经应用得非常普遍，如人事管理、库存管理、财务管理、图书资料管理、商业数据交流、情报检索和经济管理等。信息处理已成为当代计算机的主要任务，是现代化管理的基础。

（3）自动控制。

自动控制是通过计算机对某一过程进行自动操作的行为，它不需要人工干预，能够按人预定的目标和预定的状态进行过程控制。所谓过程控制是指对操作数据进行实时采集、检测、处理和判断，按最佳值进行调节的过程。

计算机加上感应检测设备及模/数转换器，就构成了自动控制系统。使用计算机进行自动控制可大大提高控制的实时性和准确性，提高劳动效率和产品质量，降低成本，缩短生产周期，目前被广泛用于操作复杂的钢铁工业、石油化工业和医药工业等生产过程中。计算机自动控制还在国防和航空航天领域中起着决定性作用，例如无人驾驶飞机、导弹、人造卫星和宇宙飞船等飞行器的控制，都是靠计算机来实现的。可以说计算机在现代国防和航空航天领域是必不可少的。

（4）辅助设计和辅助教学。

计算机辅助设计（Computer Aided Design，CAD）是指借助计算机的帮助自动或半自动地完成各类工程设计工作。目前 CAD 技术已应用于飞机设计、船舶设计、建筑设计、机械设计和大规模集成电路设计等。采用计算机辅助设计，可以缩短设计时间，提高工作效率，节省人力、物力和财力，更重要的是提高了设计质量。CAD 已经得到各国工程技术人员的高度重视，有些国家甚至把 CAD 和计算机辅助制造（Computer Aided Manufacturing）、计算机辅助测试（Computer Aided Test）及计算机辅助工程（Computer Aided Engineering）组成一个集成系统，使设计、制造、测试和管理有机地组成为一体，形成高度的自动化系统，因此产生了自动化生产线和"无人工厂"。

计算机辅助教学（Computer Aided Instruction，CAI）是指用计算机来辅助完成教学计划或模拟某个实验过程。计算机可按不同要求，分别提供所需的教材内容，还可以个别教学，及时指出学生在学习中出现的错误，根据计算机对学生的测试成绩决定学生的学习从一个阶段进入另一个阶段。CAI 不仅能够减轻教师的负担，还能够激发学生的学习兴趣，提高教学质量，为培养现代化高质量人才提供有效的方法。

（5） 人工智能。

人工智能（Artificial Intelligence，AI）是指计算机模拟人类某些智力行为的理论、技术和应用。人工智能是计算机应用的一个重要领域，这方面的研究和应用正处于高速发展阶段，在医疗诊断、定理证明、语言翻译、机器人等方面已取得了显著的成效。例如，用计算机模拟人脑的部分功能进行思维学习、推理、联想和决策，使计算机具有一定的"思维能力"。

机器人是计算机人工智能的典型例子，其核心就是计算机。第一代机器人的代表是机械手；第二代机器人对外界信息能够反馈，有一定的触觉、视觉和听觉；第三代机器人是智能机器人，具有感知和理解周围环境，使用语言、推理、规划和操纵工具的技能，可以模仿人完成某些动作。机器人不怕疲劳，精确度高，适应力强，现已开始用于搬运、喷漆、焊接、装配等工作中。机器人还能代替人在危险工作中进行繁重的劳动，如在有放射线、污染有毒、高温、低温、高压和水下等环境中工作。

（6） 多媒体技术应用。

随着电子技术特别是通信和计算机技术的发展，人们已经有能力把文本、动画、图形、图像、音频、视频等各种媒体综合起来，构成一种全新的概念——多媒体（Multimedia）。在医疗、教育、商业、银行、保险、行政管理、军事、工业、广播和出版等领域中，多媒体的应用发展很快。

（7） 计算机网络。

计算机网络是现代计算机技术与通信技术高度发展和密切结合的产物，它利用通信设备和线路将地理位置不同、功能独立的多个计算机系统互联起来，以功能完善的网络软件实现网络中资源共享和信息传递的系统。

人类已经进入信息社会，处理信息的计算机和传输信息的计算机网络组成了信息社会的基础。目前，各种各样的计算机局域网在学校、政府机关甚至家庭中起着举足轻重的作用，全世界最大的计算机网络 Internet（因特网）把整个地球变成了一个小小的村落，人们通过计算机网络实现数据与信息的查询、高速通信服务（电子邮件、电视电话、电视会议、文档传输）、电子教育、电子娱乐、电子商务、远程医疗和会诊、交通信息管理等。

计算机的特点及应用

4. 计算机的分类

（1） 按照性能指标分类：

① 巨型机：高速度、大容量。

② 大型机：速度快、应用于军事技术科研领域。

③ 小型机：结构简单、造价低、性能价格比突出。

④ 微型机：体积小、重量轻、价格低。

（2） 按照用途分类：

① 专用机：针对性强、特定服务、专门设计。
② 通用机：通过科学计算、数据处理、过程控制解决各类问题。
（3）　按照原理分类：
① 数字机：速度快、精度高、自动化、通用性强。
② 模拟机：用模拟量作为运算量，速度快、精度差。
③ 混合机：集中前两者优点、避免其缺点，处于发展阶段。

1.1.5　知识拓展

1．计算机的诞生

1946 年 2 月，世界上第一台电子数字计算机 ENIAC（Electronic Numerical Integrator and Calculator）在美国诞生，它是在美国陆军部赞助下，由美国国防部和宾夕法尼亚大学共同研制的。ENIAC 使用了约 18000 只电子管，约 10000 只电容，约 7000 只电阻，体积约 3000 立方英尺，占地约 170 平方米，重量约 30 吨，耗电约 140～150 千瓦，是一个名副其实的"庞然大物"，如图 1-1 所示。

图 1-1　第一台电子数字计算机 ENIAC

ENIAC 诞生后的短短几十年间，计算机的发展突飞猛进。主要是电子元器件相继使用了真空电子管、晶体管、中、小规模集成电路和大规模、超大规模集成电路，实现了计算机的几次更新换代。目前，计算机的应用已扩展到社会的各个领域。

2．计算机的发展趋势

（1）　巨型化。巨型化是指研制速度更快、存储量更大、功能更强大的巨型计算机。其运算能力一般在亿亿次每秒以上、内存容量在几百吉字节以上，主要应用于天文、气象、地质、核技术、航天飞机和卫星轨道计算等尖端科学技术领域。巨型计算机的技术水平是衡量一个国家技术和工业发展水平的重要标志。

（2）　微型化。微型化是指利用微电子技术和超大规模集成电路技术，把计算机的体积进一步缩小，价格进一步降低。计算机的微型化已成为计算机发展的重要方向，各种笔记本电脑和 PDA 的大量面世就是计算机的微型化的一个标志。

（3）　网络化。网络技术可以更好地管理网上的资源，它把整个因特网虚拟为功能强大的一体化系统，犹如一台巨型机，在这个动态变化的网络环境中，实现计算资源、存储资源、数据资源、信息资源、知识资源和专家资源的全面共享，从而让用户享受可灵活控制的、智能的、协作式的信息服务，并获得前所未有的使用方便性。

（4）　智能化。计算机智能化是指计算机具有模拟人的感觉和思维过程的能力。智能化的研究包括模拟识别、物形分析、自然语言的生成和理解、博弈、定理自动证明、自动程序设计、专家系统、学习系统以及智能机器人等。目前已研制出多种具有人的部分智能的机器人，可以代替人在一些危险的工作岗位上工作。

（5）　多媒体化。多媒体计算机是当前计算机领域中最引人注目的高新技术之一。多媒体计算机就是利用计算机技术、通信技术和大众传播技术，来综合处理多种媒体信息的计算机。这些信息包括文本、视频图像、图形、声音和文字等。多媒体技术使多种信息建立了有机联系，并集成为一个具有人机交互性的系统。多媒体计算机将真正改善人机界面，使计算机朝着人类接受和处理信息的最自然的方式发展。

1.1.6　技能训练

练习：

（1）　去计算机市场参观，浏览各种不同形状和种类的计算机实体。

（2）　去超市、银行或其他公共服务部门观察这些场合的计算机的用途。

──□ 任务 1.2　计算机信息处理 □──

1.2.1　任务要点

◆　数制的概念。
◆　各数制间的转换。
◆　信息的存储单位。
◆　常见的信息编码。

1.2.2　任务要求

1. 了解数制的概念、信息的存储单位、常见的信息编码。
2. 掌握各数制间的转换。

1.2.3　实施过程

通过理论学习了解数制的概念、信息的存储单位和常见的信息编码，并通过实际计算掌握不同数制间的转换。

1.2.4　知识链接

1. 数制的概念

数制也称计数制，是用一组固定的符号和统一的规则来表示数值的方法。计算机的电子元器件间只能识别两种状态，如电流的通断、电平的高低、磁性材料的正反向磁化、晶体管的导通与截止等，这两种状态由"0"和"1"分别表示，形成了二进制数。计算机中所有的数据或指令都用二进制数来表示。但二进制数不便于阅读、书写和记忆，通常用十六进制数和八进制数来简化二进制数的表达。

2. 数制的转换

数制转换即进制转换。不同进位计数制之间的转换实质上是基数间的转换。一般转换的原则是：如果两个有理数相等，则两数的整数部分和小数部分一定分别相等。因此，各数制之间进行转换时，通常对整数部分和小数部分分别进行转换，然后将其转换结果合并。

（1）非十进制数转换成十进制数。

非十进制数转换成十进制数的方法是把各个非十进制数按以下求和公式展开求和，即把二进制数（或八进制数，或十六进制数）写成2（或8或16）的各次幂之和的形式，然后计算其结果。

例1：把二进制数$(110101)_2$和$(1101.101)_2$转换成十进制数。

解：$(110101)_2 = 1 \times 2^5 + 1 \times 2^4 + 0 \times 2^3 + 1 \times 2^2 + 0 \times 2^1 + 1 \times 2^0$

$\qquad = 32 + 16 + 0 + 4 + 0 + 1 = (53)_{10}$

$(1101.101)_2 = 1 \times 2^3 + 1 \times 2^2 + 0 \times 2^1 + 1 \times 2^0 + 1 \times 2^{-1} + 0 \times 2^{-2} + 1 \times 2^{-3}$

$\qquad = 8 + 4 + 0 + 1 + 0.5 + 0 + 0.125 = (13.625)_{10}$

例2：把八进制数$(305)_8$和$(456.124)_8$转换成十进制数。

解：$(305)_8 = 3 \times 8^2 + 0 \times 8^1 + 5 \times 8^0$

$\qquad = 192 + 5 = (197)_{10}$

$(456.124)_8 = 4 \times 8^2 + 5 \times 8^1 + 6 \times 8^0 + 1 \times 8^{-1} + 2 \times 8^{-2} + 4 \times 8^{-3}$

$\qquad = 256 + 40 + 6 + 0.125 + 0.03125 + 0.0078125$

$\qquad = (302.1640625)_{10}$

例3：把十六进制数$(2A4E)_{16}$和$(32CF.48)_{16}$转换成十进制数。

解：$(2A4E)_{16} = 2 \times 16^3 + A \times 16^2 + 4 \times 16^1 + E \times 16^0$

$\qquad = 8192 + 2560 + 64 + 14$

$\qquad = (10830)_{10}$

$$(32CF.48)_{16}=3\times16^3+2\times16^2+C\times16^1+F\times16^0+4\times16^{-1}+8\times16^{-2}$$
$$=12288+512+192+15+0.25+0.03125$$
$$=(13007.28125)_{10}$$

（2） 十进制数转换成非十进制数（R 进制数）。

把十进制数转换为 R 进制数的方法是：整数部分转换采用"除以 R 取余法"；小数部分转换采用"乘以 R 取整法"，然后再拼接起来。

十进制整数转换成 R 进制整数，可用十进制数连续地除以 R，其余数即为 R 进制的各位系数。

十进制小数转换成 R 进制数时，可连续地乘以 R，直到小数部分为零，或达到所要求的精度为止。

例 4：将十进制数 $(22.8125)_{10}$ 转换为二进制数。

① 整数部分除以 2，商继续除以 2，直到得到 0，将余数逆序排列。

22/2	11	余 0
11/2	5	余 1
5 /2	2	余 0
2 /2	1	余 0
1 /2	0	余 1

即 $(22)_{10}=(10110)_2$。

② 小数部分乘以 2，取整，小数部分继续乘以 2，取整，直到小数部分为 0，将整数顺序排列。

0.8125×2=1.625	取整 1	小数部分是 0.625；
0.625×2=1.25	取整 1	小数部分是 0.25；
0.25×2=0.5	取整 0	小数部分是 0.5；
0.5×2=1.0	取整 1	小数部分是 0，结束。

即 $(0.8125)_{10}=(0.1101)_2$。

拼接起来：$(22.8125)_{10}=(10110.1101)_2$。

（3） 二、八、十六进制数之间的相互转换。

由于一位八（十六）进制数相当于三（四）位二进制数，因此要将八（十六）进制数转换成二进制数时，只需以小数点为界，向左或向右每一位八（十六）进制数用相应的三（四）位二进制数取代即可。如果不足三（四）位，可用零补足。反之，二进制数转换成相应的八（十六）进制数，只是上述方法的逆过程，即以小数点为界，向左或向右每三（四）位二进制数用相应的一位八（十六）进制数取代。

二进制和八进制、十六进制
相互转换

例 5：将八进制数 $(714.431)_8$ 转换成二进制数。

7	1	4	.	4	3	1
111	001	100	.	100	011	001

即 $(714.431)_8 =(111001100.100011001)_2$。

例 6：将二进制数(11101110.00101011)₂ 转换成八进制数。

011	101	110	.	001	010	110
3	5	6	.	1	2	6

即(11101110.00101011)₂ =(356.126)₈。

例 7：将十六进制数(1AC0.6D)₁₆ 转换成相应的二进制数。

1	A	C	0	.	6	D
0001	1010	1100	0000	.	0110	1101

即(1AC0.6D)₁₆ =(1101011000000.01101101)₂。

例 8：将二进制数(10111100101.00011001101)₂ 转换成相应的十六进制数。

0101	1110	0101	.	0001	1001	1010
5	E	5	.	1	9	A

即(10111100101.00011001101)₂ =(5E5.19A)₁₆。

3. 信息的存储单位

计算机中表示数据的单位有位和字节等。

位（bit）：是计算机处理数据的最小单位，用 0 或 1 来表示，如二进制数 10011101 是由 8 个"位"组成的，"位"常用 b 来表示。

字节（Byte）：是计算机中数据的最小存储单元，常用 B 表示。计算机中由 8 个二进制位组成一个字节，一个字节可存放一个半角英文字符的编码，两个字节可存放一个汉字编码。

计算机中的计量单位关系如下。

1B =8b

1KB=210B= 1024B

1MB=210KB=1024KB

1GB=210MB=1024MB

1TB=210GB=1024GB

1PB=210TB=1024TB

4. 常见的信息编码

计算机中的信息是指二进制代码所表达的具体内容。在计算机中，数据以二进制数的形式存在，同样，文字、声音、图像等信息也都以二进制数的形式存在，但是，人们习惯使用十进制数，因此就出现了一些转换码，可以将二进制数和十进制数进行转换。

（1）BCD 码。

BCD 码是将十进制的每一位数用多位二进制数表示的编码方法。表 1-1 列出了十进制数和 BCD 码的对照。

表 1-1　十进制数和 BCD 码的对照

十进制数	BCD 码	十进制数	BCD 码
0	0000	5	0101
1	0001	6	0110
2	0010	7	0111
3	0011	8	1000
4	0100	9	1001

例如：$(29.06)_{10}=(0010\ 1001.0000\ 0110)_{BCD}$。

（2）ASCII 码。

ASCII 码是被国际标准化组织（ISO）采纳的美国标准信息交换码，是计算机中普遍采用的一种字符编码形式。计算机中常用的基本字符包括十进制数字符号 0~9，大写英文字母 A~Z，小写英文字母 a~z，以及各种运算符号、标点符号及一些控制符等，都能被转换成二进制编码形式，以便被计算机识别。表 1-2 列出的即是 ASCII 码。

表 1-2　ASCII 码

高位／低位	0000	0001	0010	0011	0100	0101	0110	0111
0000	NUL	DLE	SP	0	@	P	'	p
0001	SOH	DC1	!	1	A	Q	a	q
0010	STX	DC2	"	2	B	R	b	r
0011	ETX	DC3	#	3	C	S	c	s
0100	EOT	DC4	$	4	D	T	d	t
0101	ENQ	NAK	%	5	E	U	e	u
0110	ACK	SYN	&	6	F	V	f	v
0111	BEL	ETB	'	7	G	W	g	w
1000	BS	CAN	(	8	H	X	h	x
1001	HT	EM	)	9	I	Y	i	y
1010	LF	SUB	*	:	J	Z	j	z
1011	VT	ESC	+	;	K	[	k	{
1100	FF	FS	,	<	L	\	l	|
1101	CR	GS	-	=	M	]	m	}
1110	SO	RS	.	>	N	^	n	~
1111	SI	US	/	?	O	-	o	DEL

在 ASCII 中，每个字符用二进制代码表示，例如，要确定字符 A 的 ASCII，可以从表中查到高位是 100，低位是 0001，将高位和低位拼起来就是 A 的 ASCII，即 01000001，记做 41H。一个字节有 8 位，每个字符的 ASCII 码存入字节低 7 位，最高位置 0。

1.2.5　知识拓展

1. 进位计数制

在日常生活和计算机中采用的是进位计数制，每一种进位计数制都包含以下一组数码符号和三个基本因素。

数码：一组用来表示某种数制的符号。十进制的数码是 0、1、2、3、4、5、6、7、8、9，二进制的数码是 0、1。

基数：某数制可以使用的数码个数。十进制的基数是 10，二进制的基数是 2。

数位：数码在一个数中所处的位置。

权：权是基数的幂，表示数码在不同位置上的数值。

2．常用的进位计数制

（1）二进制数。

二进制数是用 0 和 1 两个数码来表示的数。它的基数为 2，进位规则是"逢二进一"，借位规则是"借一当二"。当前的计算机系统使用的是二进制数。

（2）八进制数。

八进制数采用 0、1、2、3、4、5、6、7 八个数码，逢八进一。八进制数较二进制数书写方便，常应用在电子计算机的计算中。

（3）十进制数。

十进制数是相对二进制计数法而言的，是人们日常使用最多的计数方法，逢十进一。

（4）十六进制数。

十六进制数是计算机中数据的一种表示方法。同人们日常中的十进制数表示法不一样，它由 0～9 和 A～F 组成。与 10 进制数的对应关系是：0～9 对应 0～9；A～F 对应 10～15。

1.2.6 技能训练

练习：

（1）将 $(11101011.1101)_2$ 转换成十进制数。

（2）将 $(258)_{10}$ 转换成二进制数。

——□ 任务 1.3　组装计算机 □——

1.3.1 任务要点

◆ 计算机系统的组成。
◆ 计算机硬件系统。
◆ 计算机软件系统。
◆ 计算机的性能指标。

1.3.2 任务要求

　　某公司行政部门因工作需配置一台能处理办公文档的台式机，并提供 4000 元专项经费，不能超出经费最大金额。要求经过市场价格调查，提供性价比高的配置清单，采购完计算机后，再根据公司实际要求，填写安装软件清单，包括装机所必需的操作系统等系统软件和日常工作所需的应用软件。

1.3.3 实施过程

　　（1）通过市场调查价格，根据客户用途，形成计算机组装硬件参数及配件价格清单，根据硬件参数指标及其计算机总价选择一组性价比较高的组装计算机，如图 1-2 所示。

装机配置外观预览

先马商睿　　飞利浦 234E5QSB/93

装机配置单　　🖨 打印配置单

配置	品牌型号	数量	当时的单价	现在的单价	商家数量
CPU	AMD A10-5800K（盒）	1	￥650	￥650	120家商家
主板	华硕A88XM-E	1	￥569	￥569	158家商家
内存	金邦4GB DDR3 1600（千禧条/单条）	2	￥253	￥253	2家商家
硬盘	希捷Barracuda 1TB 7200转 64MB 单碟（ST1000DM003）	1	￥350	￥350	70家商家
固态硬盘	三星SSD 840 EVO（120GB）	1	￥480	￥480	52家商家
机箱	先马商睿	1	￥109	￥109	27家商家
电源	航嘉冷静王钻石Win8版	1	￥258	￥258	25家商家
显示器	飞利浦234E5QSB/93	1	￥989	￥989	78家商家
光驱	华硕DVD-E818A9T	1	￥79	￥79	2家商家

复制此表格（可以粘贴到论坛、blog、淘宝等）　　合计金额：4000 元

图 1-2　配置价格清单

　　（2）根据公司提出的实际工作要求，分类填写软件清单，首先讨论并填写适用的操作系统和数据库管理系统，然后综合工作需求和员工使用习惯，填写需要安装的应用软件。

1.3.4 知识链接

1. 计算机系统的组成

一个完整的计算机系统由硬件（Hardware）系统和软件（Software）系统两大部分组成，如图1-3所示。

计算机系统的组成

硬件系统通常是指组成计算机的所有物理设备，简单地说就是看得见、摸得着的东西，包括计算机的输入设备、输出设备、存储器、CPU等。通常把不装备任何软件的计算机称为"裸机"。

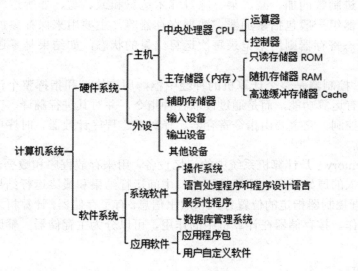

图1-3 计算机系统的组成

软件系统是指在硬件设备上运行的程序、数据及相关文档的总称。软件是以文件的形式存放在软盘、硬盘、光盘等存储器上，一般包括程序文件和数据文件两类。软件系统按照功能的不同，通常分为系统软件和应用软件两类。

2. 计算机硬件系统

（1）中央处理器。

中央处理器（Central Processing Unit，CPU）主要由运算器、控制器两大功能部件组成，它是计算机系统的核心。中央处理器和内存储器构成了计算机的主机。

CPU的主要功能是按照程序给出的指令序列分析指令、执行指令，完成对数据的加工处理。计算机的所有操作，如数据处理、键盘的输入、显示器的显示、打印机的打印、结果的计算等都是在CPU的控制下进行的。CPU的外观如图1-4所示。

图 1-4　CPU 的外观

① 运算器。运算器主要完成各种算术运算和逻辑运算，是对信息进行加工和处理的部件，它主要由算术逻辑单元（Arithmctical Logic Unit，ALU）、寄存器组成。算术逻辑单元主要完成二进制数的加、减、乘、除等算术运算和或、与、非等逻辑运算以及各种移位操作。寄存器组一般包括累加器、数据寄存器等，主要用来保存参加运算的操作数和运算结果，状态寄存器则用来记录每次运算结果的状态，如结果是零还是非零、是正还是负等。

② 控制器。控制器是整个计算机的神经中枢，用来协调和指挥整个计算机系统的操作，它本身不具有运算功能，而是通过读取各种指令，并对其进行翻译、分析，而后对各部件做出相应的控制。它主要由指令寄存器、译码器、程序计数器、时序电路等组成。

（2）　存储器。

存储器（Memory）是计算机系统中的记忆设备，用来存放程序和数据。计算机中的全部信息（包括输入的原始数据、计算机程序、中间运行结果和最终运行结果等）都保存在存储器中，它根据控制器指定的位置存入和取出信息。有了存储器，计算机才有记忆功能，才能保证正常工作。按存储器在计算机中的作用，可以分为主存储器、辅助存储器、高速缓冲存储器。

① 主存储器。

主存储器，又称内存储器，简称主存（内存）。用于存放当前正在执行的数据和程序，与外存储器相比，其速度快、容量小、价格较高。主存储器与 CPU 直接连接，并与 CPU 直接进行数据交换。

按照存取方式，主存储器可分为随机存储器和只读存储器两类。

a. 随机存储器（RAM）。RAM 用于存放当前运算所需要的程序和数据以及作为各种程序运行所需的工作区等。工作区用于存放程序运行产生的中间结果、中间状态、最终结果等。断电后，RAM 中的内容自动消失，且不可恢复。

RAM 又可分为动态 RAM（DRAM）和静态 RAM（SRAM）。DRAM 的特点是集成度高，主要用于大容量内存储器；SRAM 的特点是存取速度快，主要用于高速缓冲存储器。

内存条（SIMM）是将 RAM 集成块集中在一起的一小块电路板，它插在计算机中的内存插槽上。目前市场上常见的内存条有 8GB/条、16GB/条等，如图 1-5 所示。

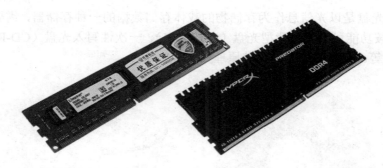

图 1-5　内存条

b. 只读存储器（ROM）。ROM 是一种只能读出不能写入的存储器，其信息通常是在脱机情况下写入的。ROM 最大的特点是在断电后它的内容不会消失，因此，在微型计算机中常用 ROM 来存放固定的程序和数据，例如监控程序、操作系统专用模块等。

主存储器主要技术指标有存取时间、存储容量和数据传输速度。

存取时间是指从存储器读出一个数据或将一个数据写入存储器的时间。存取时间通常用纳秒（ns）表示。

存储容量是指存储器中可存储的数据总量，一般以字节为单位。

数据传输速度是指单位时间内存取的数据总量，一般以位/秒（b/s）或字节/秒（B/s）表示。

② 辅助存储器。

辅助存储器又称外存储器，简称外存。与主存储器相比，它的特点是存储容量大、成本低、速度慢、可以永久地脱机保存信息。它不直接与 CPU 交换数据，而是和主存成批交换信息。辅助存储器在断电的情况下可长期保存数据，又称为永久性存储器。

a. 硬盘。硬盘是一种将可移动磁头、盘片组固定在全密闭驱动器舱中的磁盘存储器，具有存储容量大、数据传输率较高、存储数据可长期保存等特点。在计算机系统中，常用于存放操作系统、各种程序和数据。硬盘的外观如图 1-6 所示。

图 1-6　硬盘的外观

目前硬盘有固态硬盘（SSD 新式硬盘）、机械硬盘（HDD 传统硬盘）、混合硬盘（Hybrid Hard Disk，HHD 基于传统机械硬盘诞生的新硬盘）。SSD 采用闪存颗粒来存储，HDD 采用磁性碟片来存储，HHD 是把磁性硬盘和闪存集成到一起的一种硬盘。

b. 光盘。光盘是以光信息作为存储物的载体存储数据的一种存储器，需要使用光盘驱动器来读写。按功能可分为只读型光盘（CD-ROM）、一次性写入光盘（CD-R）、可擦写光盘（CD-RW）等。光盘的外观与存储原理如图 1-7 所示。

图 1-7　光盘的外观与存储原理

光盘的最大特点是存储容量大、可靠性高，光盘的优势还在于它具有存取速度快、保存管理方便等特点。光盘主要分为 CD、DVD、蓝光光盘等几种类型，其中 CD 的存储容量可以达到 700MB 左右，DVD 的存储容量可以达到 4.7GB 以上，而蓝光光盘的存储容量更是可以达到 25GB 以上。

c. U 盘。U 盘是一种新型存储器，全称 USB 闪存盘，英文名 USB Flash Disk。它是一种使用 USB 接口的无须物理驱动器的微型高容量移动存储产品，通过 USB 接口与电脑连接，实现即插即用。U 盘的外观如图 1-8 所示。

图 1-8　U 盘的外观

U 盘的优点包括小巧、便于携带、存储容量大、价格便宜、性能可靠等。另外，U 盘还具有防潮防磁、耐高低温等特性，安全可靠性很高。U 盘可重复使用，性能稳定，可反复擦写达 100 万次以上，数据至少可保存 10 年。

③ 高速缓冲存储器。

高速缓冲存储器（Cache）是为了解决 CPU 和主存之间速度不匹配而采用的一项重要技术，是介于 CPU 和主存之间的小容量存储器，但存取速度比主存快。Cache 能高速地向CPU 提供指令和数据，从而加快了程序的执行速度。从功能上看，它是主存的缓冲存储器，由高速的 SRAM 组成。

（3）　输入设备。

输入设备（InputDevice）是指向计算机输入数据和信息的设备，是计算机与用户或其他设备之间通信的桥梁。输入设备是人或外部与计算机进行交互的一种装置，用于把原始数据和处理这些数的程序输入计算机。常用的输入设备有键盘、鼠标、软盘驱动器、硬盘驱动器、光盘驱动器、麦克风、摄像头、扫描仪等。键盘和鼠标的外观如图 1-9 所示。

图 1-9　键盘和鼠标的外观

①　键盘。键盘（Keyboard）是最常用也是最主要的输入设备，通过键盘，可以将英文字母、数字、标点符号等输入计算机，从而向计算机发出命令、输入数据等。键盘接口分为 XT、AT、PS/2、USB 等；PC 系列机使用的键盘有 83 键、84 键、101 键、102 键和 104键等多种。

②　鼠标。

鼠标（Mouse）是一种将位移信号转换为电脉冲信号，再通过程序的处理和转换来控制屏幕上的光标箭头的移动的硬件设备。目前广泛使用的光电鼠标用光电传感器取代了传统的滚球。

（4）　输出设备。

输出设备（Output Device）是计算机的终端设备，用于接收计算机数据的输出显示、打印、声音、控制外围设备操作等，用于把各种计算结果的数据或信息以数字、字符、图像、声音等形式表示出来。常用的输出设备有显示器、打印机、软盘驱动器、硬盘驱动器、光盘驱动器、绘图仪、音箱、耳机等。

①　显示器。显示器（Monitor）是计算机必备的输出设备之一，常用的可以分为 CRT、LCD、PDP、LED、OLED 等多种，如图 1-10 所示。

图 1-10　显示器的外观

CRT 纯平显示器具有可视角度大、无坏点、色彩还原度高、色度均匀、可调节的多分辨率模式、响应时间极短等优点，价格便宜。

LCD 显示器即液晶显示器，具有辐射小、耗电小、散热小、体积小、图像还原精确、字符显示锐利等特点。

PDP 等离子显示器比 LCD 显示器体积更小、重量更轻，而且具有无 X 射线辐射、显示亮度高、色彩还原性好、灰度丰富、对迅速变化的画面响应速度快等优点。

LED 显示器具有耗电少、使用寿命长、成本低、亮度高、故障少、视角大、可视距离远等特点。

OLED 显示器的特点是主动发光、视角范围大、响应速度快、图像稳定、亮度高、色彩丰富、分辨率高等。

② 打印机。打印机（Printer）是计算机的输出设备之一，用于将计算机处理结果打印在相关介质上，如图 1-11 所示。

图 1-11　打印机的外观

衡量打印机好坏的指标有三项：打印分辨率、打印速度和噪声。打印机的种类很多，按打印元件对纸是否有击打动作，分为击打式打印机和非击打式打印机。

打印机分辨率一般是指最大分辨率，分辨率越高，打印质量越高。一般针式打印机的分辨率是 180DPI～360DPI；喷墨打印机的分辨率是 720DPI～2880DPI；激光打印机的分辨率为 300DPI～2400DPI。

常见的打印机主要包括以下三种。

a. 喷墨打印机。喷墨打印机（InkJet Printer）使用大量的喷嘴将墨点喷射到纸张上。由于喷嘴的数量较多，且墨点细小，能够做出比针式打印机更细致、混合更多种的色彩效果。喷墨打印机的价格居中，打印品质也较好，较低的一次性购买成本可获得彩色照片级输出的效果；使用耗材为墨盒，成本较高，长时间不用容易堵头。

b. 激光打印机。激光打印机（Laser Printer）是一种利用碳粉附着在纸上而成像的打印机，其工作原理主要是利用一个控制激光束的磁鼓，借助控制激光束的开启和关闭，当纸张在磁鼓间卷动时，上下起伏的激光束会在磁鼓产生带电核的图像区，此时打印机内部的碳粉会受到电荷的吸引而附着在纸上，形成文字或图形。由于碳粉属于固体，而激光束有不受环境影响的特性，所以激光打印机可以长年保持印刷效果清晰细致，打印在任何纸张上都可得到好的效果。激光打印机打印速度快，高端产品可以满足高负荷企业级输出以及图文输出；中低端产品的彩色打印效果不如喷墨机，可使用的打印介质较少。

c. 针式打印机。针式打印机（DotMatrix Printer）也称撞击式打印机，其基本工作原理类似于人们用复写纸复写资料一样。针式打印机中的打印头是由多支金属撞针组成的，撞针排列成一直行。当指定的撞针到达某个位置时，便会弹射出来，在色带上打击一下，让色素印在纸上成为其中一个色点，配合多个撞针的排列样式，便能在纸上打印出文字或图形。针式打印机可以复写打印（如发票及多联单据打印），可以超厚打印（如存折证书打印），耗材为色带，耗材成本低；但工作噪声大，体积不可能缩小，打印精度不如喷墨机和激光机。

（5）其他设备。

其他设备（Other Device）包括组成计算机系统的扩展接口设备及其必备部件。

① 主板（Motherboard）。

主板在整个 PC 系统里扮演着非常重要的角色，所有的配件和外设都必须以主板作为运行平台，才能进行数据交换等工作。可以说主板是整个计算机的中枢，所有部件及外设只有通过它才能与处理器连接在一起进行通信，并由处理器发出相应的操作指令，执行相应的操作。因此主板是把 CPU、存储器、输入/输出设备连接起来的纽带。

主板上包含 CPU 插座、内存插槽、芯片组、BIOS 芯片、供电电路、各种接口插座、各种散热器等部件，它们决定了主板的性能和类型，如图 1-12 所示。

图 1-12 主板的外观

② 机箱。

机箱作为一种计算机配件，它的主要作用是放置和固定各个配件，起到一个承载和保护作用。此外，机箱具有屏蔽电磁辐射的重要作用。

从外观看，机箱包括外壳、各种开关、键盘、鼠标接口、USB 扩展接口、显示器和网络接口、指示灯等，另外，机箱的内部还包括各种支架，如图 1-13 所示。

图 1-13 机箱的外观及其内部的支架

机箱的作用主要有两个：第一，它提供空间给电源、主机板、各种扩展板卡、软盘驱动器、光盘驱动器、硬盘驱动器等存储设备，并通过机箱内部的支撑、支架、各种螺丝或卡子、夹子等连接件将这些零配件牢固地固定在机箱内部，形成一个集约型的整体；第二，它坚实的外壳保护着板卡、电源及存储设备，能防压、防冲击、防尘，并且它还能发挥防电磁干扰和辐射的功能。

机箱的品牌较多，常见的品牌主要有爱国者、MSI（微星）、DELUX（多彩）、Tt、Foxconn（富士康）、金河田、世纪之星、Huntkey（航嘉）、新战线、麦蓝、技展等。

③ 电源。

电源是把 220V 交流电转换成直流电，并专门为电脑配件如主板、驱动器、显卡等供电的设备，其外观如图 1-14 所示。电源是电脑各部件供电的枢纽，是电脑的重要组成部分，目前 PC 电源大都是开关型电源。

图 1-14　电源的外观

电源的品牌比较多，常见的品牌有航嘉、长城、多彩、金河田、技展、Tt、鑫符、冷酷至尊、HKC、新战线等。

④ 显卡。

显卡是计算机的基本配置之一，其外观如图 1-15 所示。显卡承担输出显示图形的任务，对于从事专业图形设计的人来说非常重要。显卡图形芯片供应商主要有 AMD 和 nVidia 等。

图 1-15　显卡

显卡按独立性可以分为独立显卡和集成显卡两种。

a. 集成显卡。集成显卡是将显示芯片、显存及其相关电路都集成在主板上，与其融为一体的显卡。集成显卡的显示效果与处理性能相对较弱，不能对显卡进行硬件升级，但可以通过 CMOS 调节频率或刷入新 BIOS 文件实现软件升级来挖掘显示芯片的潜能。

集成显卡的优点是功耗低、发热量小，部分集成显卡的性能已经可以媲美入门级的独立显卡。

b. 独立显卡。独立显卡是指将显示芯片、显存及其相关电路单独做在一块电路板上，自成一体而作为一块独立的板卡存在，它需占用主板的扩展插槽（ISA、PCI、AGP 或PCI-E）。

独立显卡的优点是单独安装有显存，一般不占用系统内存，在技术上也较集成显卡先进得多，容易进行显卡的硬件升级。

独立显卡的缺点是功耗大，发热量也较大，需额外购买显卡的资金。

常见显卡品牌：蓝宝石、华硕、迪兰恒进、丽台、索泰、讯景、技嘉、映众、微星、映泰、耕升、旌宇、影驰、铭瑄、翔升、盈通、北影、七彩虹、斯巴达克、昂达、小影霸等。

3. 计算机软件系统

软件是用户与硬件之间的接口界面，是计算机系统必不可少的组成部分，用户主要是通过软件与计算机进行交流的。微型计算机的软件系统分为系统软件和应用软件两类。

（1）系统软件。

系统软件是指控制和协调计算机及外部设备，支持应用软件开发和运行的软件，是无须用户干预的各种程序的集合。应用软件是利用计算机解决某类问题而设计的程序的集合，供多用户使用。

① 操作系统。操作系统（Operating System，OS）是最基本、最重要的系统软件。它负责管理计算机系统的全部软件资源和硬件资源，合理地组织计算机各部分协调工作，为用户提供操作和编程界面。

② 程序设计语言。人和计算机交流信息使用的语言称为计算机语言或程序设计语言。

③ 数据库管理系统。数据库管理系统（DataBase Management System，DBMS）是一种为管理数据库而设计的大型计算机软件管理系统。数据库管理系统是有效地进行数据存储、共享和处理的工具。具有代表性的数据管理系统有 Oracle、Microsoft SQL Server、Access、MySQL 及 PostgreSQL 等。

（2）应用软件（Application Software）。

应用软件是用户可以使用的各种程序设计语言，以及用各种程序设计语言编制的应用程序的集合，分为应用软件包和用户程序，如文字处理软件、表格处理软件、绘图软件、财务软件、过程控制软件等。

① 文字处理软件。文字处理软件主要用于对输入计算机的文字进行编辑，并能将输入的文字以多种字形、字体及格式打印出来。目前常用的文字处理软件有 Microsoft Word、WPS 等。

② 表格处理软件。表格处理软件能够根据用户的要求处理各式各样的表格并存盘打印出来。目前常用的表格处理软件有 Microsoft Excel 等。

4. 计算机的性能指标

对于大多数普通用户来说，可以从以下几个指标来大体评价计算机的性能。

（1）主频。主频是衡量计算机性能的一项重要指标。微型计算机一般采用主频来描述运算速度，例如 Intel Corei7-4790K 的主频为 4.0GHz。一般说来，主频越高，运算速度就越快。

（2）字长。一般说来，计算机在同一时间内处理的一组二进制数称为一个计算机的"字"，而这组二进制数的位数就是"字长"。在其他指标相同时，字长越大，计算机处理数据的速度就越快。现在的计算机字长大都为 64 位。

（3）内存储器的容量。内存是 CPU 可以直接访问的物理存储器，需要执行的程序与需要处理的数据存放在内存中，内存储器容量的大小反映了计算机即时存储信息的能力。随着操作系统的升级，应用软件的不断丰富及其功能的不断扩展，人们对计算机内存容量的需求也不断提高。目前，常见的内存容量都在 4GB 以上。内存容量越大，系统功能就越强大，能处理的数据量就越庞大。

（4）外存储器的容量。外存储器容量通常是指硬盘容量（包括内置硬盘和移动硬盘）。外存储器容量越大，可存储的信息就越多，可安装的应用软件就越丰富。目前，硬盘容量一般为 512GB 至 4TB。

除了上述这些主要性能指标外，计算机还有其他一些指标，例如，所配置外围设备的性能指标以及所配置系统软件的情况等。另外，各项指标之间也不是相互独立的，在实际应用时，应该把它们综合起来考虑，而且还要遵循"性能价格比"的原则。

1.3.5 知识拓展

1. 计算机工作原理

1945 年，冯·诺依曼通过分析、总结发现，计算机主要是由运算器、控制器、存储器、输入设备和输出设备五大功能部件组成的。

计算机根据编制好的程序，通过输入设备将程序和数据存入存储器，再根据指令要求对数据进行分析和处理后，通过输出设备将处理结果进行输出，这一过程称"冯·诺依曼原理"，如图 1-16 所示。

计算机基本工作原理

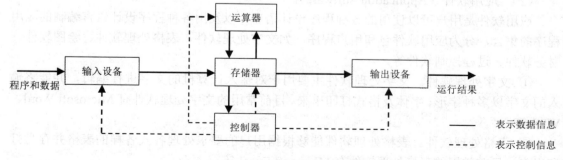

图 1-16　计算机的工作原理

2．操作系统的种类

随着用户对操作系统的功能、应用环境、使用方式不断提出新的要求，逐步形成了不同类型的操作系统。根据操作系统的功能，可分为以下几类。

（1）单用户操作系统。

计算机系统在单用户单任务操作系统的控制下，只能串行地执行用户程序，个人独占计算机的全部资源，CPU 运行效率低。DOS 操作系统即属于单用户单任务操作系统。

现在大多数的个人计算机操作系统是单用户多任务操作系统，允许多个程序或多个作业同时存在和运行。常用的操作系统中，Windows 3.x 是基于图形界面的 16 位单用户多任务操作系统；Windows 95 和 Windows 98 是 32 位单用户多任务操作系统；目前使用较多的 Windows 7、Windows 10 是多用户多任务操作系统。

（2）批处理操作系统。

批处理操作系统以作业为处理对象，连续处理在计算机系统运行的作业流。这类操作系统的特点是：作业的运行完全由系统自动控制，系统的吞吐量大，资源的利用率高。

（3）分时操作系统。

分时操作系统使多个用户同时在各自的终端上联机使用同一台计算机，CPU 按优先级分配各个终端的时间片，轮流为各个终端服务。对用户而言，有"独占"这一台计算机的感觉。分时操作系统侧重于及时性和交互性，使用户的请求尽量能在较短的时间内得到响应。常用的分时操作系统有 UNIX 和 VMS 等。

（4）实时操作系统。

实时操作系统是对随机发生的外部事件在限定时间范围内做出响应并对其进行处理的系统。外部事件一般指来自与计算机系统相关联系的设备服务和 OS 数据采集。实时操作系统广泛用于工业生产过程的控制和事务数据处理中，常用的实时操作系统有 RDOS 等。

（5）网络操作系统。

为计算机网络配置的操作系统称为网络操作系统。它负责网络管理、网络通信、资源共享和系统安全等工作。常见的网络操作系统主要有 UNIX、Linux、Windows 等系列。

（6）分布式操作系统。

分布式操作系统是用于分布式计算机系统的操作系统。分布式计算机系统是由多个并行工作的处理机组成的系统，提供高度的并行性和有效的同步算法与通信机制，自动实行全系统范围的任务分配并自动调节各处理机的工作负载，如 MDS、CDCS 等。

3．计算机语言的种类

计算机语言通常分为机器语言、汇编语言和高级语言三类。

（1）机器语言。

机器语言是用二进制代码表示的计算机能直接识别和执行的一种机器指令的集合。它是计算机的设计者通过计算机的硬件结构赋予计算机的操作功能。机器语言具有可直接执行和速度快等特点。

（2）汇编语言。

汇编语言是由一组与机器语言指令一一对应的符号指令和一些简单语法组成的，比机器语言更加直观，也易于书写和修改，可读性较好。用汇编语言编写的程序，计算机不能直接识别和执行。只有通过汇编程序翻译成机器语言才能执行。

（3）高级语言。

高级语言比较接近自然语言，便于记忆和掌握，如 Basic 语言、C++语言、Java 语言等。但用高级语言编写的程序，计算机也不能直接执行，只有通过编译或解释程序翻译成目标程序，然后计算机才能执行。这种翻译过程一般有解释和编译两种方式。解释程序是将高级语言编写的源程序翻译成机器指令，翻译一条执行一条；而编译程序是将源程序整段地翻译成目标程序，然后执行。

1.3.6 技能训练

练习：

（1）根据个人的功能要求，填写一份个人计算机配置清单。

（2）按照完成的配置清单进行市场价格调研，完善清单，使其性价比更高。

（3）根据个人要求及学习需要，填写个人需要安装的操作系统和日常学习生活所需的应用软件清单。

项目 2　认识 Internet

──□ 任务 2.1　实现局域网的数据共享 □──

2.1.1　任务要点

- ◆ 计算机网络的发展。
- ◆ 计算机网络的功能。
- ◆ 计算机网络的组成。
- ◆ 计算机网络的拓扑结构。
- ◆ 计算机网络的分类。
- ◆ IP 地址与域名。
- ◆ 计算机病毒。

2.1.2　任务要求

1. 了解计算机网络的基本概念和因特网的基础知识。
2. 熟练掌握浏览器、电子邮件的使用和操作。

2.1.3　实施过程

　　通过理论学习了解计算机网络的发展、功能、组成、拓扑结构及分类，并掌握 IP 地址和域名的知识，以及计算机病毒的概念及危害。

2.1.4　知识链接

1. 计算机网络的发展

　　Internet 是一个全球性的、开放的、由众多不同的计算机网络互连而成的网络。Internet

起源于 1969 年，为冷战目的、军事需要创建的 ARPAnet（美国国防部高级研究项目局网），后因世界局势的逐步缓和而逐渐进入了民用领域，逐步发展成现在的因特网。

Internet 的名称最早出现在 1983 年。当时为了安全起见，军用网 ARPAnet 被拆分为两部分，一部分作为民用网，称为 DARPAInternet，首次出现了"Internet"这个称呼；另一部分继续作为军用网使用，称为 MILNET。这一年，用于异构网络互联的开放式的 TCP/IP 网络协议（组）被定为国际标准，也被定为 DARPAInternet 唯一使用的网络协议。所以，1983 年是因特网正式诞生的时间，其标志就是 TCP/IP 协议（集）被定为 DARPAInternet 唯一使用的网络协议。

1986 年，美国国家科学基金会（NSF）创立，其下的网络（NSFnet）成功取代 DARPAInternet 成为主干网，名称也正式改为 Internet。

之后十年的发展进入了一个相对平稳期，其中最著名的新应用服务就是万维网（WWW）的诞生。1996 年之后，因特网进入了爆发式发展期，各种新应用层出不穷，一直至今。目前因特网也将进入第二代，其速度、容量将高出很多倍。

2. 计算机网络的功能

计算机网络的功能主要表现在以下两个方面。
（1） 实现资源共享（包括硬件资源和软件资源的共享）。
（2） 在用户之间交换信息。

概括来说，计算机网络的功能就是使分散在网络各处的计算机能共享网上的所有资源，并为用户提供强有力的通信手段和尽可能完善的服务，从而极大地方便用户。

3. 计算机网络的组成

最简单、最小的计算机网络可以是两台计算机的互联。最复杂的、最大的计算机网络是全球范围计算机的互联。最普遍、最通用的计算机网络是一个局部地区乃至一个国家的计算机的互联。

4. 计算机网络的拓扑结构

计算机网络的拓扑结构是指一个网络的通信线路和节点的几何排列或物理布局，主要反映网络中各实体之间的结构关系，其拓扑结构主要可以分为以下几种：星状拓扑结构、环状拓扑结构、树状拓扑结构、网状拓扑结构、总线拓扑结构和复合型拓扑结构。

（1） 星状拓扑结构：星状拓扑结构是指中央节点通过点到点通信链路连接到其他分支节点。这种结构一旦建立了连接，就可以无延迟地在两个站点之间传送数据，如图 2-1 所示。星状拓扑结构简单，连接方便，扩展性强，且在同一网段内支持多种传输介质，每个节点直接连到中央节点，故障容易检测和隔离，管理和维护都相对容易，同时，星状拓扑结构的网络延迟时间较小，传输误差低，因此星状拓扑结构是应用最广泛的一种网络拓扑结构。但是，星状拓扑结构的安装和维护费用较高，共享资源的能力较差，一条通信线路只被该线路上的中央节点和边缘节点使用，通信线路利用率不高，并且对中央节点的要求相当高，一旦中央节点出现故障，则整个网络将瘫痪。所以，星状拓扑结构主要应用于网络的智能集中于中央节点的场合。

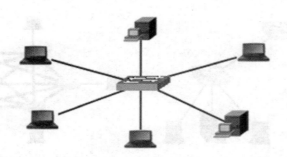

图 2-1 星状拓扑结构

（2）　环状拓扑结构：在环状拓扑结构中，各节点通过环路接口连在一条首尾相连的闭合环状通信线路中，环路上任何节点均可以请求发送信息，如图 2-2 所示。环状网中的数据可以是单向传输也可以是双向传输。由于环线公用，一个节点发出的信息必须穿越环中所有的环路接口，信息流中目的地址与环上某节点地址相符时，信息被该节点的环路接口所接收，而后信息继续流向下一环路接口，一直流回到发送该信息的环路接口节点。环状拓扑结构可使用传输速率很高的光纤作为传输介质，且所需的电缆长度比星形拓扑结构的网络要短很多，在增加或减少工作站时，仅需简单的连接操作即可完成，但环状拓扑结构中一旦有一个节点发生故障，就会引起全网故障，且检测较为困难。环状拓扑结构的媒体访问控制协议都采用令牌传递的方式，在负载很轻时，信道利用率相对来说就比较低。

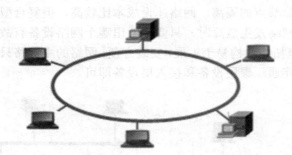

图 2-2 环状拓扑结构

（3）　树状拓扑结构：树状拓扑结构像一棵倒长的树，采用分级的集中控制方式，其传输介质可有多条分支，但不形成闭合回路，每条通信线路都必须支持双向传输，如图 2-3 所示。树状拓扑结构易于扩展，可以延伸出很多分支和子分支，如果某一分支的节点或线路发生故障，很容易将故障分支与整个系统隔离开来，但树状拓扑结构的各个节点对根的依赖性太大；如果根发生故障，则会导致全网瘫痪。

（4）　网状拓扑结构：网状拓扑结构是在 IBGP 对等体之间建立全连接关系，形成一个网状结构，被广泛应用于广域网中。其优点是节点间路径多，碰撞和阻塞减少，局部故障不影响整个网络，可靠性高，但网络结构复杂，建网较难，不易扩充，如图 2-4 所示。

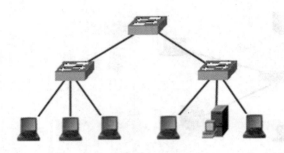

图 2-3　树状拓扑结构　　　　　　　　图 2-4　网状拓扑结构

（5）总线状拓扑结构：总线拓扑结构采用一个信道作为传输媒体，所有站点都通过相应的硬件接口直接连到这一公共传输媒体上，该公共传输媒体即称为总线，任何一个站发送的信号都沿着传输媒体传播，而且能被所有其他站所接收，如图 2-5 所示。总线拓扑结构结构简单，易于扩充，需要的电缆数量少，线缆长度短，易于布线和维护，有较高的可靠性，且因多个节点共用一条传输信道，信道利用率高。但总线拓扑结构的传输距离有限，通信范围受到限制，且故障诊断和隔离较为困难。此外，由于分布式协议不能保证信息的及时传送，因此不具有实时功能，这就要求站点必须是智能的，要有媒体访问控制功能，从而增加了站点的硬件和软件开销。

（6）复合型拓扑结构：复合型拓扑结构是指将两种单一拓扑结构混合起来，取两者的优点构成的拓扑结构，如图 2-6 所示。复合型拓扑结构需要选用智能网络设备，实现网络故障自动诊断和故障节点的隔离，网络建设成本比较高，但复合型拓扑结构的故障诊断和隔离较为方便，当网络发生故障时，只要诊断出哪个网络设备有故障，将该网络设备和全网隔离即可。复合型拓扑结构易于扩展，安装方便，网络的主链路只要连通汇聚层设备，然后再通过分支链路连通汇聚层设备和接入层设备即可。

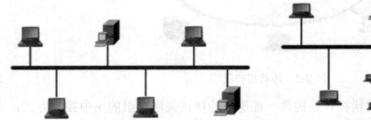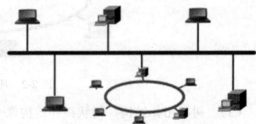

图 2-5　总线拓扑结构　　　　　　　　图 2-6　复合型拓扑结构

5. 计算机网络的分类

按照地理位置，可将计算机网络可以分为四种：局域网（LAN）、城域网（MAN）、广域网（WAN）、网际网。

（1）局域网：指通过通信介质相互连接，能够共享文件与资源的一组计算机和相应外设。一座建筑物、一个中小型企业、一所学校校园内等场所组建的小型网络一般是局域网。

（2）城域网：指介于局域网和广域网之间，其范围通常覆盖一个城市或 10 千米到上百千米。

（3）广域网：把网络中各节点分布在一个较大的地理范围的网络称为广域网（即远程网）。多个局域网通过电信部门的通信线路相互连接起来形成广域网。广域网涉及的地域大，通信距离可达几十千米至几千千米。例如，一个城市、一个国家或洲与洲之间的网络都是广域网。

（4）网际网：网际网是网络与网络之间所串连成的庞大网络，这些网络以一组通用的协定相连，形成逻辑上的单一巨大国际网络。

6．IP 地址与域名

（1）IP 地址：IP 地址是 Internet 中实际使用的、有效的地址，其他地址都要通过各种方法转换成 IP 地址才有效。目前，主要使用的是 IPv4 版的 IP 地址，它由 4 个 0～255 的数（共 32 位二进制数），中间用"．"分隔组成，如 192.168.0.1 等。

由于 IPv4 版的 IP 地址稀缺（多数由美国分配所得），一定程度上阻碍了其他国家因特网的发展。因此人们使用 IPv6 地址取代 IPv4 地址，两者可以共存。IPv6 地址由 128 位二进制数组成，优选格式为 X：X：X：X：X：X：X：X，其中 X 是 1 个 16 位二进制地址段的十六进制值。它的数量可以为地球上的每一粒沙子分配一个 IP 地址。

（2）域名：域名是一种有规律的人性化的易记忆的名称性地址，用来代替难记忆、无规律的 IP 地址，以方便因特网的使用。但因特网系统只识别 IP 地址，要使域名地址有效，就要将域名地址转换成 IP 地址，这个过程由 DNS（域名系统）来完成。

域名采用层次结构，每一层称为子域名，子域名之间用点隔开，并且从右到左逐渐具体化。域名的一般表示形式为：主机名．网络名．[机构名．]顶级域名。

7．计算机病毒

在《中华人民共和国计算机信息系统安全保护条例》中明确定义，病毒指"编制或者在计算机程序中插入的破坏计算机功能或者破坏数据，影响计算机使用并且能够自我复制的一组计算机指令或者程序代码。"

（1）计算机病毒的特点。

① 寄生性。计算机病毒寄生在其他程序之中，当执行这个程序时，病毒就起破坏作用，而在未启动这个程序之前，它是不易被人发觉的。

② 传染性。计算机病毒不但本身具有破坏性，更有害的是具有传染性，一旦病毒被复制或产生变种，其传播速度之快令人难以预防。计算机病毒是一段人为编制的计算机程序代码，这段程序代码一旦进入计算机并得以执行，它就会搜寻其他符合其传染条件的程序或存储介质，确定目标后再将自身代码插入其中，达到自我繁殖的目的。

③ 潜伏性。一个编制精巧的计算机病毒程序，进入系统之后一般不会马上发作，可以在几周或者几个月甚至几年内隐藏在合法文件中，对其他系统进行传染，而不被人发现。潜伏性越好，其在系统中存在的时间就会越长，病毒的传染范围就会越大。

④ 隐蔽性。计算机病毒具有很强的隐蔽性，有的可以通过病毒软件检查出来，有的根本就查不出来，有的时隐时现、变化无常，这类病毒处理起来通常很困难。

⑤ 破坏性。计算机中毒后，可能会导致正常的程序无法运行，把计算机内的文件删

除或受到不同程度的损坏。通常表现为：增、删、改、移，严重的会摧毁整个计算机系统。

（2） 计算机病毒的预防。

① 建立良好的安全习惯：对一些来历不明的邮件及附件不要打开，不要上一些不太了解的网站，不要执行从 Internet 下载后未经杀毒软件处理的软件等，不随便使用外来 U 盘或其他介质，对外来 U 盘或其他介质必须先检查后再使用。

② 关闭或删除系统中不需要的服务：默认情况下，许多操作系统会安装一些辅助服务，如 FTP 客户端、Telnet 和 Web 服务器。这些服务对用户没有太大用处，却为攻击者提供了方便。删除它们就能大大减小被攻击的可能性。

③ 经常升级安全补丁：据统计，有 80% 的网络病毒是通过系统安全漏洞进行传播的，像蠕虫王、冲击波、震荡波等，所以我们应该定期到微软网站去下载最新的安全补丁，以防患未然。

④ 迅速隔离受感染的计算机：当你的计算机发现病毒或异常时应立刻断网，以防止计算机受到更多的感染，或者成为传播源，再次感染其他计算机。

⑤ 安装专业的杀毒软件进行全面监控：在病毒日益增多的今天，使用杀毒软件进行防毒是越来越经济的选择。不过用户在安装了反病毒软件之后，应该经常进行升级、将一些主要监控经常打开（如邮件监控）、内存监控、遇到问题要及时上报等，这样才能真正保障计算机的安全。

2.1.5 知识拓展

1. IP 地址的格式与分类

（1） IP 地址的格式。

IP 是 Internet Protocol（网际互联协议）的缩写，是 TCP/IP 体系中的网络层协议。它标识了 IP 网络中的一个连接，一台主机可以有多个 IP 地址。IP 分组中的 IP 地址在网络传输中是保持不变的。

① 基本地址格式。IPv4 的 IP 网络使用 32 位地址，以点分十进制表示，如 192.168.0.1。

网络地址是由 ICANN（the Internet Corporation for Assigned Names and Numbers）分配的，下有负责北美地区的 InterNIC、负责欧洲地区的 RIPENIC 和负责亚太地区的 APNIC，目的是保证网络地址的全球唯一性。主机地址是由各个网络的系统管理员分配的。因此，网络地址的唯一性与网络内主机地址的唯一性确保了 IP 地址的全球唯一性。

② 保留地址的分配。根据用途和安全性级别的不同，IP 地址还可以大致分为两类：公共地址和私有地址。公共地址在 Internet 中使用，可以在 Internet 中随意访问；私有地址只能在内部网络中使用，只有通过代理服务器才能与 Internet 通信。

（2） IP 地址的分类。

IP 地址分为 5 类：A 类地址适用于大型网络；B 类地址适用于中等规模的网络；C 类地址可以分配给任何需要的人；D 类地址用于组播；E 类用于实验。各类可容纳的地址数目不同。

A、B、C 3 类 IP 地址的特征：当将 IP 地址写成二进制形式时，A 类地址的第一位总是 0，B 类地址的前两位总是 10，C 类地址的前三位总是 110。

① A 类地址。A 类地址第 1 字节为网络地址，其他 3 个字节为主机地址。A 类地址范围：1.0.0.1～126.255.255.254。

A 类地址中的私有地址和保留地址如下。

10.X.X.X 是私有地址（所谓的私有地址就是在因特网上不使用，而被用在局域网络中的地址）。A 类地址的范围为 10.0.0.0～10.255.255.255。127.X.X.X 是保留地址，用作回环测试。

② B 类地址。B 类地址第 1 字节和第 2 字节为网络地址，其他 2 个字节为主机地址。B 类地址范围为 128.0.0.1～191.255.255.254。

B 类地址的私有地址和保留地址如下。

172.16.0.1～172.31.255.254 是私有地址。169.254.X.X 是保留地址。如果你的 IP 地址是自动获取 IP 地址，而你在网络上又没有找到可用的 DHCP 服务器，就会得到其中一个 IP。

③ C 类地址。C 类地址第 1 字节、第 2 字节和第 3 个字节为网络地址，第 4 个字节为主机地址。另外第 1 个字节的前三位固定为 110。C 类地址范围：192.0.0.1～223.255.255.254。

C 类地址中的私有地址如下。

192.168.X.X 是私有地址。其范围为 192.168.0.1～192.168.255.254。

④ D 类地址。D 类地址是组播地址，它的第 1 个字节的前四位固定为 1110。D 类地址的范围为 224.0.0.1～239.255.255.254。

⑤ E 类地址。E 类地址不分网络地址和主机地址，它的第 1 个字节的前四位固定为 1111。E 类地址的范围为 240.0.0.1～255.255.255.254。

2. 计算机病毒的传播途径

（1）U 盘：随着电子科技的发展，如今 U 盘已经取代软盘，成为最常用的交换媒介。通过使用 U 盘对许多执行文件进行相互复制、安装，这样病毒就能通过 U 盘传播文件型病毒；另外，在 U 盘列目录或引导机器时，引导区病毒会在 U 盘与硬盘引导区互相感染。因此 U 盘也成了计算机病毒的主要寄生的"温床"。

（2）光盘：光盘因为容量大，存储了大量的可执行文件，大量的病毒就有可能藏身于光盘，对只读式光盘，不能进行写操作，因此光盘上的病毒不能清除。以谋利为目的非法盗版软件的制作过程中，不可能为病毒防护担负专门责任，也绝不会有真正可靠可行的技术保障避免病毒的传入、传染、流行和扩散。当前，盗版光盘的泛滥给病毒的传播带来了极大的便利。

（3）硬盘：由于带病毒的硬盘在本地或移到其他地方使用、维修等，将干净的 U 盘等传染并再扩散。

（4）电子公告板（BBS）：BBS 因为上站容易、投资少，因此深受大众用户的喜爱。BBS 是由计算机爱好者自发组织的通信站点，用户可以在 BBS 上进行文件交换（包括自由软件、游戏、自编程序）。由于 BBS 站一般没有严格的安全管理，亦无任何限制，这样就给一些病毒程序编写者提供了传播病毒的场所。各城市 BBS 站间通过中心站间进行传送，传播面较广。随着 BBS 在国内的普及，给病毒的传播又增加了新的介质。

（5） 网络：现代通信技术的巨大进步已使空间距离不再遥远，数据、文件、电子邮件可以方便地在各个网络工作站间通过电缆、光纤或电话线路进行传送，工作站的距离可以短至并排摆放的计算机，也可以长达上万公里，正所谓"相隔天涯，如在咫尺"，但也为计算机病毒的传播提供了新的"高速公路"。计算机病毒可以附着在正常文件中，当你从网络另一端得到一个被感染的程序，并在你的计算机上未加任何防护措施的情况下运行它，病毒就传染开了。这种病毒的传染方式在计算机网络连接很普及的国家是很常见的。在国内，计算机感染一种"进口"病毒已不再是什么大惊小怪的事了。在信息国际化的同时，病毒也在国际化。大量的国外病毒随着互联网络传入国内。

2.1.6 技能训练

练习：

（1） 实体了解身边的计算机网络的类型和拓扑结构。

（2） 查看身边计算机网络的硬件组成。

──□ 任务 2.2　IE 浏览器的设置与使用 □──

2.2.1 任务要点

◆ 浏览器基础。

◆ 搜索引擎。

◆ 浏览器的使用。

◆ 信息的搜索。

◆ 电子邮件。

◆ 文件传输。

◆ 即时通信。

2.2.2 任务要求

1．了解浏览器的概念和功能。

2．了解常用的信息交流的手段。

3．能够熟练使用浏览器浏览网页和搜索信息。

2.2.3 实施过程

使用浏览器搜索电子邮件、文件传输、即时通信等关键词，浏览相关知识，并将有用的内容保存到本地计算机中。

1. 浏览器的概念

浏览器是一个显示网络站点服务器或文件系统内的文件,并让用户与这些文件交互的应用软件,可以用来显示在万维网或局域网等内的文字、图像及其他信息。浏览器是最常用的客户端程序,人们上网浏览信息必须通过浏览器来达到目的。

2. 搜索引擎

搜索引擎是根据用户需求与一定算法,运用特定策略从互联网检索出制定信息反馈给用户的一门检索技术。利用专门的搜索网站提供的搜索引擎,能够找出只要因特网中有的信息。在浏览器地址栏输入搜索网站的网址,然后在搜索框中输入关键字,按"Enter"键,就可得到结果,如图 2-7 所示。

图 2-7　百度搜索引擎

3. 浏览器的使用

网页浏览器使用

Windows 操作系统自带了 Internet Explorer 浏览器,简称 IE,这也是世界上用户最多的浏览器。在使用 IE 浏览器浏览网页时,通常是首先打开某个网站的主页,然后在该网站主页中单击相关链接打开该网站的其他网页。

第一次启动 IE 时,会连接到微软公司的 MSN 中国网站,要浏览其他信息,可以通过以下几种方法来打开网页。

(1)通过网址打开网页:在 IE 浏览器地址栏中输入网站或网页网址,例如输入"新浪"网站的网址"www.sina.com.cn",然后按"Enter"键,就打开了"新浪"网站的主页,如图 2-8 所示。

图 2-8　通过网址打开网页

（2）　通过地址栏打开网页:在地址栏下拉列表中选择曾经输入过的网址,可打开该网站,如图 2-9 所示。

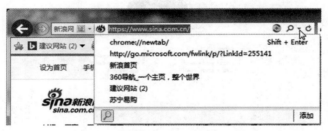

图 2-9　通过地址栏打开网页

（3）　通过超链接打开网页:通过超链接打开网页是我们浏览网页的主要实现方式。将鼠标指针移到网页上的文字、图片等项目,如果指针变成手形,表明它是超链接,此时单击便可以转到该链接所指向的网页,如图 2-10 所示。

图 2-10　通过超链接打开网页

4. 信息的搜索

搜索信息的方法主要有以下几种：

（1） 打开浏览器窗口，在搜索栏中输入关键词，按"Enter"键启动搜索，如图 2-11 所示。

图 2-11 使用搜索栏进行搜索

（2） 在地址栏中输入搜索引擎地址，启用搜索引擎进行搜索。

（3） 有些网页中会提供搜索框，在此输入关键词，然后单击"搜索"按钮或按"Enter"键也可以进行信息的搜索，如图 2-12 所示。

图 2-12 使用网页中的搜索框进行搜索

5. 电子邮件

电子邮件（E-mail）是通过 Internet 邮寄的信件。电子邮件作为信息交流工具给人们带来了很大的变化，它具有方便、快捷和廉价，已逐渐成为现代人生活交往中重要的通信工具。

在 Internet 上可以进行网上通信，例如打电话、收发传真、收发邮件等，我们称之为网络电子邮件传递。电子邮件的传输是通过邮件传输协议 SMTP 来实现的。任何人都可以在 Internet 上拥有自己的电子信箱地址。

Internet 上许多网站提供邮箱服务，有收费的也有免费的。有的免费邮箱只提供网上收发邮件，不提供对客户端邮件工具的支持，如不能对接收地址 POP 或者发送地址 SMTP 服务器进行访问，用户在注册电子邮箱时可以根据自己的实际需要来选择电子邮件服务商。

6. 文件传送

文件传送是指将一个文件或其中的一部分从一个计算机系统传到另一个计算机系统，可借助文件传送协议（FTP）实现，它的基本思想是客户机利用类似于远程登录的方法登录到 FTP 服务器，然后利用该机文件系统的命令进行操作。事实上，因特网中很多资源都是放在 FTP 服务器中的，如一些试用版软件、完全免费试用的自由软件等，都可以采用 FTP 的方式大批量的获取。

根据移动和存储文件、打印文件和程序输入等目的不同，文件传输有以下 3 种工作方式。

（1） 信息流方式：把文件作为字节流传输。文件可分为若干个由一系列字节或机器字长为单位的逻辑单元所组成的逻辑记录。

（2） 压缩方式：也是把文件表示成字节序列进行传输的，但把其中重复出现的字节（如空白字符）进行压缩，以提高传输效率。这种字节流是由常规数据、压缩数据和控制信息三种成分相互交错组成的。打印文件即采用这种方式。

（3） 信息块方式：把文件表示为一系列信息块进行传输。

7. 即时通信

即时通信是指能够即时发送和接收互联网消息等的业务。自 1998 年面世以来，特别是近几年的迅速发展，即时通信的功能日益丰富，逐渐集成了电子邮件、博客、音乐、电视、游戏和搜索等多种功能。即时通信不再是一个单纯的聊天工具，它已经发展成集交流、资讯、娱乐、搜索、电子商务、办公协作和企业客户服务等为一体的综合化信息平台。

世界上早期流行的即时通信软件是 ICQ 即时通信软件，而中国国产的即时通信软件典型代表则是大家熟悉的腾讯 QQ。使用即时通信软件不仅可以在线聊天，还可以进行视频会议、文件传输等，甚至可以分流和替代传统的电信业务，例如，腾讯 QQ 就集成了即时聊天、音视频通话、文件传输、电子邮件、QQ 空间、QQ 音乐、游戏等多种功能通道，可以让用户通过使用这一款软件实现多种网络体验，如图 2-13 所示。

图 2-13　腾讯 QQ 程序主界面

2.2.5　知识拓展

1．常用的浏览器操作

浏览网页时，经常需要使用下面一些操作。

（1）刷新：当打开网页时出现意外中断，或想更新一个已经打开网页的内容时，可单击 IE 浏览器地址栏右侧的"刷新"按钮 ，刷新网页。

（2）后退：单击"后退"按钮 可以返回前面看过的网页。

（3）前进：单击"前进"按钮 可以查看在单击"后退"按钮前查看的网页。

2．Outlook

在使用 Outlook 收发邮件时，需要先在程序中设置信箱账户，这样再启动 Outlook 时，就会直接进入程序主界面。

2.2.6　技能训练

练习：

（1）使用 IE 浏览器搜索并浏览当前的热点新闻。

（2）试用腾讯 QQ，了解其主要功能。

—□ 任务 2.3　Internet 的简单应用 □—

2.3.1　任务要点

◆　收发电子邮件。

◆　文件的上传和下载。

2.3.2　任务要求

1．掌握申请和使用免费电子邮箱的方法，能够接收和发送邮件。

2．掌握上传和下载文件的方法。

2.3.3 实施过程

申请一个免费邮箱，和同学互发邮件，以熟悉收发电子邮件的方法与技巧；通过网络搜索查找自己喜欢的图片或其他资源，下载到本地计算机中，然后通过搜索查找并申请一个免费个人网络空间，将下载的资源上传到自己的个人空间中。

2.3.4 知识链接

1. 在线收发电子邮件

在线收发电子邮件是指不通过专业的电子邮件收发程序，而是通过浏览器来收发电子邮件，例如，可以使用 IE 登录电子邮箱来收发电子邮件。下面以新浪网提供的电子邮箱为例，来演示如何使用浏览器在线收发电子邮件。

电子邮件收发

（1）写信。

在浏览器中搜索新浪网，通过网页链接进入新浪网首页，单击"邮箱"按钮，在弹出的面板中选择"免费邮箱"链接，进入新浪免费电子邮箱登录页面，输入已申请的电子邮箱地址和密码，单击"登录"按钮进入邮箱，如图 2-14 所示。

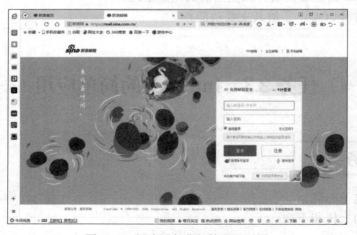

图 2-14　新浪网免费邮箱登录页面

在电子邮箱界面中单击左侧的"写信"按钮，跳转到写信页面，输入收件人邮箱地址、主题以及邮件内容，单击"发送"按钮，便可将邮件发送给收信人，如图 2-15 所示。

图 2-15　写邮件

在编辑邮件时，可以用编辑框上方工具栏中的各种工具按钮来设置文字格式、添加图片等。如果需要附送文件，可单击"添加附件"按钮或其他附件按钮，上传要发送的文件，然后发送。

（2）读邮件。

要阅读别人寄来的邮件，可先登录自己的邮箱，单击"收信"按钮，跳转到邮件列表，然后单击要阅读的邮件链接，即可打开邮件并阅读邮件内容，如图 2-16 所示。

图 2-16　读邮件

如果邮件包含附件，网页中会显示附件的名称、大小，单击附件名称，可打开"文件下载"对话框。单击"打开"或"保存"按钮，可将附件打开或保存在电脑中。

2. 上传文件

上传文件是指用户将信息从个人计算机（本地计算机）传送至中央计算机（远程计算

机）系统上，让网络上的人都能看到，上传的信息可以是网页、文字、图片、视频等。上传文件的方法分为 Web 上传和 FTP 上传，前者直接通过点击网页上的链接即可操作，后者则需要专用的 FTP 工具。

（1）使用 FTP 软件上传文件。

使用 FTP 软件上传文件是最常用、最方便，也是功能最为强大的上传方法，相关工具有 Filezilla、CuteFtp、FlashFXP 等。这类软件除了可以完成文件传输的功能以外，还可以通过它们完成站点管理、远程编辑服务器文件等工作，一些常用的 FTP 软件还有断点续传、任务管理、状态监控等功能，从而使上传工作变得非常轻松。

（2）使用 Web 页面上传文件。

使用 Web 页面上传文件速度缓慢、操作麻烦、不支持断点续传，但是，它不用下载专门的上传软件，只要网页中有上传通道，就可以方便地将自己的文件上传到该网站。例如，我们在本地计算机中保存了很多照片，非常占用空间，这时我们可以将它上传到在网上申请的个人空间中，这样既可以方便地与他人分享照片，也可以节约本地计算机的空间，如果不想与他人分享，也可以根据需要将某些照片设置为仅供主人查看的私密照片。下面我们们以向 QQ 空间中上传照片为例了解使用 Web 页面上传文件的方法。

在 QQ 面板顶部单击"QQ 空间"图标，打开 QQ 个人空间，单击"相册"链接，进入相册页面，如图 2-17 所示。

图 2-17　QQ 空间的相册页面

在相册页面中单击"上传照片/视频"按钮，打开"上传照片-普遍上传（H5）"对话框，单击"选择照片和视频"按钮，如图 2-18 所示。此时会打开一个"打开"对话框，从中选择并打开要上传的照片。

图 2-18　选择照片和视频

所选照片会显示在"上传照片-普遍上传（H5）"对话框中，向下拖动滚动条，在页面底部单击"开始上传"按钮，即可将照片上传到网络空间，如图 2-19 所示。

图 2-19　开始上传

3．下载文件

当在网上搜索到所需的资源后，可直接通过浏览器下载文件，这种方法简单便捷，不用安装专门的下载软件，是一种常见的下载方法。

在网页中单击下载链接，会打开一个"新建下载任务"对话框，如图 2-20 所示，

图 2-20　"新建下载任务"对话框

单击"下载"按钮，即开始下载文件，并打开如图 2-21 所示的"下载-云加速由迅雷提供支持"对话框，下载完成后单击"打开"或"文件夹"图标即可打开或找到下载的文件。若单击"直接打开"按钮，则直接打开下载的文件，并同时打开"下载-云加速由迅雷提供支持"对话框；若是应用程序，则直接开始安装。"下载-云加速由迅雷提供支持"对话框需要手动关闭。

图 2-21   "下载-云加速由迅雷提供支持"对话框

2.3.5 知识拓展

1. 申请免费电子邮箱

在使用电子邮箱之前，要先注册申请。例如，要申请一个新浪免费邮箱，可通过新浪网主页进入新浪免费邮箱页面，单击"注册"按钮，跳转到如图 2-22 所示的注册页面，输入注册信息，然后单击"立即注册"按钮提交注册。如果是私人信箱，也可以单击"微信注册"按钮，或者切换到"注册手机邮箱"选项卡，提交相应的注册信息。注册完成后，即会自动进入邮箱界面，如图 2-23 所示。

图 2-22   电子邮箱注册页面   图 2-23   新浪免费电子邮箱界面

2. Outlook

Outlook 是一款专业的电子邮件客户端软件，利用该软件只需设置好信箱账户，便不必登录网站而直接使用它收发邮件。

（1）设置信箱账户。

使用 Outlook 收发邮件时，需要先在程序中设置信箱账户。

单击"开始"按钮，弹出"开始"菜单，选择"所有程序"|"Outlook"命令，启动 Outlook。首先显示如图 2-24 所示的启动页面，在此输入已申请的 Outlook 电子邮箱地址，然后单击"连接"按钮，跳转到高级设置页面，如图 2-25 所示。

图 2-24　启动页面　　　　　　　　　　　图 2-25　高级设置页面

单击"Office 365"图标，根据提示输入邮箱密码，进入账户设置页面，如图 2-26 所示。单击"下一步"按钮，显示已经成功添加账户，如图 2-27 所示。

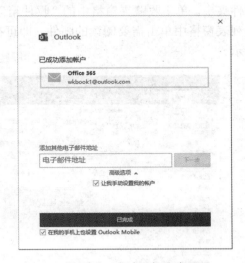

图 2-26　账户设置页面　　　　　　　　　图 2-27　成功添加账户

如果有其他常用的电子邮箱，可在"添加其他电子邮件地址"文本框中输入其他邮箱地址，以便统一管理邮件。

（2）收发电子邮件。

Outlook 的程序界面与其他 Office 程序一样，也包含快速访问工具栏、标题栏、功能区、状态栏等经典元素,此外它还包含作为邮件收发程序的独特元素:收藏夹窗格、邮件列表窗格和邮件阅读窗格,如图 2-28 所示。

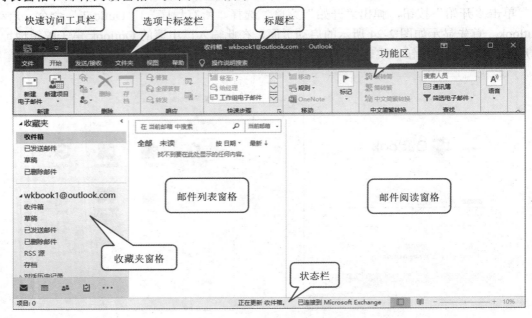

图 2-28　Outlook 2016 程序界面

① 收信和读信。

启动 Outlook 时,Outlook 会自动连接上邮件服务器将邮件取回来,放置在"收件箱"文件夹中。单击收藏夹窗格中的"收件箱",即可在邮件列表窗格中显示收到的邮件,在邮件列表窗格中单击需要阅读的邮件,即可在邮件阅读窗格中显示该邮件的内容,如图 2-29 所示。

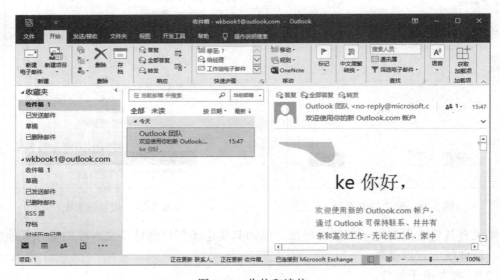

图 2-29　收信和读信

在邮件列表窗格中双击邮件，则可打开一个单独的邮件窗口，以供用户查看邮件，如图 2-30 所示。

图 2-30　单独的邮件窗口

② 写信和发信。

在"开始"选项卡中单击"新建"|"新建电子邮件"按钮，可以打开一个邮件窗口，在"收件人"文本框中输入收件人的电子邮件地址；在"主题"文本框中输入邮件主题，以便收件人一看就知道邮件的大概内容；然后在文本框中输入邮件正文。如果需要发送其他文件，可单击"附加文件"按钮，然后选择文件，将其以附件的形式插入到邮件中，如图 2-31 所示。邮件编辑完毕，单击"发送"按钮即可发送邮件。

图 2-31　写信和发信

2.3.6 技能训练

练习：

（1）使用搜索引擎搜索网易免费邮箱，申请一个网易免费邮箱。

（2）使用网易免费邮箱给同学写一封信，附上自己的简介，并以附件形式发送自己喜欢的照片。

（3）当收到其他同学发来的电子邮件时，将附件下载到本地计算机中。

项目 3　Windows 10 操作系统的使用

—□ **任务 3.1　认识 Windows 10** □—

3.1.1　任务要点

◆　Windows 10 操作系统。
◆　Windows 10 系统桌面。
◆　基本操作对象。

3.1.2　任务要求

1. 安装 Windows 10 操作系统。
2. 了解系统桌面的组成。
3. 掌握系统基本操作对象及其操作方法。

3.1.3　实施过程

1. 设置主板启动项

Windows 10 操作系统可以从光盘安装，也可以从网上下载，但网上下载的前提是需要联网，适合系统升级，而对于全新的计算机，还是需要用光盘安装。全新安装操作系统之前，需要先进行 BIOS 设置，使主板启动项成为光盘启动。

（1）启动计算机，连续按"Delete"键，进入主板 BIOS 界面，如图 3-1 所示。

（2）更改启动项，变成光盘启动，如图 3-2 所示。注意：不同版本 BIOS 的设置方式有所不同。

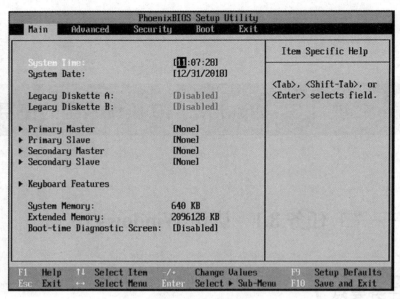

图 3-1　进入 BIOS

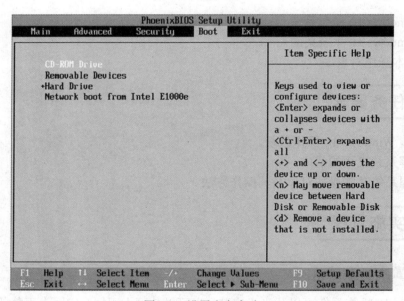

图 3-2　设置光盘启动

2. 安装操作系统

Windows 软件安装与卸载　　　　　　如何安装 Windows 10 操作系统

全新安装 Windows 10 操作系统的方法如下：

（1）重启计算机，将购买的 Windows 10 系统盘放进计算机光驱中，进入光盘安装系统，如图 3-3 所示。

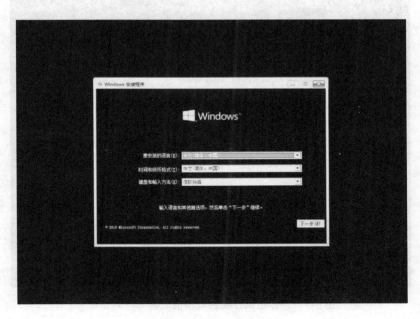

图 3-3　安装系统第一界面

（2）单击"下一步"按钮，进入 Windows 10 操作系统安装界面，单击"现在安装"按钮，进入"许可条款"对话框，如图 3-4 所示。

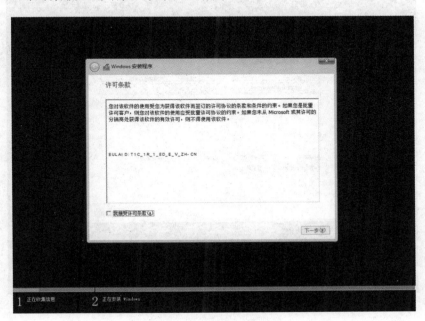

图 3-4　"许可条款"对话框

（3）选中"我接受许可条款"复选框，然后单击"下一步"按钮，进入"你想执行哪种类型的安装？"对话框，如图 3-5 所示。

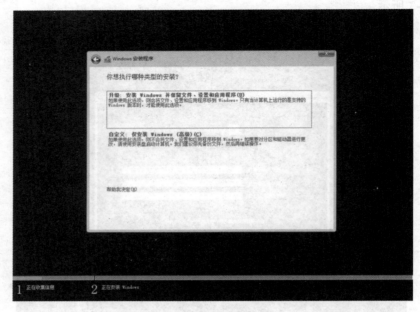

图 3-5　"你想执行哪种类型的安装？"对话框

（4）单击"自定义：仅安装 Windows（高级）"，进入"你想将 Windows 安装在哪里？"对话框，如图 3-6 所示。

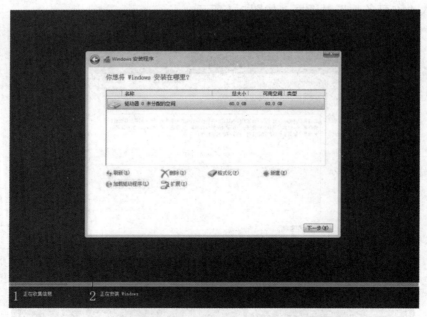

图 3-6　"你想将 Windows 安装在哪里？"对话框

（5）磁盘分区，单击"新建"按钮，在"总大小"文本框中输入对应分区大小，然后单击"应用"按钮，出现提示对话框后单击"确定"按钮，如图 3-7 所示。（注：笔者这里使用的 60 GB 硬盘所以分一个区，建议各位读者给 Windows 10 操作系统 C 盘最少分100 GB 空间。）

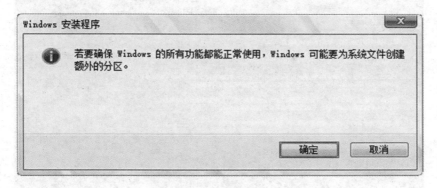

图 3-7   确认提示窗口

（6）   选中"驱动器 0 分区 2"，然后单击"下一步"按钮，进入"正在安装 Windows"对话框，如图 3-8 所示。

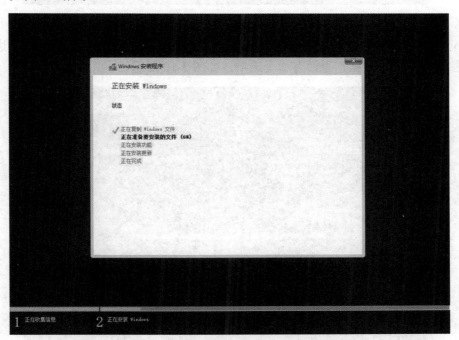

图 3-8   "正在安装 Windows"对话框

（7）   大约等待 10 分钟左右，完成系统安装。进入操作系统。（注：如果计算机重启后仍然进入 Windows 10 安装界面，请根据步骤（1）中的更改光盘启动方式的方法，更改为硬盘启动"Hard Drive"。）

（8）   系统在"安装界面"完成后，重启计算机，然后第一次进入操作系统，需要进行简单系统设置，如图 3-9 所示。

图 3-9　第一次进入系统

（9）单击"使用快速设置"按钮，然后重启计算机，等待大约 5 分钟时间，进入"选择您连接的方式"对话框，里面有 2 个选项，如图 3-10 所示。

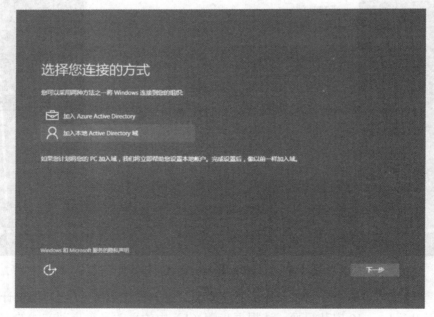

图 3-10　"选择您连接的方式"对话框

① "加入 Azure Active Directory"选项：主要使用联网用户。

② "加入本地 Active Directory 域"选项：类似使用本地用户。推荐使用该选项（本书使用的设置方式也是该选项）。

（10）　设置好后单击"下一步"按钮，进入"为这台电脑创建一个账户"对话框，如图 3-11 所示。

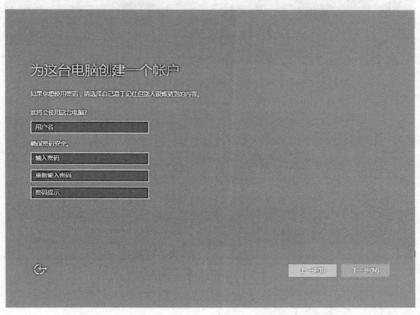

图 3-11　"为这台电脑创建一个账户"对话框

（11）　输入用户名，如果需要可为该用户添加密码。设置后单击"下一步"按钮。

（12）　进入系统设置过程，如图 3-12 所示。

图 3-12　系统设置过程

（13）所有过程完成后，系统会自动进入系统，如图 3-13 所示。

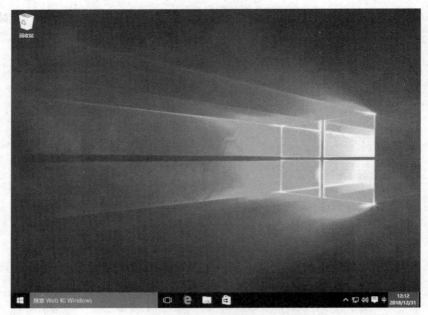

图 3-13 正式进入系统

3. 完善系统，安装补丁

安装系统补丁方式有多种，第一种使用系统升级方式；第二种使用第三方软件方式；本书介绍的是使用系统升级方式。

（1）单击左下角的 Windows 10 图标，然后单击"设置"按钮，如图 3-14 所示。

图 3-14 进入"设置"窗口

（2） 在弹出的 Windows 10 "设置" 窗口中单击 "更新和安全 Windows 更新、恢复、备份" 图标，如图 3-15 所示。

图 3-15 "设置" 窗口

（3） 在打开的 "更新和安全" 窗口中单击 "检查跟新" 按钮，如图 3-16 所示。

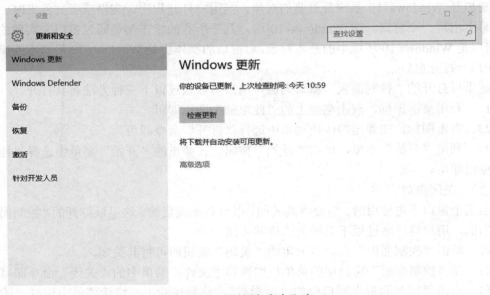

图 3-16 "更新和安全" 窗口

（4） 等待大约 20 分钟，系统会自动下载相应补丁并安装。

3.1.4 知识链接

1. Windows 10 操作系统的桌面

Windows 10 操作系统增加了多桌面的功能，这是它的一大亮点。用户可以添加多个虚拟桌面同时运行，从而可以多任务进行且互不干扰。

（1）创建多桌面。

多个桌面非常适用将不同类别的项目分类整理，以便在不同场合下配合不同的桌面。创建多个桌面的操作方法如下：

① 单击任务栏中的"任务视图"按钮，在弹出的任务视图栏中单击"新建桌面"图标。

② 按"Windows+Ctrl+D"组合键。

（2）多桌面切换。

在 Windows 10 中，所有已创建和虚拟桌面都显示在应用视图栏中，在桌面之间进行切换的方法如下：

① 单击任务栏中的"应用视图"按钮，在任务视图栏中单击某个桌面图标，即可切换到该桌面。

② 按下 Windows+Ctrl+左方向键或右方向键。

（3）删除桌面。

切换到要删除的桌面，按"Windows+Ctrl+F4"组合键，即可删除当前桌面。

2. Windows 10 系统的基本操作对象

窗口是 Windows 10 系统最重要的对象，当用户打开程序、文件或者文件夹时，都会在屏幕上出现一个窗口。在 Windows 10 中，几乎所有的操作都是通过窗口来实现的，因此，窗口是 Windows 10 环境中的基本对象，对窗口的操作也是 Windows 10 最基本的操作。

（1）打开窗口。

这里以打开的"控制面板"窗口为例，用户可以通过以下三种方法将其打开。

1）利用桌面图标，双击桌面上的"此电脑"图标即可。

2）右击图标，在弹出的快捷菜单中选择"打开"命令即可。

3）利用"开始"菜单，单击"开始"按钮，在弹出的"开始"菜单中选择"控制面板"按钮即可。

（2）关闭窗口。

当某个窗口不再使用时，需要将其关闭，以节省系统资源。这里以打开的"控制面板"窗口为例，用户可以通过以下五种方法将其关闭。

1）单击"控制面板"窗口右上角的"关闭"按钮即可将其关闭。

2）在"控制面板"窗口中的菜单栏中选择"文件"菜单中的"关闭"命令即可。

3）右击"控制面板"窗口中的"标题栏"，然后在弹出的快捷菜单中选择"关闭"命令即可。

4）在当前窗口为"控制面板"窗口时，按"Alt+F4"组合键，也可以关闭窗口。

（3）调整窗口大小。

窗口在显示器中显示的大小是可以随意控制的，这样可以方便用户对多个窗口进行操作。其窗口大小调整的方法主要有四种。

1）双击标题栏改变窗口大小。

2）单击最小化按钮将窗口隐藏到任务栏。

3）单击"还原"和"最大化"按钮将窗口进行原始大小和全屏切换显示。

4）在非全屏状态下可以拖动窗口四个边界，调整窗口的高度和宽度。

（4）排列窗口。

当桌面上打开的窗口过多时，就会显得杂乱无章，这时用户可以通过设置窗口的显示形式对窗口进行排列。在任务栏的空白处单击鼠标右键，弹出的快捷菜单中包含了显示窗口的 3 种形式，即层叠窗口、堆叠窗口和并排显示窗口，用户可以根据需要选择一种窗口的排列方式，对桌面上的窗口进行排列。

如果要对窗口进行平铺，可以使用"Ctrl+Alt+Delete"组合键开启任务管理器，在其中按住"Ctrl"键单击选取需要平铺的窗口，然后单击鼠标右键，在弹出的快捷菜单中选择"纵向平铺"或"横向平铺"命令即可。

（5）切换窗口。

在 Windows 7 系统环境下可以同时打开多个窗口，但是当前活动窗口只能有一个。因此用户在操作的过程中经常需要在不同的窗口间切换。具体操作方法如下：先按下"Alt+Tab"组合键，弹出窗口缩略图，再按住"Alt"键不放，同时按"Tab"键逐一选择窗口图标，当缩略图移动到需要使用的窗口图标时释放，即可打开相应的窗口。

3.1.5　知识拓展

1. Windows 10 版本介绍

Windows 10 是美国微软公司研发的跨平台及设备应用的操作系统。是微软发布的最后一个独立 Windows 版本。Windows 10 共有家庭版、专业版、企业版、教育版、移动版、移动企业版和物联网核心版 7 个版本，分别面向不同的用户和设备。表 3-1 列出了这几种版本各自的功能。

表 3-1　7 种 Windows 10 版本的功能

版　　本	功　　能
家庭版 （Home）	Cortana 语音助手（选定市场）、Edge 浏览器、面向触控屏设备的 Continuum 平板电脑模式、Windows Hello（脸部识别、虹膜、指纹登录）、串流 Xbox One 游戏的能力、微软开发的通用 Windows 应用（Photos、Maps、Mail、Calendar、Groove Music 和 Video）、3D Builder
专业版 （Professional）	以家庭版为基础，增添了管理设备和应用，保护敏感的企业数据，支持远程和移动办公，使用云计算技术。另外，它还带有 Windows Update for Business，微软承诺该功能可以降低管理成本、控制更新部署，让用户更快地获得安全补丁软件

（续表）

版　本	功　能
企业版 （Enterprise）	以专业版为基础，增添了大中型企业用来防范针对设备、身份、应用和敏感企业信息的现代安全威胁的先进功能，供微软的批量许可（Volume Licensing）客户使用，用户能选择部署新技术的节奏，其中包括使用 Windows Update for Business 的选项。作为部署选项，Windows 10 企业版将提供长期服务分支（Long Term Servicing Branch）
教育版 （Education）	以企业版为基础，面向学校职员、管理人员、教师和学生。它将通过面向教育机构的批量许可计划提供给客户，学校将能够升级 Windows 10 家庭版和 Windows 10 专业版设备
移动版 （Mobile）	面向尺寸较小、配置触控屏的移动设备，例如智能手机和小尺寸平板电脑，集成有与 Windows 10 家庭版相同的通用 Windows 应用和针对触控操作优化的 Office。部分新设备可以使用 Continuum 功能，因此连接外置大尺寸显示屏时，用户可以把智能手机用作 PC
移动企业版 （Mobile Enterprise）	以 Windows 10 移动版为基础，面向企业用户。它将提供给批量许可客户使用，增添了企业管理更新，以及及时获得更新和安全补丁软件的方式
专业工作站版（Windows 10Pro for Workstations）	包括了许多普通版 Windows 10 Pro 没有的内容，着重优化了多核处理以及大文件处理，面向大企业用户以及真正的"专业"用户，如 6TB 内存、ReFS 文件系统、高速文件共享和工作站模式
物联网核心版 （Windows 10 IoT Core）	面向小型低价设备，主要针对物联网设备

（2）　配置要求

表 3-2 列出了安装 Windows 10 操作系统的计算机配置要求。

表 3-2　Windows 10 操作系统的计算机配置要求

硬　件	桌面版本	移动版本
处理器	1 GHz 或更快的处理器或 SoC	—
RAM	1 GB（32 位）或 2 GB（64 位）	—
硬盘空间	16 GB（32 位操作系统）或 20 GB（64 位操作系统）	1.4 GB
显卡	DirectX 9 或更高版本（包含 WDDM 1.0 驱动程序）	—
分辨率	800 x 600	—
软件环境	Windows 7、Windows 8、Windows 8.1	Windows Phone8.1 GDR1 QFE8
网络环境	需要建立 Internet WiFi 连接	

2. 窗口的组成

在 Windows 10 中，虽然各个窗口的内容各不相同，但大多数窗口都具有相同的基本组成部分。下面以"计算机"窗口为例介绍 Windows 10 窗口的组成。

Windows 图标及窗口操作

双击桌面上的"计算机"图标，弹出"计算机"窗口。可以看到窗口一般由窗口控制按钮、搜索栏、地址栏、功能区、导航窗格、状态栏、细节窗格和工作区 8 个部分组成，如图 3-17 所示。

（1）　窗口控制按钮：此处有三个窗口控制按钮，分别为"最小化"按钮、"最大化"按钮和"关闭"按钮，每个按钮都有其特殊的功能和作用。

（2）　地址栏：显示文件和文件夹所在的路径，通过它还可以访问因特网中的资源。

（3）搜索栏：将要查找的目标名称输入到"搜索栏"文本框中，然后按"Enter"键即可。窗口中"搜索栏"的功能和"开始"菜单中的"搜索"框的功能相似，只不过在此处只能搜索当前窗口范围的目标。还可以添加搜索筛选器，以便更精确、更快速地搜索到所需要的内容。

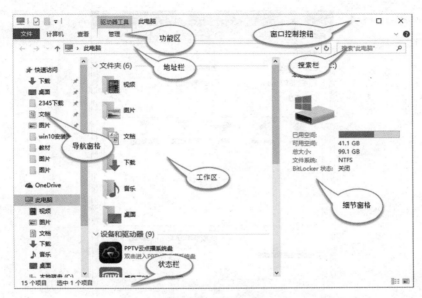

图 3-17　窗口的组成

（4）功能区：一般来说，功能区点击后会出现功能区工具栏。

（5）导航窗格：位于工作区的左边区域。与以往的 Windows 版本不同的是，在 Windows 7 操作系统中，导航窗格一般包括收藏夹、库、计算机和网络四个部分。单击前面的"箭头"按钮既可以打开列表，还可以打开相应的窗口，方便用户随时准确地查找相应的内容。

（6）工作区：位于窗口的右侧，是整个窗口中最大的矩形区域，用于显示窗口中的操作对象和操作结果。当窗口中显示的内容太多而无法在一个屏幕内显示出来时，可以单击窗口右侧的垂直滚动条两端的上箭头按钮和下箭头按钮，或者拖动滚动条，都可以使窗口中的内容垂直滚动。

（7）细节窗格：位于窗口下方，用来显示选中对象的详细信息。例如，要显示"本地磁盘（C:）"的详细信息，只需单击一下"本地磁盘（C:）"，就会在窗口右方显示它的详细信息。当用户不需要显示详细信息时，可以将细节窗格隐藏进来。单击工具栏中的组织按钮，在弹出的下拉菜单中选择"布局"选项，然后选择"细节窗格"选项即可。

（8）状态栏：位于窗口的最下方，显示当前窗口的相关信息和被选中对象的状态信息。

3. 添加桌面图标

使用过传统操作系统的用户都知道，老版本 Windows 操作系统的桌面上有"计算机""我的文档""回收站"等图标，双击桌面图标可以快速打开相应窗口。但是刚安装好的 Windows 10 的桌面是非常干净的，想要使用桌面图标，必须将其添加在桌面上。

在桌面空白处右击，在弹出的快捷菜单中选择"个性化"命令，打开"设置"窗口，在左窗格中选择"主题",切换到"主题"页面,在窗口右侧选择"桌面图标设置"超链接文字,打开"桌面图标设置"对话框,在"桌面图标"选项组中选择要放置在桌面上的图标选项,如图 3-18 所示。选择后,单击"应用"按钮,再单击"确定"按钮关闭对话框,即可看到所选图标。

图 3-18 "桌面图标设置"对话框

3.1.6 技能训练

练习:
(1) 为一台笔记本电脑安装 Windows 10 系统。
(2) 添加一个虚拟桌面,在桌面上放置自己喜欢的桌面图标。

——□ 任务 3.2 文件管理 □——

3.2.1 任务要点

- ◆ 文件。
- ◆ 文件夹。
- ◆ 资源管理器。
- ◆ 文件与文件夹基本操作。

Windows 文件及文件夹操作

3.2.2 任务要求

1．在 D 盘的根目录下新建"工作""学习""娱乐"三个文件夹。

2．在 D 盘的根目录下创建 Word 文档，更名为"工作.docx"；创建文本文档，更名为"娱乐.txt"。

3．将"工作.docx"文件复制到"工作"文件夹中。

4．将"娱乐.txt"文件移动到"娱乐"文件夹中。

5．在 E 盘的根目录下创建 Excel 表格，更名为"学习.xlsx"，并将此文件设置为"只读"和"隐藏"属性。

3.2.3 实施过程

1．在 D 盘的根目录下新建"工作""学习""娱乐"三个文件夹。

（1）打开桌面上的"此电脑"窗口，展开 D:盘驱动器，在空白处右击鼠标，在弹出的快捷菜单中选择"新建"|"文件夹"命令，即可在文件和文件夹列表中出现一个文件夹图标，且名称框显示为编辑状态，如图 3-19 所示。

图 3-19　文件夹名称的编辑状态

（2）直接输入文件夹名称"工作"。如果这时执行了其他鼠标操作，文件夹名称则被确定为"新建文件夹"，这时可右击该文件夹图标，在弹出的快捷菜单中选择"重命名"命令，然后再将其改名为"工作"。

（3）根据上述方法创建"学习"和"娱乐"文件夹。

2．在 D 盘的根目录下创建 Word 文档，更名为"工作.docx"；创建文本文档，更名为"娱乐.txt"。

（1）在 D 盘空白处右击，在弹出的快捷菜单中选择"新建"|"Microsoft Word 文档"命令，即可新建 Word 文档。

（2）在文件对应的名称栏中输入"工作.docx"，按"Enter"键确认名称。

（3）用上述方法创建"娱乐.txt"文本文档。

3．将"工作.docx"文件复制到"工作"文件夹中。

（1）在"工作.docx"文件图标上右击，在弹出的快捷菜单中选择"复制"命令。

（2）双击打开"工作"文件夹，在空白处右击，在弹出的快捷菜单中选择"粘贴"命令，即可完成文件的复制。

4．将"娱乐.txt"文件移动到"娱乐"文件夹中。

（1）在"娱乐.txt"文件图标上右击，在弹出的快捷菜单中选择"剪切"命令。

（2）双击打开"娱乐"文件夹，在空白处右击，在弹出的快捷菜单中选择"粘贴"命令，即可完成文件的移动。

5．在 D 盘的根目录下创建 Excel 表格，更名为"学习.xlsx"，并将此文件设置为"只读"和"隐藏"属性。

（1）在 D 盘空白处单击鼠标右键，在弹出的快捷菜单中选择"新建"|"Microsoft Excel 工作表"命令，新建 Excel 文件。

（2）在新建 Excel 文件对应的名称栏中输入"学习.xlsx"，完成文件命名。

（3）在"学习.xlsx"文件图标上右击，在弹出的快捷菜单中选择"属性"命令，打开该文件的"学习 属性"对话框，选中"只读"和"隐藏"复选框，单击"确定"按钮，如图 3-20 所示。

3.2.4　知识链接

1．文件资源管理器

"文件资源管理器"是 Windows 10 系统提供的资源管理工具，用它可以查看本台计算机的所有资源，特别是通过它提供的树形文件系统结构，能更清楚、更直观地认识计算机的文件和文件夹。在"文件资源管理器"中还可以很方便地对文件进行各种操作，如打开、复制和移动等。

（1）启动"文件资源管理器"。

单击"开始"菜单，单击按钮，即可启动"文件资源管理器"，如图 3-21 所示。

图 3-20　"学习 属性"对话框

图 3-21　启动"文件资源管理器"

"文件资源管理器"启动后的窗口如图 3-22 所示。在左侧窗格中会以树形结构显示计算机中的资源（包括网络），单击某一个文件夹会显示更详细的信息，同时文件夹中的内容会显示在中间的主窗格中。

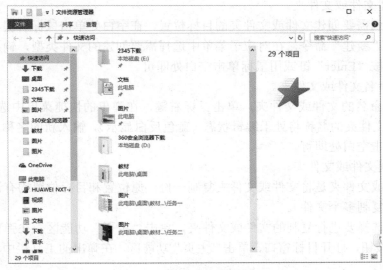

图 3-22　"文件资源管理器"窗口

（2）搜索框。

计算机中的资源种类繁多、数目庞大，而"文件资源管理器"窗口的右上角内置了搜索框。此搜索框具有动态搜索功能，如果用户找不到文件的准确位置，便可以利用搜索框进行搜索。当输入关键字的一部分时，搜索就已经开始了。随着输入关键字的增多，搜索的结果会被反复筛选，直到搜索出所需要的内容，无论是什么窗口，如文件资源管理器、Windows 10 自带的很多程序中都有搜索框存在。在搜索框中输入想要搜索的关键字，系统就会将需要的内容显示出来。

（3）地址栏。

地址栏是 Windows 的"文件资源管理器"窗口中的一个保留项目。通过地址栏，不仅可以知道当前打开的文件夹名称，而且可以在地址栏中输入本地硬盘的地址或者网络地址，直接打开相应内容。

2. 文件或文件夹的排序方式

文件与文件夹在窗口中的排列顺序可以影响到用户查找文件与文件夹的效率。Windows 10 提供文件名称、修改日期、类型、大小等排序方式，当一个窗口中包含大量文件与文件夹时，用户可以选择一种适合自己的排序方式。

其具体操作方法分别为：在窗口空白处单击鼠标右键，在弹出的快捷菜单中选择"排序方式"命令，之后选择自己所需的排序方式。

3. 文件和文件夹的基本操作

（1）选择文件或文件夹。

Windows 10 在选择文件和文件夹方面相较于前期的操作系统有所简化，每个文件或文件夹前面都有一个复选框，只要在复选框中选中"√"就选中了这个文件或文件夹，同样取消"√"就表示放弃了选择。

（2） 创建文件或文件夹。

首先定位到需要创建文件或文件夹的目标位置，在空白处单击鼠标右键，在弹出的快捷菜单中选择"新建"命令，在对应子菜单中选择需要创建的文件类型，输入文件或文件夹的名称后，按"Enter"键或用鼠标单击空白处即可。

（3） 重命名文件或文件夹。

选择要重命名的文件或文件夹，单击鼠标右键，在弹出的快捷菜单中选择"重命名"命令，文件或文件夹的名称将处于编辑状态（蓝色反白显示），输入新的名称，按"Enter"键或用鼠标单击空白处即可。

（4） 复制文件或文件夹。

复制文件或文件夹是将文件或文件夹复制一份，原位置和目标位置均有该文件或文件夹（可以同时复制多个文件）。

方法一：选择要进行复制的文件或文件夹，单击"主页"功能区，在弹出的工具栏中单击"复制"按钮，打开目标窗口，单击"主页"功能区，在弹出的工具栏中单击"粘贴"按钮即可。

方法二：选择要进行复制的文件或文件夹，单击鼠标右键，在弹出的快捷菜单中选择"复制"命令，打开目标窗口，在空白处单击鼠标右键，在弹出的快捷菜单中选择"粘贴"命令即可。

（5） 移动文件或文件夹。

移动文件或文件夹就是将文件或文件夹转移到其他地方，原位置的文件或文件夹消失（可以同时移动多个文件）。

方法一：选择要进行移动的文件或文件夹，单击"主页"功能区，在弹出的工具栏中选择"剪切"命令，打开目标窗口，单击"主页"功能区，在弹出的工具栏中选择"粘贴"命令即可。

方法二：选择要进行移动的文件或文件夹，单击鼠标右键，在弹出的快捷菜单中选择"剪切"命令，打开目标窗口，在空白处单击鼠标右键，在弹出的快捷菜单中选择"粘贴"命令即可。

（6） 设置文件或文件夹的属性。

文件或文件夹常见的有两种属性：只读和隐藏。"只读"属性，表示该文件或文件夹只能读取和运行，而不能更改和删除；"隐藏"属性，表示该文件或文件夹被系统隐藏了，不能正常地显示出来。

选定要设置属性的文件或文件夹，单击鼠标右键，在弹出的快捷菜单中选择"属性"命令，打开"属性"对话框。选择"常规"选项卡，在"属性"选项组中选定需要的属性复选框，单击"确定"按钮即可，如图3-23所示。

图 3-23 "属性"对话框

（7）　文件或文件夹的删除与恢复。

删除文件或文件夹是指将计算机中不需要的文件或文件夹删除，以节省磁盘空间。

① 删除文件或文件夹：要将文件或文件夹删除，需要用文件资源管理器找到要删除文件所在的文件夹。选中需要删除的文件，单击"主页"功能区，在弹出的工具栏中选择"删除"命令或按键盘上的"Delete"键，可以将文件移动到回收站中。删除文件时会弹出如图 3-24 所示的提示对话框，单击"是"按钮执行删除操作；单击"否"按钮取消删除操作。

图 3-24　提示对话框

② 恢复被删除的文件或文件夹：文件或文件夹的删除并不是真正意义上的删除操作，而是将删除的文件暂时保存在"回收站"中，以便对误删除的操作进行还原。

在桌面上双击"回收站"图标，打开"回收站"窗口，可以发现被删除的文件。如果需要恢复被删除的文件，可以在选择文件后，右击鼠标在弹出的快捷菜单中选择"还原"命令，即可将文件还原到删除前的位置，如图 3-25 所示。

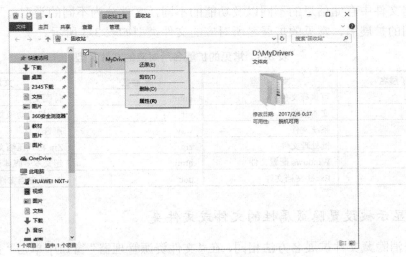

图 3-25　还原被删除的文件

3.2.5　知识拓展

1. 文件和文件夹的概念

在计算机系统中，文件是最小的数据组织单位。文件中可以存放文本、图像以及数值数据等信息。文件夹是在磁盘上组织程序和文档的一种手段，它既可包含文件，也可包含其他文件夹。文件夹中包含的文件夹通常称为"子文件夹"。而硬盘则是存储文件的大容量存储设备,其中可以存储很多文件。

（1）文件名与扩展名。

计算机中的文件名称是由文件名和扩展名组成的,文件名和扩展名之间用圆点"."分隔。文件名可以根据需要进行更改,而文件的扩展名不能随意更改。不同类型文件的扩展名也不相同,不同类型的文件必须由相对应的软件才能创建或打开,如扩展名为".docx"的文档只能用 Word 软件创建或打开。

扩展名是文件名的重要组成部分,是标识文件类型的重要方式。Windows 10 中的扩展名总是隐藏的,可以通过以下操作步骤显示文件的扩展名。

在"文件夹"窗口中单击"查看"选项卡中的"选项"按钮,打开"文件夹选项"对话框,切换到"查看"选项卡,清除"隐藏已知文件类型的扩展名"复选框,如图 3-26 所示,单击"确定"按钮即可显示文件的扩展名。

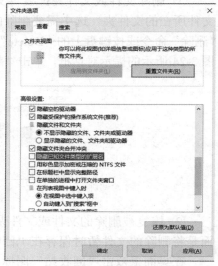

图 3-26　"文件夹选项"对话框

（2）常见的文件类型。

根据文件中存储信息的不同以及功能的不同,文件分为不同的类型。不同类型的文件使用不同的扩展名,常见的扩展名所对应的文件类型如表 3-3 所示。

表 3-3　常见的扩展名所对应的文件类型

扩展名	文件类型	扩展名	文件类型
.exe	可执行文件	.bmp	位图文件
.txt	文本文件	.gif	Gif 格式动画文件
.sys	系统文件	.wav	声音文件
.bat	批处理文件	.zip	Zip 格式压缩文件
.ini	Windows 配置文件	.html	超文本多媒体语言文件
.xls	Excel 文档文件	.doc	Word 文档文件

2. 显示被设置隐藏属性的文件或文件夹

与取消隐藏文件扩展名方法相同,在"文件资源管理器"窗口中单击"查看"功能区,在弹出的工具栏中选择"选项"命令,在打开的"文件夹选项"对话框中切换到"查看"选项卡,选中"显示隐藏的文件、文件夹和驱动器"复选框,单击"确定"按钮,即可显示被设置隐藏属性的文件或文件夹。

3.2.6　技能训练

练习:

（1）在 D 盘中新建一个文件夹命名为"CAD"。

（2）在桌面新建"作业"和"练习"文件夹。

（3）在"作业"文件夹中新建"1.docx"文件，在"练习"文件夹中新建"2.xlsx"文件。

（4）把"1.docx"文件移动到"练习"文件夹中，并设置为隐藏属性，并且通过设置使其不显示。

（5）将上述文件夹复制到可移动磁盘中。

—□ 任务 3.3　控制面板的设置 □—

3.3.1　任务要点

◆　控制面板介绍。
◆　软件的添加与管理。
◆　硬件的管理与应用。
◆　设置个性化外观。
◆　设置用户账户。
◆　设置系统属性。
◆　设置自动更新。
◆　修改系统时间。

3.3.2　任务要求

1．对硬盘剩余空间进行分区。
2．格式化分区。
3．安装驱动程序。
4．优化磁盘。
5．系统设置。

3.3.3　实施过程

1．对硬盘剩余空间进行分区

（1）用鼠标右键单击左下角的 Windows 10 图标，然后选择"控制面板"命令，如图 3-27 所示。

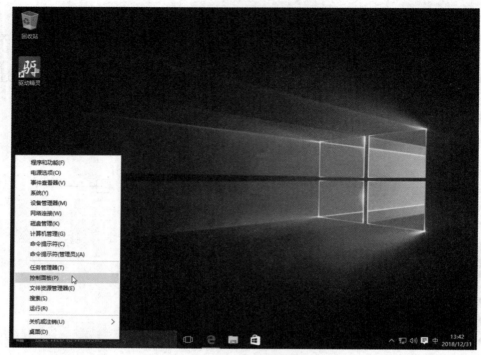

图 3-27　选择"控制面板"命令

（2）单击"系统和安全"，然后在"系统和安全"下的"管理工具"选项组中单击"创建并格式化硬盘分区"，如图 3-28 所示。

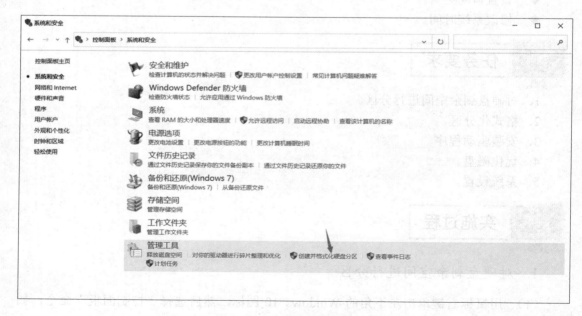

图 3-28　单击"创建并格式化硬盘分区"

（3）　用鼠标右键单击"磁盘 0"中的"未分配"的空白部分，如图 3-29 所示。

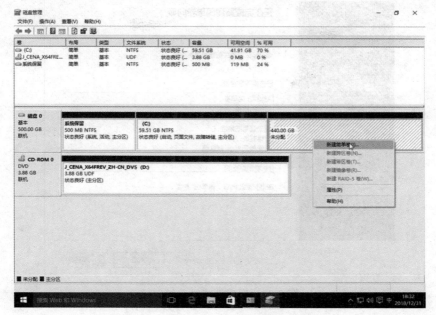

图 3-29　用鼠标右键单击"未分配"分区

（4）　选择"新建简单卷"命令，打开"新建简单卷向导"对话框，如图 3-30 所示。

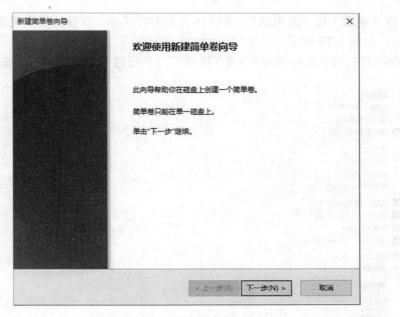

图 3-30　"新建简单卷向导"对话框

（5）　单击"下一步"按钮，在"简单卷大小"对话框中输入相应 D 盘分区大小，然后单击"下一步"按钮。在弹出的对话框中继续单击"下一步"按钮，直到出现"正在完成新建简单卷向导"对话框，如图 3-31 所示，单击"完成"按钮。

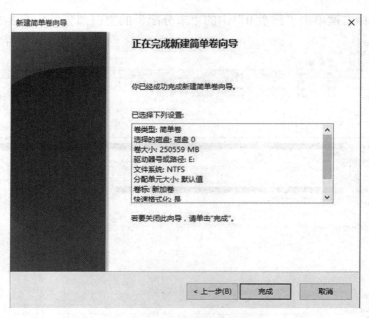

图 3-31　完成新建简单卷向导

（6）　为剩余的其他空间创建分区。

2. 格式化分区

（1）　打开桌面上的"此电脑"，选中 D:盘后右击鼠标，在弹出的快捷菜单中选择"格式化"命令，如图 3-32 所示。

（2）　在打开的对话框中单击"开始"按钮即可执行对 D:盘的格式化，如图 3-33 所示。

图 3-32　磁盘操作快捷菜单

图 3-33　格式化文本框

（3）　根据上述方法格式化其他盘符。

3．安装驱动程序

驱动安装方式有多种，第一种使用硬件厂商提供的驱动盘来安装，第二种使用第三方软件来安装，第三种使用 Windows 10 自带系统更新来安装驱动。本书主要介绍使用第三方软件来安装硬件驱动。

（1）　打开浏览器，进入"驱动精灵"官网"http://www.drivergenius.com/"，单击"立即下载"按钮。

（2）　安装"驱动精灵"。如果使用系统默认浏览器，在浏览器下面会出现一个对话框，单击"运行"按钮，如图 3-34 所示。

图 3-34　"运行"对话框

（3）　打开"用户账号控制"对话框，单击"是"按钮，如图 3-35 所示。

图 3-35　"用户账户控制"对话框

（4）　打开"驱动精灵"安装界面。单击"一键安装"按钮，等待大约 5 分钟后完成安装。然后单击"立即体验"按钮。

（5）　在"检测完成，概要如下"界面下，单击驱动管理，然后单击"一键安装"按钮，如图 3-36 所示，等待安装完成后重启计算机。

图 3-36　驱动安装界面

3.3.4 知识链接

1. 控制面板介绍

控制面板是 Windows 10 系统设置的一部分，系统的安装、配置、管理和优化都可以在控制面板中完成，比如添加硬件、添加/删除软件、更改用户账户、更改辅助功能选项等，它是集中管理系统的场所。

Windows 10 中的控制面板主要分成 8 组，分别是系统和安全；用户账户和家庭安全；网络和 Internet；外观和个性化；硬件和声音；时钟、语言和区域；程序；轻松访问等，而每个分组中又具体分为很多功能选项。

（1）系统和安全🔧。包括查看您的计算机状态、备份您的计算机、查找并解决问题三个选项。主要用来查看并更改系统和安全状态，备份并还原文件和系统设置，更新计算机，查看 RAM 和处理器速度，检查防火墙等。

（2）用户账户和家庭安全👥。包括添加或删除用户账户、为所有用户设置家长控制两个选项。主要用来更改用户账户设置和密码，设置家长控制等。

（3）网络和 Internet🌐。包括查看网络状态和任务、选择家庭组和共享选项两个选项。主要用来检查网络状态并更改设置，设置共享文件和计算机的首选项，配置 Internet 显示和连接等。

（4）外观和个性化🎨。包括更改主题、更改桌面背景、调整屏幕分辨率三个选项。主要用来更改桌面项目的外观、应用主题或屏幕保护程序到计算机，或自定义"开始"菜单和任务栏等。

（5）硬件和声音🔊。包括查看设备和打印机、添加设备两个选项。主要用来添加或删除打印机和其他硬件，更改系统声音，自动播放 CD，节省电影，更新设备驱动程序等。

（6）时钟、语言和区域🌏。包括更改键盘或其他输入法、更改显示语言两个选项。主要用来为计算机更改时间、日期、时区、使用的语言，以及货币、日期、时间显示的方式等。

（7）程序📦。只有卸载程序一个选项。主要用来卸载程序或 Windows 功能，卸载小工具，从网络或通过联机获取新程序等。

（8）轻松访问🕐。包括使用 Windows 建议的设置、优化视频显示两个选项。主要用来为视觉、听觉和移动能力的需要调整计算机设置，并通过声音命令使用语音识别控制计算机等。

2. 磁盘优化

频繁地进行应用程序的安装、卸载，以及经常进行文件的移动、复制、删除等操作，会使计算机硬盘上产生很多磁盘碎片（即许多不连续单元），造成读写速度变慢，使计算机的系统性能下降，磁盘优化拥有碎片整理和合并两个过程，"磁盘碎片整理"程序可以将没有存放连续单元的文件进行重组，"合并"程序将同一程序放在一起提高磁盘的存取速度。

3. Windows 设置

Windows 设置是 Windows 10 全新的设置系统，与控制面板有异曲同工之妙。单击"开始"菜单中的"设置"图标 即可打开"Windows 设置"窗口，如图 3-37 所示。"Windows 设置"窗口中包含 9 个组，分别是系统、设备、网络和 Internet、个性化、账户、时间和语言、轻松使用、隐私、更新和安全。相当于控制面板中的系统和安全分成了系统、更新和安全两组。其他设置可以与控制面板一一对应。

Windows 个性化设置

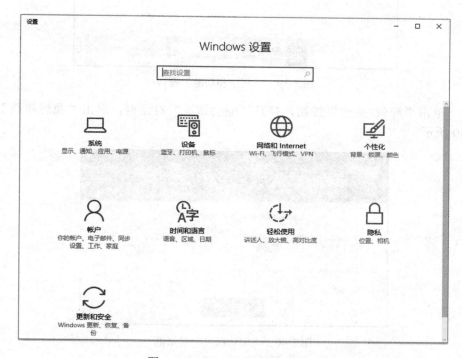

图 3-37　"Windows 设置"窗口

　知识拓展

1. 软件的卸载

（1）单击桌面左下角的"开始"按钮 ，在"拼音 Q"区中找到驱动精灵，右击"驱动精灵"图标，在弹出的快捷菜单中选择"卸载"命令，如图 3-38 所示。

（2）在打开的"程序和功能"窗口中选择"驱动精灵"命令，如图 3-39 所示。

图 3-38　程序卸载快捷菜单

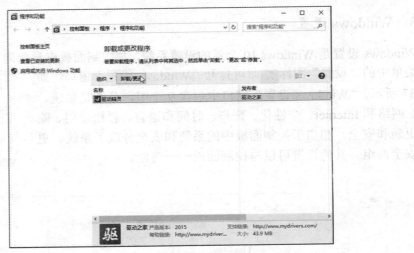

图 3-39　"程序和功能"窗口

（3）单击"卸载/更改"按钮，打开"驱动精灵"对话框，单击"我想卸载"图标，如图 3-40 所示。

图 3-40　"驱动精灵"对话框

（4）在打开的提示对话框中单击"狠心卸载"按钮，再单击"开始卸载"按钮，运行卸载程序。卸载完成后系统会打开如图 3-41 所示的对话框，单击"卸载完成"按钮完成卸载。

图 3-41　卸载完成对话框

2. 安装 360 安全卫士并利用软件维护计算机系统

（1）打开 IE 浏览器并打开网页"www.360.cn"，进入 360 官网，单击"电脑软件"找到"360 安全卫士"软件，进入"360 安全卫士"下载界面，如图 3-42 所示。

图 3-42　360 官网的 360 卫士下载页面

（2）单击"立即下载"按钮，下载完成后安装该软件，如图 3-43 所示。

图 3-43　360 安全卫士安装状态

（3）安装结束后，安全卫士自动运行，如图 3-44 所示。

图 3-44　360 安全卫士操作界面

（4）单击"立即体检"按钮，对计算机进行全面检查，结束后如图 3-45 所示。

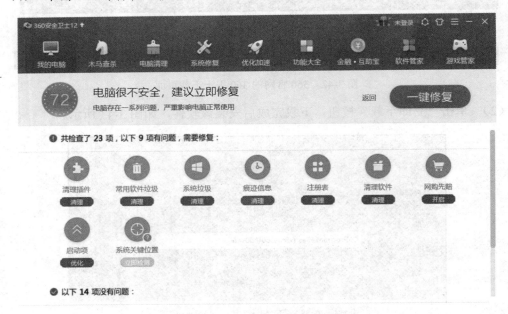

图 3-45　360 安全卫士检查结果

（5）单击"一键修复"按钮，进入自动修复状态。约 10 分钟后修复结束，如图 3-46 所示。注意：如果操作系统使用一段时间以后感觉系统变慢，可以继续使用"360 安全卫士"里面的"优化加速"来提升系统的运行速度。

图 3-46　360 安全卫士自动修复结果

3.3.6　技能训练

练习：

（1）安装 Office 2016。

（2）将系统"日期、时间、时区"分别设置为"纽约时间、2015 年 3 月 11 日 10 点 20 分"。

（3）将自己喜欢的图片文件设置为桌面背景。

──□ **任务 4.1　创建和排版文档** □──

4.1.1 任务要点

◆　Word 2016 简介。
◆　文档创建。
◆　文档编辑。
◆　文档排版。

4.1.2 任务要求

1．启动 Word 2016 应用程序。

2．新建一个名为"学生会纳新通知"的 Word 文档，并保存到 D 盘。

3．录入如图 4-1 所示的纳新通知的文本内容。

4．复制文本。将正文第一段"为了给……"复制到文章末尾"……并富有激情。"后面，另起一段。

5．移动文本。将复制的内容再移动到"二、竞选"的前面，另起一段。

6．删除文本。将上面移动的内容"为了给……"这一段删除。

7．添加项目符号。为文档中"公开招聘，公平对待……对比择优，能者居先"这四段添加项目符号✓。

8．字符格式设置。

（1）　将标题"关于开展校学生会纳新活动的通知"设置为华文行楷、小二、加粗。

（2）　将正文文本设置为华文新魏、小四。

（3）　给正文中"9 月 12 日"和"9 月 15 日"文本添加红色单实线的下画线，给正文中的"各候选人演说时间不得超过 3 分钟"文本添加着重号。

9．段落格式设置。设置标题居中对齐；设置正文首行缩进 2 字符，行间距为固定值18 磅。

10. 另存文档。将文档另存为"桌面\练习\自己的姓名.docx",完成效果如图 4-1 所示。在操作中遇到误操作时,利用撤销与恢复操作进行修改。

关于开展校学生会纳新活动的通知

为了给广大学生提供一个展示才华、锻炼自我的舞台,强化学生会自我管理、自我教育、自我服务的职能,进一步增强学生会的凝聚力和战斗力,更好的服务于学校的发展与建设,更好的服务于广大同学,团委决定从我校大一年级学生中公开竞选出一批德才兼备、具有创新精神的学生,以充实和优化我校学生干部队伍。

具体事宜如下:

一、报名

(一)条件

大一各班级品学兼优、表现突出、热爱学生会工作、具有高度责任心和奉献精神、肯吃苦的学生均可报名。符合下列条件之一者优先:

1. 具有较强的组织管理能力,有一年以上学生干部工作经验;

2. 能说一口流利的普通话,具有较强的社会交往能力;

3. 在音乐、体育、美术、书法、摄影、写作、英语口语、计算机应用等方面有特长。

(二)方法

各个班级充分宣传发动,学生自愿报名,于 9 月 12 日前领取《学生会干部竞选报名表》,并于 9 月 15 日前递交报名表。

(三)竞聘岗位

学习部(5)、生活部(5)、文艺部(4)、体育部(2)、团委组织部(5)、宣传部(4)。

二、竞选

(一)竞选原则

✓公开招聘,公平对待

✓自由应聘,机会平等

✓民主形式,自由竞争

✓对比择优,能者居先

(二)竞选办法

所有候选人,在完成要求的竞选演说后,经过评委会评判,确定出学生会纳新名单。

(三)竞选要求

1. 各候选人演说时间不得超过 3 分钟;

2. 演说稿的内容应包括个人简介、竞选目标、竞选目的、个人评价等,观点正确,层次清晰,语言凝练、优美、生动,富有感染力;

3. 各候选人应使用普通话脱稿进行演说,衣着整齐大方,神态自然,并富有激情。

图 4-1　"学生会纳新通知"完成效果图

4.1.3　实施过程

1. 启动 Word 2016

单击"开始"按钮,在"开始"菜单中选择"Word 2016"命令。

2．保存文件

（1）启动 Word 2016 后，进入如图 4-2 所示的界面，单击"空白文档"图标，创建一个新的空白文档。

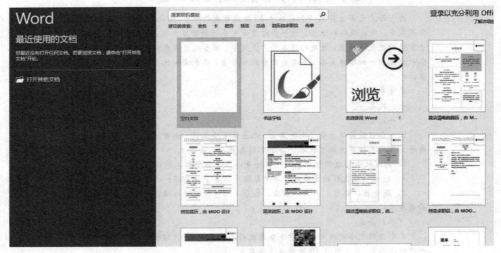

图 4-2　新建空白文档

（2）选择"文件"|"保存"命令，切换到如图 4-3 所示的"另存为"窗口，选择"浏览"选项，在打开的对话框中选择"本地磁盘（D：）"，在"文件名"列表框中输入"学生会纳新通知"，然后单击"保存"按钮。

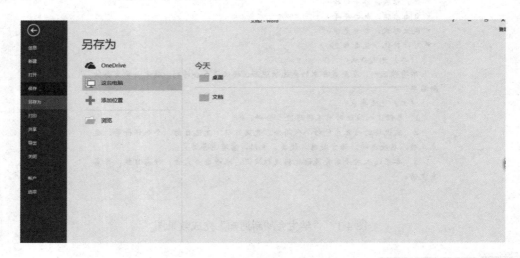

图 4-3　"另存为"窗口

3．录入文本

在文档编辑窗口中单击鼠标，切换到合适的中文输入法，录入如图 4-1 所示的文字。

4．复制文本

拖动鼠标选择正文第 1 段"为了给……"的全部文本，在所选择的文本上右击鼠标，在弹出的快捷菜单中选择"复制"命令。移动光标到文章末尾，按"Enter"键另起一段，单击空白行，右击鼠标，在弹出的快捷菜单中选择"粘贴"命令，则将选定的文本复制到了光标所在的位置。

5．移动文本

拖动鼠标选择上一步复制的全部内容，即"为了给…"所在段，在所选择的内容上右击鼠标，在弹出的快捷菜单中选择"剪切"命令，移动光标到"二、竞选"的段首处，按"Enter"键另起一段。单击空白行，右击鼠标，在弹出的快捷菜单中选择"粘贴"命令，则将选定的文本移动到了光标所在的位置。

6．删除文本

拖动鼠标选择上一步移动过来的全部文本，即"为了给…"所在段，按"Delete"键后删除所选择的内容。

7．添加项目符号

拖动鼠标选择"公开招聘，公平对待……对比择优，能者居先"这四段，在"开始"选项卡中单击"段落"|"项目符号"按钮 右侧的下三角按钮，在弹出的下拉菜单中选择"项目符号"命令。

8．字符格式设置

（1）选取标题行文字"关于开展校学生会纳新活动的通知"，在"开始"选项卡中展开"字体"|"字体"下拉列表框，选择"华文行楷"；展开"字号"下拉列表框，选择"小二"；再单击加粗按钮 **B**，完成标题格式设置。

（2）选取正文全文，在"字体"|"字体"下拉列表框中选择"华文新魏"，在"字号"下拉列表框中选择"小四"。

（3）选择正文中的"9 月 12 日"，单击"字体"|"下画线"按钮 右侧的下三角按钮，在弹出的下拉列表中选择"单实线"命令，然后选择"下画线颜色"|"红色"颜色块。

（4）拖动鼠标选中设置完成的"9 月 12 日"文本，选择"剪贴板"|"格式刷"命令，鼠标指针变为刷子形状，按住鼠标左键，拖动选中"9 月 15 日"，即可复制成相同格式。

（5）选择正文中的"各候选人演说时间不得超过 3 分钟"，然后在"开始"选项卡中单击"字体"组右下角的控件 ，打开如图 4-4 所示的"字体"对话框，在"着重号"下拉列表中选择"．"，单击"确定"按钮。

9．段落格式设置

（1）选取标题行文字"关于开展校学生会纳新活动的通知"，在"开始"选项卡中单击"段落"|"居中"按钮 ，使标题行文字居中对齐。

（2）选择正文全文，在"开始"选项卡中单击"段落"组右下角的控件 ，打开如图 4-5 所示的"段落"对话框。在"特殊格式"下拉列表框中选择"首行"命令，在"缩进值"框中输入"2 字符"；然后在"行距"下拉列表框中选择"固定值"命令，在"设置值"框中输入"18 磅"，单击"确定"按钮。

图 4-4 "字体"对话框

图 4-5 "段落"对话框

10. 文档的另存

选择"文件"|"另存为"命令，切换到"另存为"对话框，选择"浏览"命令，打开如图 4-6 所示的"另存为"对话框，左侧窗口中选择"桌面"，右侧窗口中双击进入"练习"文件夹，在"文件名"文本框中输入"学生会纳新通知"，然后单击"保存"按钮。

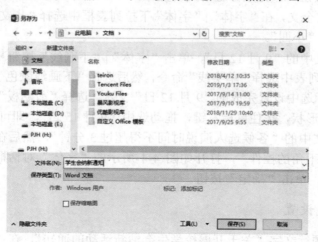

图 4-6 "另存为"对话框

4.1.4　知识链接

1. Office 2016 简介

Office 2016 是微软公司的一个庞大的办公软件集合，其中包括了 Word、Excel、PowerPoint、OneNote、Outlook、Skype、Project、Visio 以及 Publisher 等组件和服务。Office 2016 For Mac 于 2015 年 3 月 18 日发布，Office 2016 For Office 365 订阅升级版于 2015 年 8 月 30 日发布，Office 2016 For Windows 零售版、For iOS 版均于 2015 年 9 月 22 日发布。

相比 Office 2013 以及更早期的版本而言，Office 2016 具有极高的辨识程度。Office 2016 将套装内所有应用的标题栏都配上了分别是几个应用所固有的专属颜色。同时，Office 2016 在新应用的功能区内设有一个搜索框"告诉我您想要做什么"。

2. 启动 Word 2016

方法一：选择"开始"|"Word 2016"命令，如图 4-7 所示。
方法二：双击桌面上的"Word 2016"快捷启动图标。
方法三：双击打开原有的 Word 文档（包括其他版本 Word 生成的文档）。

图 4-7　通过"开始"菜单启动 Word 2016

3. Word 2016 界面的组成

Word 2016 工作界面由快速访问工具栏、标题栏、窗口控制按钮、功能区、文本编辑区、状态栏、标尺显示或隐藏按钮、滚动条、浏览对象等部分组成，如图 4-8 所示。

图 4-8　Word 2016 工作界面

（1）标题栏：主要显示当前编辑文档名和窗口标题。

（2）快速访问工具栏：是功能区顶部（默认位置）显示的工具集合，默认工具包括"保存""撤销"和"恢复"，单击下三角按钮即可弹出"自定义快速访问工具栏"下拉菜单，如图 4-9 所示。

（3）窗口控制按钮：可以使 Word 窗口最大化、最小化、还原和关闭。

（4）功能区：Word 2016 中，单击每个选项卡标签会打开相对应的功能区面板。每个选项卡根据功能的不同又分为若干个组，所拥有的功能如下所述。

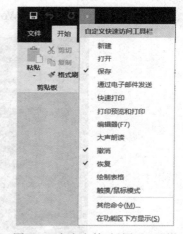

图 4-9　自定义快速访问工具栏

① "文件"选项卡：包括新建、打开、保存、另存为、打印、选项等命令，主要用于用户对 Word 文档进行各种基本操作。

② "开始"选项卡：包括剪贴板、字体、段落、样式和编辑五个组，主要用于帮助用户对 Word 2016 文档进行文字编辑和格式设置，是用户最常用的功能区。

③ "插入"选项卡：包括页面、表格、插图、加载项、媒体、链接、批注、页眉和页脚、文本、符号几个组，主要用于在 Word 2016 文档中插入各种元素。

④ "设计"选项卡：包括文档格式、页面背景两个组，主要用于帮助用户设置文档样式。

⑤ "布局"选项卡：包括页面设置、稿纸、段落、排列几个组，用于帮助用户设置 Word 2016 文档页面样式。

⑥ "引用"选项卡：包括目录、脚注、引文与书目、题注、索引和引文目录几个组，用于实现在 Word 2016 文档中插入目录等比较高级的功能。

⑦ "邮件"选项卡：包括创建、开始邮件合并、编写和插入域、预览结果和完成几个组，该功能区的作用比较专一，专门用于在 Word 2016 文档中进行邮件合并方面的操作。

⑧ "审阅"选项卡：包括校对、见解、语言、中文简繁转换、批注、修订、更改、比较和保护几个组，主要用于对 Word 2016 文档进行校对和修订等操作，适用于多人协作处理 Word 2016 长文档。

⑨ "视图"选项卡：包括视图、显示、显示比例、窗口和宏几个组，主要用于帮助用户设置 Word 2016 操作窗口的视图类型，以方便操作。

⑩ "告诉我您想要做什么"搜索框：这个文本框是功能区中的搜索引擎，它能够为你找到希望使用的功能。

4. 新建文档

启动 Word 2016 程序的同时会进入如图 4-10 所示界面，在此界面中可以挑选用户所需的模板进行创建，通常选择"空白文档"。

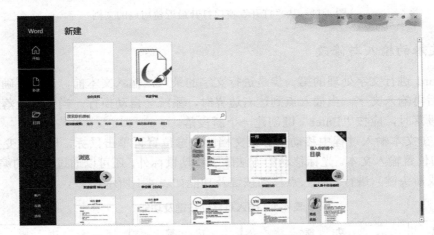

图 4-10　启动 Word 2016 显示界面

在使用该空白文档完成 Word 文档的输入和编辑后，如还需新建空白文档，可使用下面方法之一：

方法一：选择"文件"|"新建"命令，在"新建"页面中选择并单击要创建的文档的类型图标。

方法二：在"快速访问工具栏"中单击"新建空白文档"图标。

方法三：按"Ctrl+N"组合键。

5. 文档的打开

Word 2016 具有强大的记忆功能，可以记忆最近几次使用的文档。转到"文件"选项卡，然后在打开的窗口中选择"打开"选项，在右侧列出的最近使用的文档中单击需要打开的文档即可，如图 4-11 所示。

如果在最近使用的文档中找不到所需的文档，可以在左侧单击"浏览"按钮，在弹出的对话框中找到该文档所在的位置，单击"打开"按钮即可。

图 4-11　从"打开"窗口打开最近使用过的文档

6. 文本的输入与修改

用 Word 进行文字处理的第一步是进行文字的录入，输入文本前，首先要确定光标的位置，然后再输入文字。当插入点到达右边界时，系统会自动换行，当一个段落结束，要开始新的段落时，应按"Enter"键创建一个新段落。

（1）在文本输入过程中移动鼠标至文档的任意位置再单击鼠标，即可改变插入点位置，在新的位置输入文本。光标移动的方法除了移动鼠标外，还可以通过键盘的编辑键（也称方向键或箭头键）进行，插入点移动按键及功能如表 4-1 所示。

表 4-1　插入点移动按键及功能

按　键	功　能	按　键	功　能
←	左移一个字符或汉字	Backspace	删除光标左边的内容
→	右移一个字符或汉字	Home	放置到当前行的开始
↑	上移一行	End	放置到当前行的末尾
↓	下移一行	Ctrl+ PageUp	放置到上一页的第一行
PageUp	上移一屏幕	Ctrl+PageDown	放置到下一页的第一行
PageDown	下移一屏幕	Ctrl+Home	放置到当前文档的第一行
Delete	删除光标右边的内容	Ctrl+End	放置到当前文档的最后一行

若当前处于"插入"状态，则将插入点光标移动到需要修改的位置后面，按一次"Backspace"键可删除光标当前位置前面的一个字符，再输入新的内容；若当前处于"改写"状态，则将插入点光标移动到需要修改的位置前面，所输入的新文本会替换原来相应位置上的文本。"插入"和"改写"编辑状态可通过键盘上的"Insert"键或单击状态栏中的"改写"区域进行切换。Word 的默认状态为"插入"状态。

（2）规范化的指法。

① 基准键。

基准键共有 8 个，左边的 4 个键是 A、S、D、F，右边的 4 个键是 J、K、L、；。操作时，左手小拇指放在 A 键上，无名指放在 S 键上，中指放在 D 键上，食指放在 F 键上；右手小拇指放在；键上，无名指放在 L 键上，中指放在 K 键上，食指放在 J 键上。

　② 键位分配。

　提高输入速度的途径和目标之一是实现盲打（即击键时眼睛不看键盘看稿纸或屏幕），为此要求每一个手指所击打的键位是固定的，如图 4-12 所示，左手小拇指管辖 Z、A、Q、1 键；无名指管辖 X、S、W、2 键；中指管辖 C、D、E、3 键；食指管辖 V、F、R、4 键；右手四个手指管辖范围以此类推，两手的拇指负责空格键；B、G、T、5 键，N、H、Y、6 键也分别由左、右手的食指管辖。

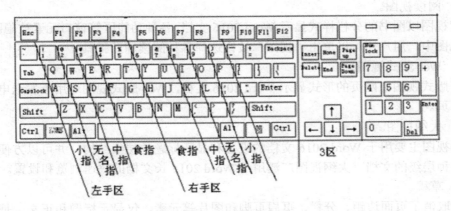

图 4-12　指法键位分配

　③ 指法。

　操作时，两手各手指自然弯曲、悬腕放在各自的基准键位上，眼睛看稿纸或显示器屏幕。输入时手略抬起，只有需击键的手指可伸出击键，击键后手形恢复原状。在基准键以外击键后，要立即返回到基准键。基准键 F 键与 J 键下方各有一凸起的短横作为标记，供"回归"时触摸定位。双手的 8 个指头一定要分别轻轻放在"A、S、D、F、J、K、L、；"8 个基准键位上，两个大拇指轻轻放在空格键上。

　④ 手指击键的要领如下：

- 手腕平直，手指略微弯曲，指尖后的第一关节应近乎垂直地放在基准键位上。
- 击键时，指尖垂直向下，瞬间发力触键，击毕应立即回到原位。
- 击空格键时，用大拇指外侧垂直向下敲击，击毕迅速抬起，否则会产生连击。
- 需要换行时，右手四指稍展开，用小拇指击回车键（"Enter"键），击毕，右手立即返回到原基准键位上。
- 输入大写字母时，用一个小拇指按下"Shift"键不放，用另一手的手指敲击相应的字母键，有时也按下"Caps Lock"键，使其后输入的字母全部为大写字母。

（3）常用中文输入法。

　要快速熟练地输入文本，输入法的选择也至关重要。常用的中文输入法有搜狗输入法、QQ 输入法、五笔输入法、智能 ABC 等，用户要能够根据自己的输入习惯选择适合自己的输入法。

输入法切换

7. 文档视图

在 Word 2016 中提供了 5 种视图供用户选择，这 5 种视图包括页面视图、阅读视图、Web 版式视图、大纲视图和草稿。用户可以在"视图"选项卡中自由切换文档视图，也可以在 Word 2016 窗口的右下方单击视图按钮，在几种常见的视图中相互切换。

（1）页面视图。

页面视图可以显示 Word 2016 文档的打印结果外观，主要包括页眉、页脚、图形对象、分栏设置、页面边距等元素，是最接近打印结果的页面视图。

（2）阅读视图。

阅读视图以图书的分栏样式显示 Word 2016 文档，各种功能区等窗口元素被隐藏起来。在阅读视图中，用户还可以单击"视图"按钮选择各种阅读辅助工具。

（3）Web 版式视图。

Web 版式视图以网页的形式显示 Word 2016 文档，Web 版式视图适用于发送电子邮件和创建网页。

（4）大纲视图。

大纲视图主要用于 Word 2016 文档的设置和显示标题的层级结构，并可以方便地折叠和展开各种层级的文档。大纲视图广泛用于 Word 2016 长文档的快速浏览和设置。

（5）草稿。

草稿取消了页面边距、分栏、页眉页脚和图片等元素，仅显示标题和正文，是最节省计算机系统硬件资源的视图方式。

8. 文本的选择、复制、移动、删除

（1）文本的选择。

在对文档进行编辑之前，首先必须选择文本。

方法一：使用键盘选择文本。

在某些情况下，使用键盘组合键选择文本更加方便，例如按"Ctrl+A"组合键可选择整个文档。表 4-2 列出了使用键盘选择文本的组合键。

表 4-2 使用键盘选择文本的组合键

按　键	作　用
Shift + Home	选定内容扩展至行首
Shift + End	选定内容扩展至行尾
Shift + PageUp	选定内容向上扩展一屏
Shift + PageDown	选定内容向下扩展一屏
Ctrl + Shift + Home	选定内容扩展至文档开始处
Ctrl + Shift + End	选定内容扩展至文档结尾处
Ctrl + A	选定整个文档

方法二：使用鼠标选择文本。

将光标移到选取文本内容的第一个字符前按下鼠标左键并拖动，直到选取到文本内容的结束处后松开鼠标左键。表 4-3 列出了鼠标选择文本的方法。

表 4-3　使用鼠标选择文本的方法

要选的文本	操作方法
任意连续文本	在文本起始位置按鼠标左键，并拖过这些文本
一个单词	双击该单词
一行文本	单击该行左侧的选定区
一个段落	双击选定区，或在段内任意位置三击
矩形区域	将鼠标指针移到该区域的开始处，按住"Alt"键，拖动鼠标到结尾处
不连续的区域	先选定第一个文本区域，按住"Ctrl"键，再选定其他的文本区域
整个文档	选择"编辑"｜"全选"命令或按"Ctrl+A"组合键

（2）　文本的复制。

方法一：选定要复制的文本，在"开始"选项卡中单击"剪贴板"｜"复制"按钮（或者按"Ctrl+C"组合键），再将鼠标定位在要粘贴的位置，在"开始"选项卡中单击"剪贴板"｜"粘贴"按钮（或者按"Ctrl+V"组合键），即可完成复制。

方法二：利用鼠标也可以复制文本，在选定文本之后，按住"Ctrl"键，当鼠标指针变成箭头形状时，拖动鼠标到目标位置，释放鼠标即可完成复制。

（3）　文本的移动。

方法一：选定要移动的文本，按住鼠标左键，将该文本块拖到目标位置，然后释放鼠标。

方法二：选定要移动的文本，在"开始"选项卡中单击"剪贴板"｜"剪切"按钮（或者按"Ctrl+X"组合键），再将鼠标定位在要移动的位置，在"开始"选项卡中单击"剪贴板"｜"粘贴"按钮（或者按"Ctrl+V"组合键），即可完成移动。

（4）　文本的删除。

方法一：选取需要删除的文本内容，按"Backspace"键或按"Delete"键可删除所选取的内容。

方法二：如果要删除少量文本，则将光标移到指定位置，按"Backspace"键可删除光标左边的一个字符，按"Delete"键可删除光标右边的一个字符。

9.　项目符号和编号

为使文档更加清晰易懂，用户可以在文本前添加项目符号或编号。Word 2016 为用户提供了自动添加项目符号和编号的功能。在添加项目符号或编号时，可以先输入文字内容，再给文字添加项目符号或编号；也可以先创建项目符号或编号，然后再输入文字内容，自动实现项目的编号，不必手工编号。

（1）　创建项目符号列表。

项目符号就是放在文本或列表前用以强调效果的符号。使用项目符号的列表可将一系列重要的条目或论点与文档中其余的文本区分开。

将光标定位在要创建列表的开始位置，在"开始"选项卡中单击"段落"｜"项目符号"按钮右侧的下三角按钮，在弹出的"项目符号库"下拉列表中选择项目符号即可在选定段落前添加相应项目符号。也可以选择"定义新项目符号"命令，打开"定义新项目符号"对话框，在"项目符号字符"选区中单击"符号"按钮，打开"符号"对话框，选择需要的符号；单击"图片"按钮，打开"图片项目符号"对话框，可选择需要的图片符号；单击"字体"按钮，打开"字体"对话框，可设置项目符号中的字体格式。

（2）创建编号列表。

编号列表是在实际应用中最常见的一种列表，它和项目符号列表类似，只是编号列表用数字替换了项目符号。在文档中应用编号列表，可以增强文档的顺序感。

将光标定位在要创建列表的开始位置，在"开始"选项卡中单击"段落"|"编号"按钮右侧的下三角按钮，弹出"编号库"下拉列表，选择编号的格式即可为选定段落编号。也可选择"定义新编号格式"命令，打开"定义新编号格式"对话框定义新的编号样式、格式以及编号的对齐方式。

10. 字符格式化

Word 2016 中提供了丰富的字符格式，通过选用不同的格式可以使所编辑的文本显得更加美观和与众不同。字符格式包括字体、字号、字体颜色、效果、字符缩放等基本操作。

（1）设置字体。

在文档中选中需要设置字体格式的文本。在"开始"选项卡中单击"字体"组中右下角的控件，打开"字体"对话框。在"中文字体"或"西文字体"下拉列表中，选择所需的字体，然后单击"确定"按钮即可，如图 4-13 所示。

（2）设置字号。

在文档中选中需要设置字号的文本。在"开始"选项卡中展开"字体"|"字号"下拉列表，从中选择所需的字号。

（3）设置字形。

字形是附加于文本的属性，包括常规、加粗、倾斜或下画线等。Word 2016 的默认字形为常规字形。有时为了强调某些文本，经常需要设置字形。在文档中选中需要设置字形的文本。在"开始"选项卡中单击"字体"|"加粗"按钮 **B** 加粗文本，加强文本的渲染效果；单击"倾斜"按钮 *I* 倾斜文本；单击"下画线"按钮 U 为文本添加下画线。单击"下画线"按钮右侧的三角按钮，则可在弹出的"下画线"下拉列表中选择更多的下画线样式。

（4）设置字体颜色。

在文档中选中需要设置字体颜色的文本。在"开始"选项卡中单击"字体"|"字体颜色"按钮 **A** ·右侧的下三角按钮，在该下拉列表中选择需要的颜色即可。

11. 段落格式化

段落是划分文章的基本单位，是文章的重要格式之一，回车符是段落的结束标记。段落格式的设置主要包括对齐方式、缩进、行间距、段间距等。

（1）段落对齐方式。

段落对齐方式是指段落相对于某一个位置的排列方式。段落对齐方式有文本"左对齐""居中""右对齐""两端对齐""分散对齐"等。其中"两端对齐"是系统默认的对齐方式。用户可以在功能区用户界面中的"开始"选项卡中的"段落"组中设置段落的对齐方式。

方法一：

① 单击"文本左对齐"按钮 ≡，选定的文本沿页面的左边对齐。

② 单击"居中"按钮≡，选定的文本居中对齐。

③ 单击"文本右对齐"按钮≡，选定的文本沿页面的右边对齐。

④ 单击"两端对齐"按钮≡，选定的文本沿页面的左右两边对齐。

⑤ 单击"分散对齐"按钮≣，选定的文本均匀分布。

方法二：

段落对齐方式也可以通过"段落"对话框来进行设置。

在"开始"选项卡中单击"段落"组右下角的控件，打开"段落"对话框，在"常规"选区中可设置段落的对齐方式，还可以在"大纲级别"下拉列表中设置段落的级别，如图 4-14 所示。

图 4-13　"字体"对话框

图 4-14　"段落"对话框

> 提示：将插入点移到需要设置对齐方式的段落中，按组合键"Ctrl+J"可设置两端对齐；按组合键"Ctrl+E"可设置居中对齐；按组合键"Ctrl+R"可设置右对齐；按组合键"Ctrl+Shift+J"可设置分散对齐。

（2）段落缩进。

段落缩进是指文本与页边距之间的距离，其中页边距是指文档与页面边界之间的距离。

方法一：使用水平标尺设置段落缩进。

使用水平标尺是设置段落缩进最方便的方法。如果水平标尺没有显示，可在"视图"选项卡中选中"显示"|"标尺"复选框。水平标尺上有首行缩进、悬挂缩进、左缩进和右缩进 4 个滑块，如图 4-15 所示。选定要缩进的一个或多个段落，用鼠标拖动这些滑块即可改变当前段落的缩进位置。

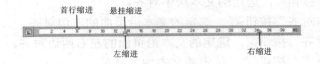

图 4-15　水平标尺

方法二：使用"段落"对话框设置段落缩进。

在"开始"选项卡中单击"段落"组右下角的控件▣，打开"段落"对话框，在"缩进"选项栏中可设置段落的左缩进、右缩进、悬挂缩进和首行缩进，在其后的微调框中设置具体的数值。

（3）段落的行间距和段间距。

行间距和段间距指的是文档中各行或各段落之间的间隔距离。Word 2016 默认的行间距为一个行高，段间距为 0 行。

① 设置行间距。

方法一：选定要设置行间距的文本，在"开始"选项卡中单击"段落"|"行距"按钮▣▾，在弹出的列表中选择合适的行距。

方法二：在"开始"选项卡中单击"段落"组右下角的控件▣，打开"段落"对话框，在"间距"选项组中的"行距"下拉列表中设置行间距，在其后的微调框中设置具体的数值。

② 设置段落间距。

在"段落"对话框中的"段前"和"段后"微调框中分别设置距前段距离以及距后段距离，此方法设置的段间距与字号无关。用户还可以直接按"Enter"键设置段落间隔距离，此时的段间距与该段文本字号有关，是该段字号的整数倍。

> 提示：如果相邻的两段都通过"段落"对话框设置间距，则两段间距是前一段的"段后"值和后一段的"段前"值之和。

12. 文档的保存

保存文档时，一定要注意"文档三要素"，即保存位置、名字、类型，否则以后可能不易找到文档。保存文档常用下面几种方法。

方法一：单击快速访问工具栏中的"保存"按钮▣。

方法二：按"Ctrl+S"组合键。

方法三：选择"文件"|"保存"命令。

如果文档已经命名，执行保存操作后不会出现"另存为"对话框，而直接保存到原来的文档中以当前内容代替原来内容，当前编辑状态保持不变，可继续编辑文档。如果将要保存的文档没有命名，单击"浏览"按钮，打开如图 4-16 所示的"另存为"对话框，在对话框左侧选择保存文档的驱动器和文件夹，在"文件名"文本框中输入一个合适的文件名。如果想兼容以前版本，选择保存类型为"Word 97-2003"。设置后，单击"保存"按钮即可。保存后该文档标题栏中的名称已改为命名后的名字。

图 4-16　"另存为"对话框

13. 为段落添加边框和底纹

在 Word 2016 中，不仅可以对文本和段落设置字符格式和段落格式，还可以给文本和段落加上边框和底纹，进而突出显示这些文本和段落。

（1）添加边框。

选定需要添加边框的文本或段落，在"开始"选项卡中单击"段落"|"边框"按钮右侧的下拉按钮，在弹出的菜单中选择"边框和底纹"命令，打开"边框和底纹"对话框，默认打开"边框"选项卡，如图 4-17 所示。在"设置"选项组中选择边框类型；在"样式"列表框中选择边框的线型；单击"颜色"框右侧的下拉按钮∨，展开下拉列表，选择需要的颜色。如果在"颜色"下拉列表中没有需要的颜色，可选择"其他颜色"选项，打开"颜色"对话框，选择需要的标准颜色或者自定义颜色，如图 4-18 所示。设置好颜色后，还可以在"宽度"下拉列表中选择边框的宽度。然后，在"应用于"下拉列表中选择边框的应用范围。设置完成后，单击"确定"按钮即可为文本或段落添加边框。

图 4-17　"边框和底纹"对话框

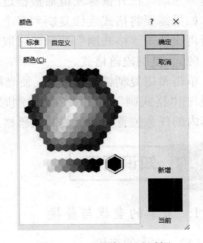

图 4-18　"颜色"对话框

（2） 添加底纹。

选定需要添加底纹的文本或段落，打开"边框和底纹"对话框，切换到"底纹"选项卡，如图 4-19 所示。在"填充"选项组中展开下拉列表，选择需要的颜色；单击"样式"下拉列表右侧的下拉按钮，展开"样式"下拉列表，选择底纹的样式，并在下面对应的颜色区域选择颜色。设置完成后，单击"确定"按钮，即可为文本或段落添加底纹。

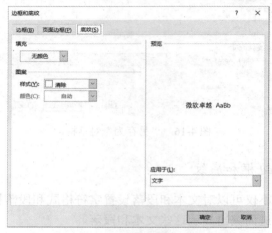

图 4-19 "底纹"选项卡

14. 格式刷的使用

在编辑文档的过程中，会遇到多处字符或段落具有相同格式的情况，这时可以将已格式化好的字符或段落的格式复制到其他字符或段落，减少重复的格式设置操作。

（1） 复制字符格式。

选择已设置格式的文本（注意不包含段落标记），在"开始"选项卡中单击"剪贴板"|"格式刷"按钮，此时鼠标指针变为"刷子"形状。在需要应用格式的文本区域按住鼠标左键并拖动，松开鼠标左键后被拖过的文本就具有了新的格式。

如果需要将格式连续复制到多个文本块，可双击格式刷，再分别拖动多个文本块，完成后再次单击"格式刷"按钮即可取消鼠标指针的"刷子"形状。

（2） 复制段落格式。

单击希望复制格式的段落，使光标定位在该段落内，然后单击"开始"选项卡中的"剪贴板"|"格式刷"按钮（多次复制时双击），再把刷子移到希望应用此格式的段落，单击段落内的任意位置，即可复制段落格式。

4.1.5 知识拓展

1. 文本的查找与替换

（1） 文本的查找。

在"开始"选项卡中单击"编辑"|"查找"按钮右侧的下三角按钮，在弹出的菜单中

选择"高级查找"命令，打开"查找和替换"对话框中的"查找"选项卡，如图 4-20 所示。在"查找内容"文本框中输入要查找的文字，单击"查找下一处"按钮，Word 将自动查找指定的字符串，并以反白显示。如果需要继续查找，可再次单击"查找下一处"按钮，Word 2016 将继续查找下一个文本，直到文档的末尾。查找完毕后，系统将弹出提示框，提示用户 Word 已经完成对文档的搜索。

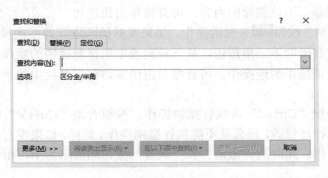

图 4-20 "查找和替换"对话框

单击"查找"选项卡中的"更多"按钮，可打开"查找"选项卡的高级形式，如图 4-21 所示。单击"格式"按钮可对替换文本的字体、段落格式等进行设置。

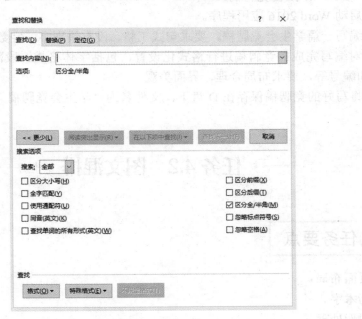

图 4-21 "查找"选项卡

（2） 文本的替换。

设置开始替换的位置，在"开始"选项卡中单击"编辑"|"替换"按钮，打开"查找和替换"对话框中的"替换"选项卡，在"查找内容"文本框中输入要查找的内容，再在"替换为"文本框中输入要替换的内容，然后单击"替换"按钮，即可将文档中查找到的内容进行替换（仅一次）。再单击"替换"按钮，则再替换一次……

若要一次性替换文档中的全部被替换对象，可单击"全部替换"按钮，系统将自动替换全部内容，替换完成后，系统会打开如图 4-22 所示的提示框，单击"确定"按钮即可。

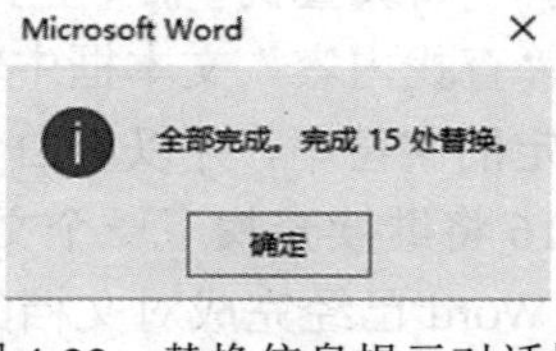

图 4-22 替换信息提示对话框

2. 撤销与恢复操作

如果不小心删除了不该删除的内容，可直接单击快速访问工具栏中的"撤销"按钮 ↰ 来撤销操作。如果要撤销刚进行的多次操作，可单击工具栏中的"撤销"按钮右侧的下三角按钮，从下拉列表中选择要撤销的操作。

恢复操作是撤销操作的逆操作，可直接单击快速访问工具栏中的"恢复"按钮 ↻ 执行恢复操作。

注意：按组合键"Ctrl+Z"可执行撤销操作；按组合键"Ctrl+Y"可执行恢复操作。如果对文档没有进行过修改，那么就不能执行撤销操作。同样，如果没有执行过撤销操作，将不能执行恢复操作。此时的"撤销"和"恢复"按钮均显示为不可用状态。

4.1.6 技能训练

练习：编辑"学生会竞聘稿"。

（1） 启动 Word 2016 应用程序。

（2） 编写一篇学生会竞聘稿，要求句式工整，没有错别字，字数不少于 300 字。

（3） 对编写完成的竞聘稿进行格式化设置，包括字体格式、段落格式、边框底纹、项目符号和编号等，要求布局合理，界面美观。

（4） 将写好的竞聘稿保存在 D 盘下，文件名为"学生会竞聘稿"。

——□ 任务 4.2　图文混排 □——

4.2.1 任务要点

◆ 页面布局。
◆ 艺术字。
◆ 图形处理。
◆ 文本框。
◆ 打印设置。

4.2.2 任务要求

打开原始素材：学生会纳新宣传海报（文字版）.docx。

1．页面设置。设置纸张方向为"横向"，上、下页边距为 1.5 厘米，左、右页边距为 2.5 厘米，为整篇文档设置艺术型页面边框。

2．分栏。将整篇文档分为 3 栏。

3．插入文本框。

（1）插入文本框：在第 2 栏最上方插入一个竖排文本框，内容为"这里是青春的舞台……"所在段。

（2）设置文本框格式：字号为五号，字体为华文行楷，行距为固定值 18 磅，填充效果为黄色，无轮廓，环绕方式为四周型，适当调整文本框的大小。

4．插入艺术字。插入艺术字"纳新啦"；艺术字样式为第三行第二列；字体为华文行楷，字号为 54、加粗；文字环绕设置为"上下型环绕"，文本填充设置为"红色"，文本轮廓设置为"蓝色"，文本轮廓粗细设置为"1.5 磅"，文本转换效果设置为"腰鼓"，适当调整艺术字的位置。

5．插入图片。

（1）第一张：插入"放飞梦想.jpg"图片。调整图片缩放比例（宽度和高度均为 30%）；设置环绕方式为"上下型环绕"，适当调整图片的位置。

（2）第二张：插入"加油.jpg"图片。调整图片缩放比例（高度为 20%，宽度为 15%）；环绕方式为"紧密型环绕"。

（3）第三张：插入"奔跑.jpg"图片。调整图片缩放比例（高度为 40%，宽度为 65%）；环绕方式为"上下型环绕"。

6．字体设置。设置"办公室""宣传部""外联部""文艺部""体育部""学习部"文字字体为宋体、五号、红色、加粗，其余文字设置为宋体、五号。

7．插入自选图形。插入自选图形"心形"，设置形状填充为"红色"，无轮廓；在自选图形中编辑文字"快来加入我们吧！"，字体设置为华文彩云，字号设置为小四，文本设置填充为"黄色"；自选图形版式设置为"四周型"，适当调整图片的位置。

8．保存文件。文件另存为"D:\学生会纳新宣传海报.docx"。最终效果如图 4-23 所示。

图 4-23　"学生会纳新宣传海报"最终效果

4.2.3 实施过程

1. 页面设置

（1） 在"布局"选项卡中单击"页面设置"|"纸张方向"按钮，在弹出的菜单中选择"横向"命令。

（2） 单击"页边距"按钮，在弹出的菜单中选择"自定义页边距"命令，打开"页面设置"对话框，在"页边距"选项卡中分别把上、下页边距设置为 1.5 厘米，左、右页边距设置为 2.5 厘米，如图 4-24 所示。设置后单击"确定"按钮。

（3） 在"设计"选项卡中单击"页面背景"|"页面边框"按钮，打开"边框和底纹"对话框，切换到"页面边框"选项卡，在"设置"栏中选择"方框"，在"艺术型"下拉列表中选择所需线型，如图 4-25 所示。设置后单击"确定"按钮。

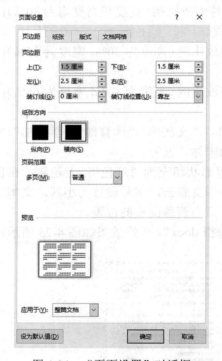

图 4-24　"页面设置"对话框

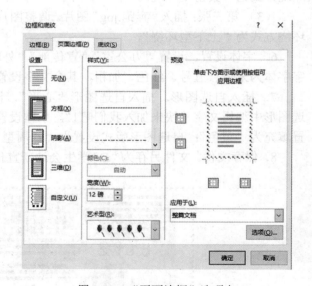

图 4-25　"页面边框"选项卡

2. 分栏

在"布局"选项卡中单击"页面设置"|"栏"按钮，在弹出的菜单中选择"三栏"命令。

3. 插入文本框

（1） 选中"这里是青春的舞台……"所在段，在"插入"选项卡中单击"文本"|"文

本框"按钮，在弹出的面板中选择"绘制竖排文本框"命令。选中的文字会自动加入文本框中。

（2）移动鼠标到文本框边框处，当鼠标指针变为四向箭头时单击选定文本框，设置其中文本的字号为五号，字体为华文行楷，行距为固定值 18 磅。设置方法与正文文本的设置方法相同。

（3）移动鼠标到文本框边框处，当鼠标指针变为双向箭头时拖动鼠标，把文本框大小变成第二栏的宽度，当鼠标指针变为四向箭头时拖动文本框至第二栏最上面。

（4）单击文本框，在"格式"选项卡中单击"形状样式"|"形状轮廓"按钮，在下拉面板中选择"无轮廓"命令。

（5）单击"形状样式"|"形状填充"按钮，在弹出的面板中选择"黄色"颜色块。

（6）单击"排列"|"环绕文字"按钮，在弹出的下拉菜单中选择"四周型"命令。

4. 插入艺术字

（1）在"插入"选项卡中单击"文本"|"艺术字"按钮，在弹出的样式中选择第三行第二列的艺术字样式，如图 4-26 所示。单击该样式后，弹出如图 4-27 所示的艺术字编辑区，输入文字"纳新啦"。选中艺术字"纳新啦"，在"开始"选项卡中设置字体为华文行楷，字号为 54、加粗。

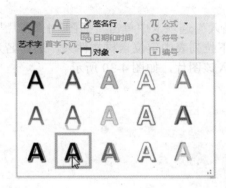

图 4-26　"艺术字"样式

图 4-27　艺术字编辑区

（2）选中艺术字，在"格式"选项卡中，进行如下操作：

① 单击"排列"|"环绕文字"按钮，在弹出的下拉菜单中选择"上下型环绕"选项。

② 单击"艺术字样式"|"文本填充"按钮右侧的下拉按钮，在弹出的面板中选择"红色"颜色块。

③ 单击"文本轮廓"按钮右侧的下拉按钮，在弹出的面板中选择"蓝色"颜色块，再选择"粗细"|"1.5 磅"命令，如图 4-28 所示。

④ 单击"文本效果"按钮右侧的下拉按钮，在弹出的面板中选择"转换"|"腰鼓"命令，如图 4-29 所示。

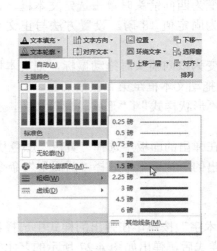 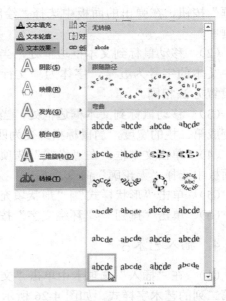

图 4-28　选择"粗细"|"1.5 磅"命令　　　　图 4-29　选择"转换"|"腰鼓"命令

5.　插入图片

（1）　第一张：单击要插入图片的位置，在"插入"选项卡中单击"插图"|"图片"按钮，打开"插入图片"对话框，在"查找范围"下拉列表中定位素材文件夹，选择名为"放飞梦想.jpg"的图片，然后单击"插入"按钮插入该图片，如图 4-30 所示。

图 4-30　"插入图片"对话框

（2）　单击该图片，在"格式"选项卡中单击"大小"组中右下角的控件 ⌐，打开"布局"对话框，切换到"大小"选项卡，选中"锁定纵横比"复选框，然后在"高度"列表框中输入"30%"，单击"宽度"列表框，数值将自动变为"30%"，如图 4-31 所示。设置后单击"确定"按钮。

图 4-31　"布局"对话框的"大小"选项卡

（3）在"格式"选项卡中单击"排列"|"环绕文字"按钮，在弹出的下拉菜单中选择"上下型环绕"选项，适当调整图片的位置。

（4）同理，插入"加油.jpg"图片，在"格式"选项卡中单击"大小"组右下角的控件 ，打开"布局"对话框中的"大小"选项卡，清除"锁定纵模比"复选框，在"高度"列表框中输入"20%"，"宽度"列表框中输入"15%"。然后设置其环绕方式为"紧密型环绕"。

（5）同理，插入"奔跑.jpg"图片，设置图片缩放比例高度为40%、宽度为65%，环绕方式为"上下型环绕"。

6. 字体设置

按组合键"Ctrl+A"选中全部文本，切换到"开始"选项卡，使用"字体"组中的工具将文本字体设置为宋体、五号。再用鼠标拖动方法选中文本"办公室"，按住"Ctrl"键，再分别选中"宣传部""外联部""文艺部""体育部""学习部"等文字，设置字体格式为红色、加粗。

7. 插入自选图形

（1）在"插入"选项卡中单击"插图"|"形状"按钮，在弹出的面板中选择"基本形状"|"心形"图标，如图 4-32 所示。然后在文档中需要插入形状的位置单击并拖动鼠标，绘出图形。

（2）选择"心形"形状，在"格式"选项卡中单击"形状样式"|"形状轮廓"按钮，在弹出的下拉菜单中选择"无轮廓"选项；单击"形状样式"|"形状填充"按钮，在弹出的下拉菜单中选择"红色"选项。

（3）右击插入的"心形"形状，在弹出的快捷菜单中选择"添加文字"选项，如图 4-33 所示。此时图形会进入编辑状态，输入文字"快来加入我们吧！"。输入完毕，将文字设置为华文彩云、小四，其设置方法与正文文本的设置方法相同。然后适当调整文本框的大小。

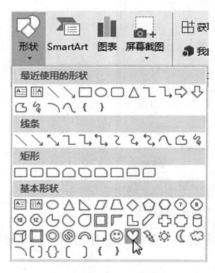

图 4-32　插入心形形状

图 4-33　自选图形快捷菜单

（4）　选中自选图形，在"格式"选项卡中单击"艺术字样式"|"文本填充"按钮，在弹出的下拉菜单中选择"黄色"选项。

（5）　单击"排列"|"环绕文字"按钮，在弹出的下拉菜单中选择"四周型"选项。适当调整图形的位置。

8. 保存文件

宣传海报制作完成，保存文件路径为"D:\"，文件名为"学生会纳新宣传海报.docx"。

1. 页面设置

Word 文档的页面设置主要用来对页面整体布局进行设置，包括纸张方向、纸张大小、页边距等几个方面。

切换至"布局"选项卡，单击"页面设置"控件 ，打开"页面设置"对话框，其中有"页边距""纸张""版式""文档网格"4 个选项卡，可以各自设置相应选项，如图 4-34 所示。

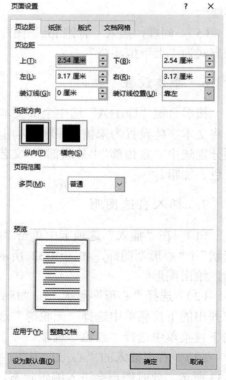

图 4-34　"页面设置"对话框

"页面设置"对话框中各选项卡的功能如下。

（1）"页边距"选项卡：在这里可以设置正文的上、下、左、右边距，页眉、页脚与页边界的距离等，在"预览"框中可预览页面的排版效果。如果想将文档进行双面打印，可以选中"对称页边距"复选框，还可以使正反面文本区域相匹配等。

（2）"纸张"选项卡：设置打印时纸张的进纸方式、供纸等选项。

（3）"版式"选项卡：设置页眉、页脚、对齐方式等。

（4）"文档网格"选项卡：设置文字排列方向、每页的行数、每行的字符数、是否应用网格等。

2．分栏

在编辑文档的过程中，一段文字，就是从上到下从左到右的顺序，但是我们有时候为了某种特殊目的，需要把一栏变成二栏或者多栏。

选中需要分栏的文字，在"布局"选项卡中单击"页面设置"|"栏"按钮，弹出下拉菜单，即可根据需要选择一栏、两栏、三栏、偏左、偏右等，如图 4-35 所示。如果需要更多设置，可以选择"更多栏"命令，打开"栏"对话框，在这里可以根据需要设定自己需要的值，如图 4-36 所示。

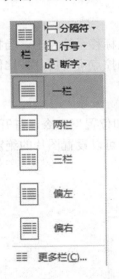

图 4-35　"栏"下拉菜单

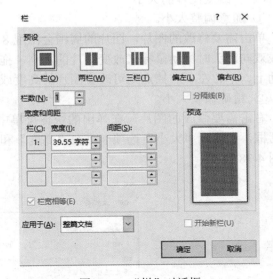

图 4-36　"栏"对话框

3．插入图片

Word 2016 支持的图片文件格式包括 EMF、WMF、JPG、JPEG 等多种类型，一般操作方法为：把光标移至需要插入图片的位置，在"插入"选项卡中单击"插图"|"图片"按钮，打开"插入图片"对话框，找到要插入图片的位置和文件名，选择文件后单击"插入"按钮，或者直接双击该图片文件的缩略图即可完成插入，如图 4-37 所示。

图 4-37 "插入图片"对话框

4. 编辑图片

与文本类似，图片也可以进行复制、删除等操作。除此之外可以进行缩放、裁剪、设置版式等操作。

（1）改变图片的大小。

① 随意调整大小。

单击需要修改的图片，图片的周围会出现 8 个控点，将鼠标移至控点上，当指针形状变成双向箭头时拖动鼠标来改变图片的大小。拖动对角线上的控点可将图片按比例缩放，拖动上、下、左、右控点则可改变图片的高度或宽度。

② 精确调整大小。

右击需要修改的图片，在弹出的快捷菜单中选择"大小和位置"命令，打开"布局"对话框，切换到"大小"选项卡，在"高度"和"宽度"栏中可以设置图片的绝对大小，如图 4-38 所示。

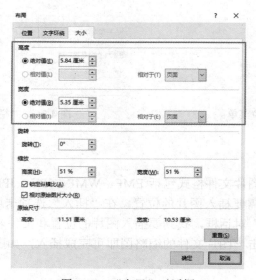

图 4-38 "布局"对话框

使用"缩放"选项组中的选项可以缩小或放大图片。当选中"锁定纵横比"复选框时，在"缩放"选项组中输入"高度"缩放百分比或单击微调按钮 可对图片进行等比缩放；而清除"锁定纵横比"复选框时，则可以在"缩放"选项组中的"高度"和"宽度"中输入各自的缩放百分比，这里的宽度和高度的缩放比例可以一致也可以不一致。

（2）设置环绕文字。

环绕文字是指图片与周围文字的环绕方式，设置文字环绕方式的方法主要有以下两种：

方法一：双击需要设置的图片，在"格式"选项卡中，单击"排列"｜"环绕文字"按钮，在弹出的下拉菜单中列出了多种环绕方式，选择其中一种需要的环绕方式，图片即设置为该环绕方式。

方法二：设置环绕文字的一种比较快捷的方法是右击需要设置的图片，在弹出的快捷菜单中选择"环绕文字"命令，选择其中一种需要的环绕方式，图片即设置为该环绕方式。

（3）设置图片位置。

单击需要拖动的图片，当指针变成 形状时，将图片拖动到合适的区域。

（4）设置图片边框。

单击需要设置的图片，在"格式"选项卡中，单击"形状样式"｜"形状轮廓"按钮，在弹出的面板中可对图片边框的"粗细""虚实""颜色"等进行设置，如图 4-39 所示。

（5）图片的裁剪。

当只需要图片的某个部分时，可以将不需要的部分裁剪掉。单击需要修改的图片，图片的周围会出现 8 个控点，在"格式"选项卡中单击"大小"｜"裁剪"按钮，鼠标指针变成 状，把鼠标指针移动到图片的一个尺寸控点上向内拖动鼠标，会出现一个虚框，虚框内的图片即是剪裁后的图片，如图 4-40 所示。对一幅图片可以进行多次裁剪。

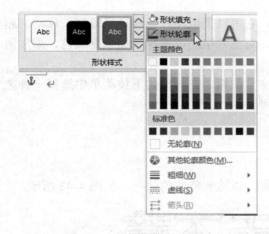

图 4-39　"形状轮廓"面板

图 4-40　裁剪图片

被裁剪掉的部分还可以恢复，方法是单击"裁剪"按钮后，按住鼠标左键向图片外部拖动即可。

（6）图片的颜色改变。

选择需要设置的图片后，可以使用"格式"选项卡中的"调整"工具组来改变图片的颜色。

① 设置亮度和对比度：单击"调整"|"校正"按钮，在弹出的下拉菜单中选择"图片校正选项"，程序窗口右侧会显示一个"设置图片格式"窗格，在此即可设置图片的亮度和对比度，如图 4-41 所示。

② 设置图片颜色：单击"调整"|"颜色"按钮，在弹出的下拉菜单中选择一个着色类型，所选定的图片即可用该类型重新着色。在该设置中，不仅可以设置图片的颜色，还可以对图片进行透明色处理，如图 4-42 所示。

图 4-41   "设置图片格式"窗格

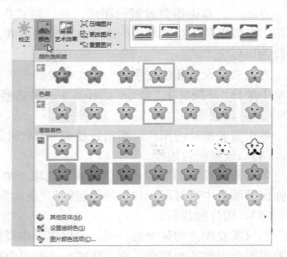

图 4-42   "颜色"下拉菜单

5. 插入艺术字

由于在 Word 中把艺术字处理成图形对象，它可以类似图片一样进行复制、移动、删除、改变大小、添加边框、设置版式等。此外，对艺术字还可进行添加填充颜色、添加阴影、竖排文字等操作。

在"插入"选项卡中单击"文本"|"艺术字"按钮，在弹出的下拉菜单中选择一种艺术字样式，然后在艺术字占位符中输入文字即可。

6. 编辑艺术字

（1）编辑艺术字的颜色。

艺术字的填充颜色和轮廓颜色可以分别设置，以达到特殊的效果，如图 4-43 所示。

地不老天不荒

图 4-43   填充颜色和轮廓颜色不同的艺术字

选中需要设置的艺术字，在"格式"选项卡中单击"艺术字样式"|"文本填充"按钮，在弹出的下拉菜单中选择一种颜色，所选艺术字的填充颜色即被更改为该颜色，如果"主题颜色"和"标准色"都不能达到理想的效果，可使用"渐变"中的效果来填充艺术字，

以达到理想的效果。

在"格式"选项卡中单击"艺术字样式"|"文本轮廓"按钮，可以设置艺术字的轮廓颜色，设置方法与文本填充的设置方法相同。

（2）编辑艺术字的环绕方式。

选中需要设置的艺术字，在"格式"选项卡中单击"排列"|"环绕文字"按钮，在弹出的多种环绕方式中选择一种环绕方式，所选艺术字即被更改为该环绕方式。

（3）改变文字方向。

单击需要设置的艺术字，在"格式"选项卡中单击"文本"|"文字方向"按钮，在弹出的下拉菜单中选择适当的文字方向，所选艺术字即被更改为该文字方向。

7. 插入文本框

文本框，顾名思义是用来存放文本内容的。由于它可以在文档中自由定位，因此它是实现复杂版面的一种常用方法。

在"插入"选项卡中单击"文本"|"文本框"按钮，弹出如图 4-44 所示的下拉菜单，单击一种文本框样式即可。在文本框中单击可输入文本，用和正文文本相同的方法设置文本的字符或段落格式。位置的移动和边框的设置与图片的设置方法类似。

8. 绘制图形

Word 提供了"形状"工具，可以让用户在文档中绘制所需的图形。

（1）插入自选图形。

在"插入"选项卡中单击"插图"|"形状"按钮，弹出"形状"下拉菜单，在其中选择一种形状，然后在文档中需要插入形状的位置单击并拖动鼠标。

图 4-44 "文本框"下拉菜单

拖动鼠标有以下 4 种方式。

① 直接拖动，按默认的步长移动鼠标。

② 按住"Alt"键拖动鼠标，以小步长移动鼠标。

③ 按住"Ctrl"键拖动鼠标，以起始点为中心绘制形状。

④ 按住"Shift"键拖动鼠标，如果绘制矩形类或椭圆类形状，则绘制结果是正方形类或圆类形状。

（2）层叠图形。

在文档中绘制了多个形状后，形状会按照绘制次序自动层叠，要改变它们原来的层叠次序，方法是右击需要编辑的形状，在弹出的快捷菜单中选择"置于顶层"或"置于底层"子菜单中的命令，如图 4-45 所示。

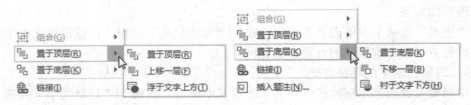

图 4-45 "置于顶层"子菜单（左）和"置于底层"子菜单（右）

（3） 组合图形。

如果要同时对多个形状进行操作，可以将多个形状组合起来成为一个操作对象，方法是选择一个形状后，按住"Ctrl"键的同时单击其他形状，这样就同时选择了多个形状。右击，在弹出的快捷菜单中选择"组合"|"组合"命令。如果要将组合形状取消，则选择"组合"|"取消组合"命令。

4.2.5 知识拓展

1. 打印预览

使用文件的打印预览功能，可以在打印前查看文档的打印效果，以便及时做出必要的调整和修改。

选择"文件"|"打印"命令，跳转到"打印"页面，在页面左侧可以设置打印选项，在页面右侧可以预览打印效果，如图 4-46 所示。

图 4-46 打印预览

2. 打印设置

在 Word 中有多种打印方式，用户可以按指定范围打印文档，还可以打印多份或多篇文档。此外，Word 2016 还提供了可缩放文件打印方式。这些目的都可以通过设置打印选项来达到。

"打印"页面中提供的各种打印选项说明如下。

（1）"打印机"选项组：提供了打印机类型的选择及打印状态、位置等的说明。

（2）"页面范围"选项组：可选择和指定打印的范围，有全部、当前页、页码范围 3 个选项。

（3）"页数"选项组：确定打印的份数。

（4）"调整"选项组：确定打印的页码顺序。

（5）"页面方向"选项组：确定文档的打印方向是横向的或纵向的。

（6）"纸张大小"选项组：选择文档要打印的纸张尺寸。

（7）"页边距"设定组：设定文档正文离页边的距离。

（8）"页面缩放"选项组：选择文档打印在纸张上的页面数或缩放比例。

此外，如果在设置打印选项时需要重新设置页面格式，可以直接在"打印"页面的选项设置栏底部单击"页面设置"超链接文字，打开"页面设置"对话框进行设置，而不必在功能区中切换到"布局"选项卡。

3．打印文档

设置好打印选项后，在"打印"页面的选项设置栏上方单击"打印机"按钮，在弹出的下拉列表中选择已连接的打印机，然后单击"打印"按钮，即可启动打印机，开始打印。

4.2.6 技能训练

练习：制作一张"社团纳新"宣传海报，要求如下：

（1）主题鲜明，布局美观大方。

（2）纸张方向为横向，简报只有一页。

（3）简报内容包含文本、图片、艺术字、自选图形、联机图片等。

（4）图片等内容的颜色、环绕方式等自行选择。

——□ 任务 4.3　长文档格式编排 □——

4.3.1 任务要点

◆ 模板。

◆ 样式。

◆ 分隔符。

◆ 页眉和页脚。

◆　脚注和尾注。

◆　目录。

4.3.2　任务要求

1．使用模板创建一个论文文档。

2．页面设置：将纸张设置为"A4"，上下页边距设置为"2.3 cm"，左右页边距设置为"2.5cm"，装订线设置为"0.5cm"，装订线位置设置为"靠左"，页眉设置为"1.2cm"，页脚设置为"1.5cm"。

3．字体和段落格式设置：正文字体格式设置为"中文小四号宋体，英文小四号 Times New Roman"，全文统一；段落格式设置为1.25倍行距，段前、段后均为0行，首行缩进2字符。

4．标题格式：论文标题设置为三级标题，要求如下：

一级标题：黑体、三号、加粗、居中对齐、段间距为段前段后各1行、1.5倍行间距；

二级标题：黑体、小三号、左对齐、段间距为段前段后各0.5行、1.25倍行间距；

三级标题：黑体、四号、左对齐、段间距为段前段后各0.5行、1.25倍行间距。

5．生成目录：在封面页和正文页之间生成目录，目录独立成一页。

6．页眉和页脚：为论文插入页眉和页脚，要求如下：

页眉：插入页眉文字"红楼美食与养生"，字体格式为宋体、小五；

页脚：在页脚处插入页码，其中，封皮不需要插入页码，目录页页码从1开始，正文处页码依然从1开始。

7．保存文档：论文的最终排版样式如图4-47所示，将文档保存为"D:\论文.docx"。

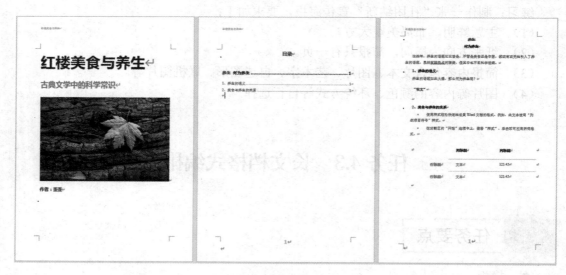

图 4-47　论文最终效果排版样式

实施过程

1. 通过模板创建文档

（1） 启动 Word 2016，在开始页中单击"更多模板"超链接文字，如图 4-48 所示。

图 4-48   在开始页中单击"更多模板"超链接文字

（2） 在"Office"模板搜索框中输入"论文"，按"Enter"键搜索论文模板，如图 4-49 所示。

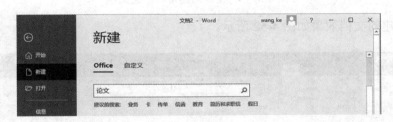

图 4-49   搜索论文模板

（3） 拖动滚动条，找到"包含封面和目录的论文"模板，单击该模板图标，如图 4-50 所示。

图 4-50   选择模板

（4）在打开的模板创建窗口中单击"创建"按钮，完成文档创建，如图 4-51 所示。

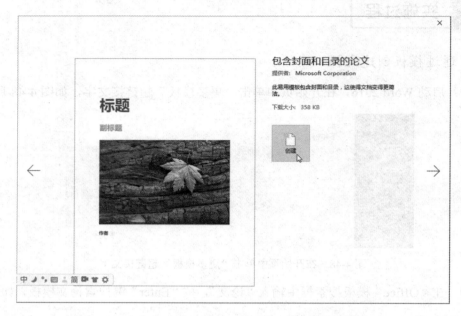

图 4-51　从模板创建窗口创建文档

（5）新建的文档效果如图 4-52 所示。

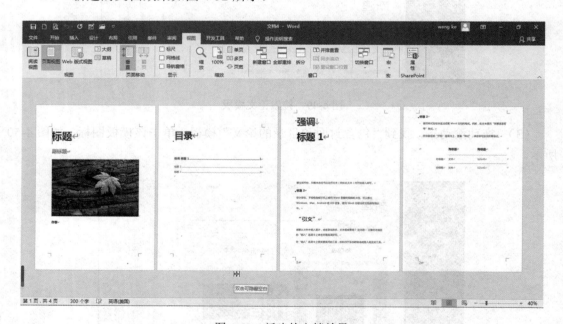

图 4-52　新建的文档效果

（6）将文档内容改成实际需要的内容，如图 4-53 所示。

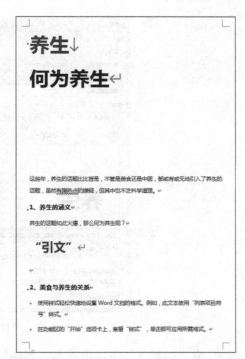

图 4-53　修改文档内容

2. 页面设置

（1）在"布局"选项卡中单击"页面设置"组右下角的控件，打开"页面设置"对话框。

（2）切换到"纸张"选项卡，在"纸张大小"列表框中选择"A4"。

（3）切换到"页边距"选项卡，设置上为"2.3 厘米"，下为"2.3 厘米"，左为"2.5厘米"，右为"2.5 厘米"，装订线为"0.5 厘米"。

（4）切换到"布局"选项卡，设置页眉为"1.2 厘米"，页脚为"1.5 厘米"。

（5）设置后，单击"确定"按钮。

3. 字体和段落设置

（1）选中正文所有文字，在"开始"选项卡中单击"字体"组右下角的控件，打开"字体"对话框，设置中文字体为"宋体"，西文字体为"Times New Roman"，字号为"小四"。

（2）在"开始"选项卡中单击"段落"组右下角的控件，打开"段落"对话框，在"特殊格式"列表框中选择"首行"，在"缩进值"中输入"2 字符"；在"行距"列表框中选择"多倍行距"，在"设置值"中输入"1.25"。

4. 定义标题样式

（1）在"开始"选项卡中展开"样式"组中的样式列表，右击"标题 1"按钮，在弹出的快捷菜单中选择"修改"命令，打开"修改样式"对话框，如图 4-54 所示。

图 4-54　"修改样式"对话框

（2）　将"标题 1"字体设置为"黑体"，字号设置为"三号"，单击"加粗"按钮 **B**，再单击"水平居中"按钮 **≡**。

（3）　在"修改样式"对话框中单击左下角的"格式"按钮，在弹出的下拉菜单中选择"段落"命令，进入"段落"对话框，设置段间距为段前段后各 1 行、1.5 倍行间距。

（4）　用同样的方法修改"标题 2"的样式为黑体、小三号、左对齐，段间距为段前段后各 0.5 行、1.25 倍行间距；"标题 3"的样式为黑体、四号、左对齐，段间距为段前段后各 0.5 行、1.25 倍行间距。

5. 生成目录

（1）　在文档中单击目录文本，目录文本块顶部会出现一个浮动工具栏，如图 4-55 所示。

自动生成目录

（2）　单击"更新目录"按钮，打开"更新目录"对话框，选中"更新整个目录"单选按钮，如图 4-56 所示。单击"确定"按钮，目录中的文字和页码都将按照文档实际内容发生更改。

图 4-55　目录浮动工具栏

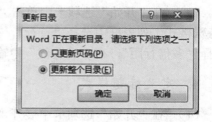

图 4-56　"更新目录"对话框

（3） 若要更改目录的样式，可以单击"目录"按钮，在弹出的菜单中选择"内置"的样式，如图 4-57 所示。

6. 插入分隔符

（1） 在目录文字前面单击，定位插入点。

（2） 在"布局"选项卡中单击"页面设置"|"分隔符"按钮，在弹出的菜单中选择"分节符"栏中的"下一页"命令，插入一个分节符。

7. 页眉和页脚设置

（1） 在封面页眉处双击鼠标左键，使页眉进入编辑状态，输入文字"红楼美食与养生"。在"开始"选项卡中，使用"字体"组中的工具将页眉文字设置字体为"宋体"，字号为"小五"。

设置页眉页脚

（2） 在目录页页脚处双击编辑页脚，在"页眉和页脚工具"|"设计"选项卡中单击"页眉和页脚"|"页码"按钮，在弹出的面板中选择"页面底端"|"普通数字 2"命令。

（3） 再次单击"页眉和页脚"|"页码"按钮，在弹出的面板中选择"设置页码格式"命令，打开"页码格式"对话框，在"编号格式"下拉列表中选择"1，2，3，…"命令，并在"起始页码"选择框中输入"1"，如图 4-58 所示。设置后单击"确定"按钮应用页码格式。

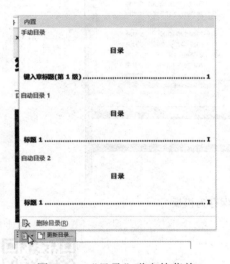

图 4-57 "目录"弹出的菜单

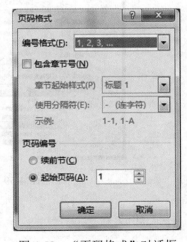

图 4-58 "页码格式"对话框

（4） 将光标移动到正文页页码处，选中页码，按照上述方法将页码格式设置为"页面底端"|"普通数字 2"，起始页码设置为"1"。

8. 保存文档

将完成的文档保存在 D 盘中，文件名命名为"论文.docx"。

4.3.4 知识链接

1. 模板的应用

模板是 Office 中非常重要的辅助功能，即使是某个领域中的"小白"也可以利用模板创建出具有专业格式的文档。

在 Word 2016 中，除了可以利用模板来创建文档外，也可以将现有的文档保存为模板，以后即可利用该模板创建新文档。例如，好朋友做了一份格式精美、内容编排合理的个人简历，很想仿照也做一份，但是时间紧迫，不容自己慢慢琢磨其设置方法，就可以将其另存为模板，然后根据该模板创建一个文档，修改其中的具体内容即可。

要将现成的文档保存为模板，可选择"文件"|"另存为"命令，切换到"另存为"页面，单击"浏览"按钮，打开"另存为"对话框。在"保存类型"下拉列表中选择"Word模板"或其他模板选项，然后保存文档即可，如图 4-59 所示。

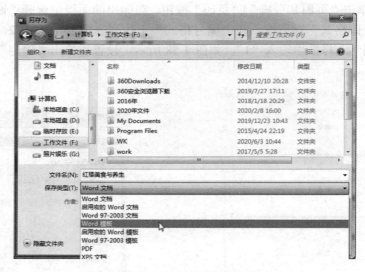

图 4-59　将当前文档保存为模板

2. 样式的设置

样式作为格式的集合，它可以包含几乎所有的格式，设置时只需选择某个样式，就能把其中包含的各种格式一次性设置到文字和段落上，无论是 Word 2016 的内置样式，还是 Word 2016 的自定义样式，用户随时可以对其进行修改。

设置样式

（1）修改样式。

在"开始"选项卡中单击"样式"列表框右下角的下拉按钮，可以展开样式库，如图 4-60 所示。在每个内置样式上单击鼠标右键，在弹出的快捷菜单中选择"修改"命令，即可修改此样式。

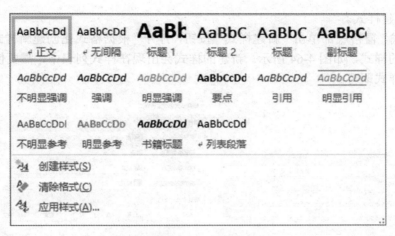

图 4-60　Word 内置样式库

（2）管理样式。

在"开始"选项卡中单击"样式"组右下角的控件，可打开如图 4-61 所示的"样式"窗格，单击窗格底部的"管理样式"按钮，打开"管理样式"对话框，根据需要进行设置，完成后单击"确定"按钮即可，如图 4-62 所示。

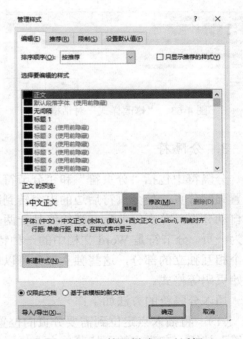

图 4-61　"样式"窗格　　　　　　　　　　图 4-62　"管理样式"对话框

（3）修改样式。

选中要修改样式，打开"管理样式"对话框，单击其中的"修改"按钮，打开"修改样式"对话框，可以修改样式的字体、字号和段落等，如图 4-63 所示。

（4） 新建样式。

在"样式"窗格底部单击"新建样式"按钮，打开"根据格式化创建新样式"对话框，可以创建新的样式，如图 4-64 所示。新建的样式会出现在样式列表中，需要使用时在样式库中选择该样式即可。

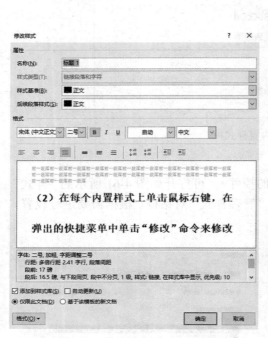

图 4-63 "修改样式"对话框   图 4-64 "根据格式化创建新样式"对话框

3. 分隔符

分隔符中包括"分页符"和"分节符"两部分，分页符主要用于在 Word 文档的任意位置强制分页，使分页符后边的内容转到新的一页。使用分页符进行分页不同于 Word 文档自动分页，分页符前后文档始终处于两个不同的页面中，不会随着字体、版式的改变合并为一页。分节符是 Word 文档中的一种特殊分页符，分节符可以把 Word 文档分成两个或多个相互独立的部分，这些独立部分可以单独设置页边距、页面的方向、页眉和页脚以及起始页码等格式。

插入分隔符的方法如下：

（1） 将插入点定位到需要分页的位置，在"布局"选项卡中单击"页面设置"|"分隔符"按钮，在弹出的下拉菜单中选择"分页符"选项，插入分页符。

（2） 定位插入点，在"插入"选项卡中单击"页面"|"分页"按钮，插入新页。

（3） 打开"分隔符"下拉菜单，选择"分节符"栏下的任意一种分节符，插入分节符。

插入分节符后，在"视图"选项卡中单击"视图"|"草稿"按钮，可以查看分节效果，如图 4-65 所示。

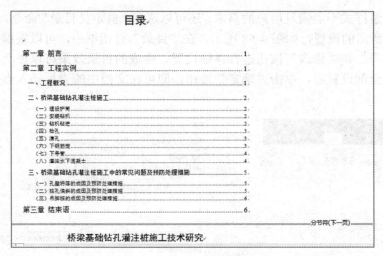

图 4-65　插入"分节符"的效果

4. 插入页眉和页脚

（1）插入页眉。

在"插入"选项卡中单击"页眉和页脚"|"页眉"按钮，在弹出的下拉菜单中选择一种适当的页眉样式，或直接选择"编辑页眉"命令，光标将自动定位在页眉处，输入页眉内容，此时会自动显示页眉和页脚工具，其中包含一个"设计"选项卡，使用它可以设置页眉和页脚的格式，如图 4-66 所示。设置后，单击"关闭页眉和页脚"按钮即可退出页眉编辑状态，并隐藏页眉和页脚工具。

图 4-66　"设计"选项卡

（2）插入页脚。

插入页脚的操作过程与插入页眉的操作过程基本一致，所不同的是要在"插入"选项卡中单击"页眉和页脚"|"页脚"按钮，进入页脚编辑状态。

　知识拓展

1. 自动生成目录

对于从空白文档开始的长文档，如果要从中提取目录，最简单的方法是使用内置的大纲级别的段落格式或标题样式，这样就可以依据标题样式创建目录了。

确定要插入目录的位置，在"引用"选项卡中单击"目录"按钮，可以看到在弹出的目录面板中，内置了三种目录样式，一种"手动目录"，两种"自动目录"，如图 4-67 所示。

如果这三种目录样式不能满足用户的需求，还可以选择"自定义目录"命令，打开"目录"对话框，进行所需的设置，如图 4-68 所示。在"目录"对话框中，可以根据定义目录的要求，单击"选项"和"修改"按钮进行详细设置，生成的目录效果可以在"打印预览"框中预先查看。全部设置后，单击"确定"按钮，即可在文档中的光标插入点所在位置生成文档目录。

图 4-67　三种目录样式

图 4-68　"目录"对话框

2. 加入脚注和尾注

脚注和尾注用于在打印文档中为文档中的文本提供解释、批注以及相关的参考资料。脚注是将注释文本放在文档的页面底端，尾注是将注释文本放在文档的结尾。脚注或尾注是由两个互相链接的部分组成：注释引用标记和与其对应的注释文本。在注释中可以使用任意长度的文本，并像处理其他文本一样设置注释文本格式。

（1）插入脚注。

选中文字，在"引用"选项卡中单击"脚注"|"插入脚注"按钮，在这一页最下面对应编号后面输入相应的注释内容，即可插入脚注，如图 4-69 所示。

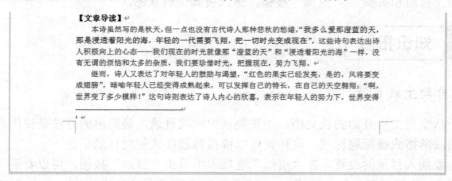

图 4-69　插入脚注

（2）　插入尾注。

选中文字，在"引用"选项卡中单击"脚注"|"插入尾注"按钮，在文档的末尾对应编号后面输入尾注内容，即可插入尾注，如图 4-70 所示。

【作者简介】

　　本文作者梁实秋，原名梁治华，字实秋，1903 年 1 月 6 日出生于北京，浙江杭县（今杭州）人。笔名子佳、秋郎、程淑等。中国著名的散文家、学者、文学批评家、翻译家，国内第一个研究莎士比亚的权威，曾与鲁迅等左翼作家笔战不断。一生给中国文坛留下了两千多万字的著作,其散文集创造了中国现代散文著作出版的最高纪录。代表作《莎士比亚全集》（译作）等。

图 4-70　插入尾注

4.3.6　技能训练

练习：

编排毕业论文。具体要求如下：

（1）　打开文档：D:\论文.docx。

（2）　设置标题样式：论文标题设置为三级标题，标题 1 样式（黑体、三号、居中对齐）、标题 2 样式（黑体、四号、左对齐）、标题 3 样式（黑体、五号、左对齐）。

（3）　生成论文目录。

（4）　设置页眉和页脚：

① 封面和目录页无页码。

② 摘要页页码用 I II…表示。

③ 正文处页码从第 1 页开始。

④ 插入页眉文字"职业学校教师能力构成及提升对策研究"。

—口 任务 4.4　表格的应用 口—

4.4.1　任务要点

◆　创建表格。

◆　格式化表格。

◆　表格与文字相互转换。

◆ 表格数据排序与计算。
◆ 邮件合并。

4.4.2 任务要求

用 Word 2016 制作如图 4-71 所示的表格，要求如下。

学生会干部竞选报名表

姓名	李强	班级	18 测量	过照
性别	男	政治面貌	党员	
联系方式	139XXXXXXXX	个人特长	吉他	
竞选部门	文艺部			
个人简历	2018 年 9 月至今　辽宁城市建设职业技术学院 2015 年 9 月—2018 年 6 月　开原市高级中学 2012 年 9 月—2015 年 6 月　开原市第五中学			
获奖情况	2016 年获得校园十大歌手称号 2017 年获得优秀学生干部称号			
未来工作设想	文艺部是一个代表学生的团体，是让每个学生施展自己才华的舞台，因此，我热爱文艺部，并渴望成为其中的一员。我活泼外向，直率真诚，热情洋溢，无时无刻不充满干劲！如果我有幸能成为文艺部的一员，我一定会刻苦学习，努力工作，积极参与各项活动，贡献自己的力量			

图 4-71　“学生会干部竞选报名表”样表

1．表格标题设置：表格标题格式设置为华文行楷、二号、加粗、居中对齐。

2．插入表格。

3．行高和列宽设置：表格第 1 列列宽为 2.2 厘米，第 1～4 行的行高为 1.5 厘米，第 5 行行高为 4 厘米，第 6 行行高为 5 厘米，第 7 行行高为 7 厘米。

4．输入文字。

5．表格字体设置：表格中的标题设置为宋体、小四、加粗；其余文字设置为宋体、五号；第 5～7 行、第 1 列的文字方向为纵向；第 5～7 行、第 2 列的文字对齐方式为中部两端对齐，其余所有文字对齐方式均为水平居中。

6．表格框线设置：表格外框线为双实线，宽度为 0.5 磅，内框线为 0.5 磅、单实线。

7．表格底纹设置：为表格中的标题添加底纹，颜色为"浅绿"。

8．保存表格：将文件保存为"学生会干部竞选报名表.docx"。

 **实施过程**

1．新建文档

单击"开始"按钮，在"开始"菜单中选择"Word 2016"命令，启动 Word 2016 应用程序，新建一个空白工作簿。

2．设置标题格式

（1）输入标题文本"学生会干部竞选报名表"。

（2）选中标题，在"开始"选项卡的"字体"组中分别设置字体为"华文行楷"，字号为"二号"，字形为"加粗"；单击"段落"|"居中"对齐按钮 。

3．插入表格

（1）在标题"学生会干部竞选报名表"后按"Enter"键换行。

（2）在"插入"选项卡中单击"表格"|"表格"按钮，在弹出的菜单中选择"插入表格"命令，打开"插入表格"对话框，在"列数"微调框中输入"2"，"行数"微调框中输入"7"，如图 4-72 所示。

4．行高/列宽设置

（1）选中表格的第 1 列，右击，在弹出的快捷菜单中选择"表格属性"命令，打开"表格属性"对话框，切换到"列"选项卡，设置列宽为"2.2 厘米"，如图 4-73 所示。

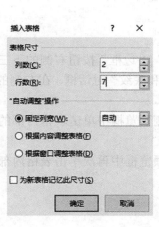

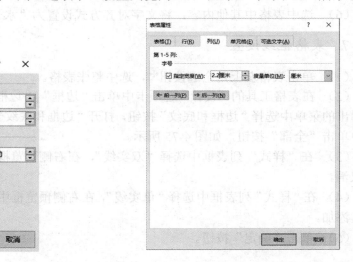

图 4-72　"插入表格"对话框　　　　　　图 4-73　"表格属性"对话框

（2）　选中第1～4行，打开"表格属性"对话框，切换到"行"选项卡，设置行高为"1.5厘米"。

（3）　按照上述方法，分别设置第5～7行行高。

（4）　将光标移动到表格右侧边线处，按住鼠标左键，将表格第二列拉宽至适当位置。

5．合并、拆分单元格

（1）　选中表格的第2列、第1～3行，在"布局"选项卡中单击"合并"|"拆分单元格"按钮，打开如图4-74所示的对话框，在"列数"微调框中输入"4"，在"行数"微调框中输入"3"，单击"确定"按钮。

（2）　将光标移动到纵向框线处，拖动鼠标，调整至适当宽度。

（3）　选中表格的第5列、第1～3行，在"布局"选项卡中单击"合并"|"合并单元格"按钮，将其合并为一个单元格。

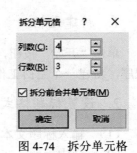

图4-74　拆分单元格

6．表格字体设置

（1）　按照图4-71所示的样表输入文本。

（2）　按住"Ctrl"键，选中表格中的标题，在"开始"选项卡中的"字体"组中设置字体为"宋体"、字号为"小四"，并单击加粗按钮 **B**。

（3）　选中表格中其他文本，在"开始"选项卡中的"字体"组中设置字体为"宋体"、字号为"五号"。

（4）　选中表格的第5～7行、第1列，在"布局"选项卡中单击"对齐方式"|"文字方向"图标，将文字方向切换为纵向。

（5）　选中表格的第5～7行、第2列，在"布局"选项卡中单击"对齐方式"|"中部两端对齐" 按钮，将文字对齐方式设置为"中部两端对齐"。

（6）　选中表格中其他内容，将文字对齐方式设置为"水平居中"。

7．表格框线设置

（1）　单击表格左上角全选按钮，选中整张表格。

（2）　在表格工具的"设计"选项卡中单击"边框"|"边框"按钮右侧的下三角按钮，在弹出的菜单中选择"边框和底纹"按钮，打开"边框和底纹"对话框，在左侧的"设置"栏中单击"全部"按钮，如图4-75所示。

（3）　在"样式"列表框中选择"双实线"，在右侧预览框中单击表格内部的框线，将其取消。

（4）　在"样式"列表框中选择"单实线"，在右侧预览框中再次单击表格内部的框线，将其添加。

（5）　单击"确定"按钮。

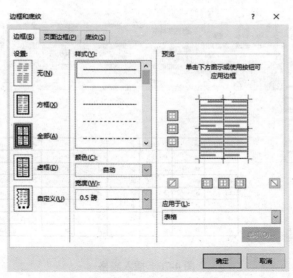

图 4-75　"边框和底纹"对话框

8. 设置标题单元格的底纹

（1）　按住"Ctrl"键，分别在表格标题单元格中拖动，以选中所有表格标题。

（2）　打开"边框和底纹"对话框，切换到"底纹"选项卡，在"填充"下拉列表框中选择"浅绿"，单击"确定"按钮。

9. 文档的另存

（1）　选择"文件"|"另存为"命令，切换到"另存为"对话框，单击"浏览"按钮，打开"另存为"对话框。

（2）　在对话框左侧单击"桌面"，在"文件名"文本框中输入"学生会干部竞选报名表.docx"，单击"保存"按钮。

　知识链接

1. 建立表格

在 Word 2016 中创建表格时主要使用以下两种方法。

（1）　通过示例表格插入表格。

将光标定位到要插入表格的位置，在"插入"选项卡中单击"表格"|"表格"按钮，在弹出的面板中的表格区域拖动鼠标，当光标移动到相应的行和列时会在 Word 编辑区内显示出表格样式，但是一次最多插入 10 列 8 行，如图 4-76 所示。

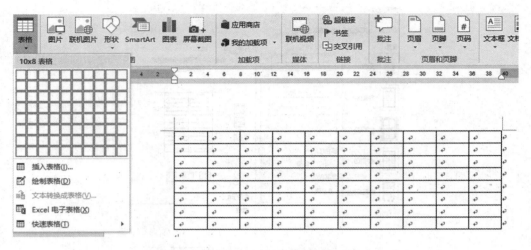

图 4-76　插入表格

（2）　通过对话框插入表格。

在"插入"选项卡中单击"表格"｜"表格"按钮，在弹出的面板中选择"插入表格"命令，打开"插入表格"对话框，通过"表格尺寸"选项组可以设置建立表格的列和行及其他属性，如图 4-77 所示。

2．表格的编辑与修改

（1）　文字数据的录入和删除。

① 文字数据的录入。

在表格中需要输入数据的单元格中单击定位插入点，切换到要使用的输入法，即可录入数据。在表格中录入文字不能用"Enter"键，"Enter"键只能使行高加高。

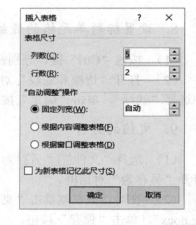

图 4-77　"插入表格"对话框

② 文字数据的删除。

选择包含要删除内容的单元格，按"Delete"键或"Backspace"键。

（2）　表格、单元格、行、列的选择。

① 选择表格。

将鼠标指针移动到表格上的时候，表格左上角会出现移动控制点 ⊞，把鼠标指针移动到控制点上单击，即可选定表格。

② 选择单元格。

每个单元格的左侧有一个选定栏，当鼠标指针移到选定栏时指针形状会变成向右上方的箭头，单击即可选定该单元格，利用鼠标拖动或者按住"Shift"键可以选定多个单元格。

③ 选择行。

将鼠标指针移至行左侧，鼠标指针形状会变成向右上的箭头，单击即可选定当前行，按住鼠标左键不动纵向拖动鼠标可选择多行。

④ 选择列。

将鼠标指针移至表格上方，鼠标指针形状会变成向下箭头，单击即可选定当前列，横向拖动鼠标可选择多列。

此外，对于喜欢使用菜单的用户，Word 还提供了菜单选择的方法。当把光标插入点置于表格中时，在表格工具的"布局"选项卡中单击"表"|"选择"按钮，在弹出的菜单中选择单元格、行、列，或整个表格即可。

（3）表格的拆分、单元格的合并与拆分。

① 表格的拆分：选定表格需要拆分的位置，在表格工具的"布局"选项卡中单击"合并"|"拆分表格"按钮，即可将一个表格拆分成两个表格。

② 单元格的合并：选定需要合并的若干单元格，在表格工具的"布局"选项卡中选择"合并单元格"命令，即可合并单元格。

图 4-78 "拆分单元格"对话框

③ 单元格的拆分：选定需要拆分的单元格，在表格工具的"布局"选项卡中单击"合并"|"拆分单元格"命令，打开"拆分单元格"对话框，设置行数和列数，单击"确定"按钮即可拆分单元格，如图 4-78 所示。

（4）插入行、列。

① 插入行：选定需要插入行的位置，在表格工具的"布局"选项卡中选择"行和列"|"在上方插入（在下方插入）"命令，即可插入行。

② 插入列：选定需要插入列的位置，在表格工具的"布局"选项卡中选择"行和列"|"在左侧插入（在右侧插入）"命令，即可插入列。

（5）调整表格。

① 自动调整表格。

单击表格中任意单元格，在表格工具的"布局"选项卡中单击"单元格大小"|"自动调整"按钮。

② 手动调整表格。

调整行或列尺寸：将鼠标指针指向准备调整尺寸的列的左边框或行的下边框，当鼠标指针呈现双竖线或双横线形状时，按住鼠标左键左右或上下拖动即可改变当前行或列的尺寸。

调整单元格尺寸：如果仅仅想调整表格中某个单元格的尺寸，而不是调整表格中整行或整列尺寸，则可以首先选中某个单元格，然后拖动该单元格左边框调整其尺寸。

调整表格尺寸：如果准备调整整个表格的尺寸，则可以将鼠标指针指向表格右下角的控制点，当鼠标指针呈现双向的倾斜箭头时，按住鼠标左键拖动控制点调整表格的大小。在调整整个表格尺寸的同时，其内部的单元格将按比例调整尺寸。

（6）表格的对齐方式。

如果所创建的表格没有完全占用 Word 文档页边距以内的页面，可以为表格设置相对于页面的对齐方式，如左对齐、居中、右对齐。

单击 Word 表格中的任意单元格，在表格工具的"布局"选项卡中单击"表"|"属性"按钮，打开"表格属性"对话框，在"表格"选项卡中根据实际需要选择对齐方式，如"左对齐""居中"或"右对齐"。如果选择"左对齐"选项，可以设置"左缩进"数值（与段

落缩进的作用相同），如图 4-79 所示。设置后单击"确定"按钮。

图 4-79 "表格属性"对话框

（7） 表格的复制、移动和删除。

① 复制：选择整个表格后，用常规复制的方法进行操作即可。

② 移动：将鼠标指针移到表格左上角的"全选按钮"上，按住鼠标左键并拖动至指定的位置。

③ 删除：选择整个表格后，在表格工具的"布局"选项卡中单击"行和列"|"删除"按钮，在弹出的菜单中选择"删除表格"命令。

（8） 表格中数据的对齐方式。

选择要对齐的数据单元格，在表格工具的"布局"选项卡的"对齐方式"选项组中单击适合的对齐方式按钮。

3. 设置表格格式

（1） 表格属性。

选中表格，在表格工具的"布局"选项卡中单击"表"|"属性"按钮，打开"表格属性"对话框，可以对表格的行、列、单元格和表格进行属性设置。

（2） 边框和底纹。

在 Word 2016 中，不仅可以在表格工具的"设计"选项卡中设置表格的边框和底纹样式，还可以在"边框和底纹"对话框中设置表格的边框和底纹样式。

在 Word 表格中选中需要设置边框和底纹的单元格或整个表格，在表格工具的"设计"选项卡中单击"边框"|"边框"按钮右侧的下拉按钮，在弹出的菜单中选择"边框和底纹"命令，打开"边框和底纹"对话框，然后可用下面方法设置表格的边框和底纹。

① 设置边框：切换到"边框"选项卡，在"设置"区域选择边框显示位置，然后根

据实际需要自定义设置边框的显示状态。

② 设置底纹：切换到"底纹"选项卡，在"图案"区域单击"样式"下拉按钮，选择一种样式；单击"颜色"下拉按钮，选择合适的底纹颜色。

（3）自动套用格式。

Word 内置了一些设计好的表格样式，包括表格的框线、底纹、字体等格式设置。利用它可以快速地引用这些预设的样式。

① 使用预设样式：选择要修改的表格，在表格工具的"设计"选项卡中展开"表格样式"下拉列表，如图 4-80 所示。

② 自定义表格样式：展开"表格样式"下拉列表，从中选择"修改表格样式"命令，打开"修改样式"对话框，根据需要设置所需样式，如图 4-81 所示。

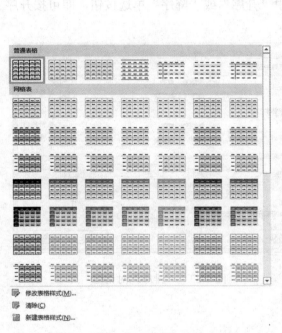

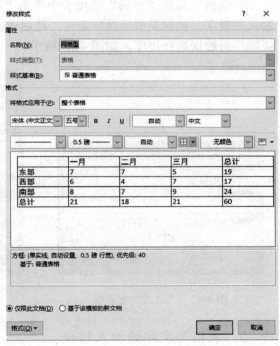

图 4-80　预设表格样式下拉列表　　　　图 4-81　"修改样式"对话框

 **知识拓展**

1. 手工绘制表格

将插入点移到要插入表格的位置，在"插入"选项卡中单击"表格"|"表格"按钮，在弹出的菜单中选择"绘制表格"命令，鼠标指针会变成铅笔状。按住鼠标左键，从左上方向右下方拖动鼠标绘制表格外框线，松开鼠标，再绘制表格的列线和行线，也可以绘制对角线。绘制好大概框线后，还可以利用"布局"选项卡中的"绘图"|"橡皮擦"按钮擦除多余的列线和行线。

2. 表格中数据的计算、排序

（1）表格的计算功能。

Word 表格通过内置的函数功能，可以帮助用户完成常用的数学计算。表格中的列号的标识依次为 a，b，c，d，…，行号的标识依次为 1，2，3，4，…，因此对应的单元格的标识依次为 a1，b2，c3，d4 等。利用该单元格的标识符可以对表格中的数据进行计算。

在 Word 2016 的表格中实现公式运算，需先将光标定位在需要计算数据的单元格，然后在表格工具的"布局"选项卡中单击"数据"|"公式"按钮，打开"公式"对话框，输入正确的计算公式，单击"确定"按钮即可，如图 4-82 所示。

（2）表格的排序。

在表格工具的"布局"选项卡中单击"数据"|"排序"按钮，打开"排序"对话框，输入关键字、数据类型等排序条件，然后选中"升序"或"降序"单选按钮，即可按升序或降序对数据进行排序，如图 4-83 所示。

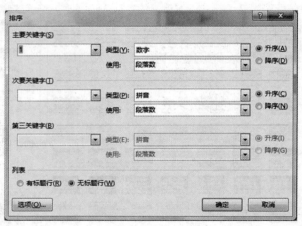

图 4-82　"公式"对话框　　　　　　　　　图 4-83　"排序"对话框

3. 表格与文字的相互转换

Word 可以将文本直接转换成表格，或者将表格转换成文本。Word 表格转换的依据是分隔符，也就是说，当将表格转换为文本时，各个单元格中的文本会以指定的分隔符相互分隔开来；而将文本转换为表格时，也会依据分隔符的位置来将被分隔的文本段放置在不同的单元格中。分隔符可以是逗号、空格、制表符、段落标记或其他指定标记。

在进行表格和文本的转换之前，需要先在"开始"选项卡中单击"段落"|"显示/隐藏编辑标记"按钮，显示编辑标记，以便查看文档中的文本分隔方式。

（1）将文本转换成表格。

在需要转换成表格的文本中插入分隔符，以指示需要在何处将文本拆分为表格列。如图 4-84 所示，这里使用了空格和段落标记两种分隔符，以空格来分列，用段落标记来分行。

设置好分隔符后，选择要转换为表格的所有文本，在"插入"选项卡中单击"表格"|"表格"按钮，在弹出的菜单中选择"文字转换成表格"命令，打开"将文字转换成表格"

对话框，Word 会自动识别分隔符，如图 4-85 所示。根据需要选择“‘自动调整’操作”选项组中的选项，以决定表格的宽度，然后单击“确定”按钮，即可将所选文本转换为表格，如图 4-86 所示。

颜色 混合结果↵
红、黄 橙↵
黄、蓝 绿↵
蓝、红 紫↵

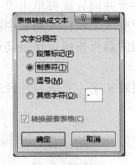

图 4-84　原始文本

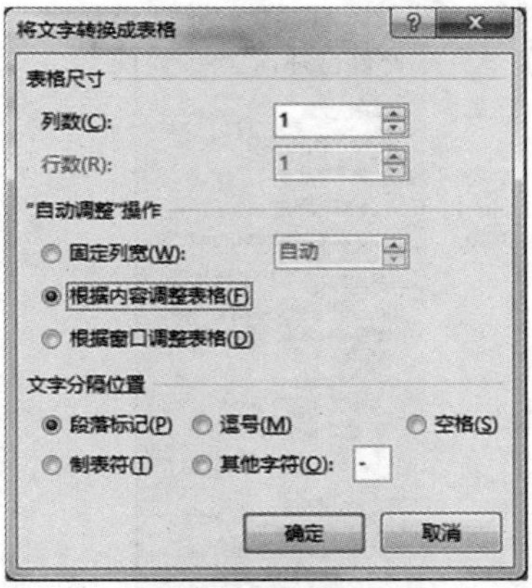

图 4-85　“将文字转换成表格”对话框

颜色↵	混合结果↵
红、黄↵	橙↵
黄、蓝↵	绿↵
蓝、红↵	紫↵

图 4-86　转换后的表格

（2）　将表格转换成文本。

选择要转换为文本的行或表格，在“表格工具”的“布局”选项卡中单击“数据”|“转换为文本”按钮，打开如图 4-87 所示的“表格转换成文本”对话框。选择在单元格文本之间要使用的分隔符，然后单击“确定”按钮，完成转换。此时可以看到 Word 使用指定的分隔符分隔列，用段落标记分隔行，如图 4-88 所示。

图 4-87　“表格转换成文本”对话框

颜色　混合结果↵
红、黄　橙↵
黄、蓝　绿↵
蓝、红　紫↵

图 4-88　表格转换成文本

4. 邮件合并

当需要编辑或打印一系列大致雷同的文档时（如请柬、证书、准考证等），可通过邮件合并功能来进行编辑，这样只需使用 Word 编辑好共有的内容，将需要变换的部分设置成数据源，然后使用邮件合并功能在主文档中插入变化的信息，即可轻松得到所有的文件。

对于对邮件合并不太熟悉的用户来说，使用向导进行邮件合并是一个不错的方法，向导可以指导用户从头到尾一步步地创建主文档、数据源，直至完成合并。

在“邮件”选项卡中单击“开始邮件合并”|“开始邮件合并”按钮，在弹出的菜单中选择“邮件合并分步向导”命令，显示“邮件合并”窗格，如图 4-89 所示。第一步选择文

档类型，例如选择"信函"。然后单击窗格底部的"下一步：开始文档"超链接文字，开始第二步，如图 4-90 所示。在这里用户可以选择使用哪个文档作为主文档，准备好主文档后，单击"下一步：选择收件人"超链接文字，开始第三步，如图 4-91 所示。

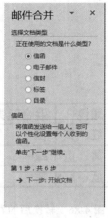
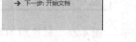
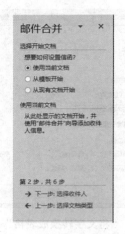

图 4-89　向导第一步　　　　　图 4-90　向导第二步　　　　　图 4-91　向导第三步

如果计算机中已有收件人列表，可选中"使用现有列表"或"从 Outlook 联系人中选择"单选按钮。如果没有，则选中"键入新列表"单选按钮，然后单击"创建"超链接文字，打开"新建地址列表"对话框，输入收件人信息，如图 4-92 所示。

编辑好收件人信息后，单击"下一步：撰写信函"超链接文字，进入第四步。在这里需要编辑好主文档的内容，并插入合并域。完成后在邮件合并向导底部单击"上一步：预览信函"超链接文字，即可看到文档中插入合并域的位置变成了收件人列表中的信息，单击"邮件"选项卡中的"预览结果"|"记录列表"框两侧的翻页按钮可预览其他联系人的邮件效果，如图 4-93 所示。

在邮件合并向导底部单击"下一步：完成合并"超链接文字，完成邮件合并。这时即可打印合并后的文档，或者对单个文档进行个性化编辑。

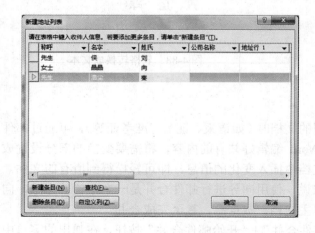

图 4-92　"新建地址列表"对话框　　　　　　图 4-93　完成合并

4.4.6　技能训练

练习：

（1）制作如图 4-94 所示的表格。具体要求：

① 按照样文录入表格中的文字内容。

② 单元格的合并与拆分参照样文。

③ 文本的格式及边框、底纹根据个人喜好自行设置。

原始凭证分割单　　　　　　编号

年　　　月　　　日

接受单位名称		地址									
原始凭证	单位名称	地址									
	名称	日期	编号								
总金额		人民币（大写）	十	万	千	百	十	元	角	分	币
分割金额		人民币（大写）	十	万	千	百	十	元	角	分	币
原始凭证主要内容分割原因											
备注		原始凭证附在本单位　　年月日　　记账凭证内									

图 4-94　原始凭证分割单

（2）制作一张校历，要求美观大方。

项目 5　Excel 2016 数据统计与分析

━━━□ **任务 5.1　工作表的制作与编辑** □━━━

5.1.1　任务要点

◆ Excel 2016 简介。
◆ Excel 2016 的基本操作。
◆ 输入与编辑数据。
◆ 格式化工作表。
◆ 打印输出工作表。

5.1.2　任务要求

1．建立工作簿。启动 Excel 2016，建立一个新的工作簿。

2．修改工作表名称。将 "Sheet1" 工作表更名为 "智能成绩登记册" 工作表。

3．保存工作簿。将工作簿以文件名 "学生成绩登记册.xlsx" 保存在桌面上。

4．合并单元格。将 A1:L1，A2:L2，A3:C3，E3:I3，J3:L3，A4:C4，E4:F4，G4:I4，J4:L4，A5:L5，A32:L32 合并单元格。

5．文字录入。在 "智能成绩登记册" 工作表中按照位置输入如图 5-1 所示的数据。

6．设置字体。将 A1 字体设为宋体，18 号，加粗；将 A2:L5 字体设为宋体，10 号；A6:L32 字体设为宋体，11 号。

7．设置单元格对齐方式。横向对齐方式，A1:A2 居中对齐，A3:L5 左对齐，A6:L6 居中对齐，A7:A30 居中对齐，B7:C30 左对齐，D7:L30 居中对齐，A32 左对齐；纵向对齐方式，A1:L32 纵向居中对齐。

8．表格线绘制。绘制表格线 A6:L30 为全部框线细实线。

9．设置行高。设置 1 行行高为 25，2:5 行行高为 13，6 行行高为 30，7:30 行行高为 15，31:32 行行高为 13。

10．列宽设置。设置 A 列列宽为 2.5，B:C 列列宽为 15，D 列列宽为 5，E 列列宽为 6，

F:J 列列宽为 8，K:L 列列宽为 6。

11．输入序号。利用自动填充输入序号。

12．输入学号。利用自定义数字格式输入学号。

13．输入姓名、并生成自定义序列。按照图 5-1 所示输入姓名，并生成自定义序列。

14．输入性别。利用"数据验证"允许条件中的序列选择性输入性别。

15．输入修读性质。利用复制权柄录入"初修"。

16．设置数据有效性。选择 F7:I30 单元格，设置输入数据为 0～100 之间的整数，出错警告为"停止"，显示为"请输入 0~100 间的整数"。

17．建立条件格式。选择 F7:J30 单元格，添加 90（含 90）分以上的成绩字体颜色为绿色，60 分以下的成绩字体颜色为红色，字体加粗。

18．修改表名。将"智能成绩登记册"重命名为"智能计算机成绩登记表"。

19．复制工作表。复制"智能计算机成绩表"并重命名为"智能数学成绩登记表"。

20．修改相关内容。修改课程名称为"应用数学"，修改"平时成绩"占比为 20%，修改"末考成绩"占比为 80%。

21．输入平时成绩，末考成绩。按照图 5-1 所示输入"智能计算机成绩登记表"的平时成绩和末考成绩，按照图 5-2 所示输入"智能数学成绩登记表"的平时成绩和末考成绩。

22．存盘退出。将"学生成绩登记册"工作簿保存后退出。

图 5-1　"智能计算机成绩登记表"完成效果

图 5-2 "智能数学成绩登记表"完成效果

5.1.3 实施过程

1. 启动 Excel 2016

（1）单击"开始"按钮，从"开始"菜单中选择"Excel 2016"命令，启动 Excel 2016，进入开始窗口，如图 5-3 所示。

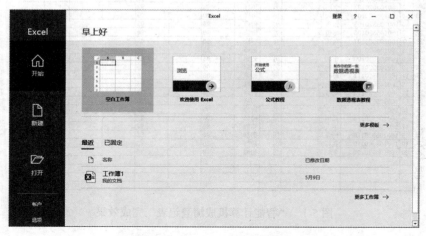

图 5-3 Excel 2016 的开始窗口

（2）单击"空白工作簿"图标，建立一个名为"工作簿1"的空白工作簿。

2. 修改工作表名称

在工作簿左下角右击"Sheet1"工作表标签，在弹出的快捷菜单中选择"重命名"命令，使标签进入编辑状态，输入"智能成绩登记册"，完成后按"Enter"键确认新名称。

3. 保存工作簿

单击快速访问工具栏中的"保存"按钮，跳转到"另存为"界面，单击"浏览"图标，打开"另存为"对话框，在左侧框中选择"桌面"，在"文件名"下拉列表框中输入"学生成绩登记册"，单击"保存"按钮完成存盘，如图5-4所示。

图 5-4　保存工作簿

4. 合并单元格

（1）单击 A1 单元格，按住"Shift"键后再单击 L1 单元格，选中 A1:L1 单元格区域。

（2）在"开始"选项卡中单击"合并后居中"按钮，合并 A1:L1 单元格区域。

（3）用同样方法合并 A2:L2、A3:C3、E3:I3、J3:L3、A4:C4、E4:F4、G4:I4、J4:L4、A5:L5、A32:L32 单元格区域。

5. 文字录入

（1）选择 A1 单元格，在编辑栏中输入"成绩登记册"，完成后单击"输入"按钮（√）确认。也可以选择 A1 后直接输入文字，完成后按"Enter"键确认。

（2）用同样的方法将图5-5样表中的文字按照对应的位置录入到表格中。注意：在单元格中强制换行使用"Alt+Enter"组合键。

图 5-5　在表格中录入文字

6. 设置字体

（1）　单击 A1 单元格，在"开始"选项卡中单击"字体"|"字体"右侧的下三角按钮，在展开的列表中选择"宋体"；单击"字号"下拉按钮，在展开的列表中选择"18"；单击"加粗"按钮 **B** 。

（2）　用同样的方法设置 A2:L5 字体为宋体，10 号；A6:L32 字体为宋体，11 号。

7. 设置单元格对齐

（1）　选择 A3:L32 单元格区域，在"开始"选项卡中单击"对齐方式"|"左对齐"按钮。

（2）　选择 A6:L31 单元格区域，在"开始"选项卡中单击"对齐方式"|"垂直居中"按钮。

8. 表格线绘制

选择 A6:L30 单元格区域，在"开始"选项卡中单击"字体"|"框线"按钮右侧的下三角按钮，在弹出的菜单中选择"所有框线"命令。

9. 行高设置

右击第 1 行标签，在弹出的快捷菜单中选择"行高"命令，打开"行高"对话框。在"行高"文本框中输入"25"，其他行的设置和此方法一样，设置后单击"确定"按钮。

10. 列宽设置

右击 A 列标签，在弹出的快捷菜单中选择"列宽"命令，打开"列宽"对话框。在"列宽"文本框中输入"2.5"，其他列宽的设置和此方法一样，设置后单击"确定"按钮。

11. 输入序号

在 A7 单元格中输入"1"，再在 A8 单元格中输入"2"，然后同时选择 A7:A8 单元格，将鼠标指针放在选择框右下角的复制柄上，如图 5-6 所示，向下拖动至 A26 单元格，完成步长为 1 的数据复制。

12. 输入学号

（1）选择并右击 B7 单元格，在弹出的快捷菜单中选择"设置单元格格式"命令，打开"设置单元格格式"对话框。切换到"数字"选项卡，在"分类"列表框中选择"自定义"选项，然后在"类型"框中输入"1601055201"00（注意：所有符号都应采用英文标点）。设置后单击"确定"按钮。

（2）再次选择 B7 单元格，输入"01"，拖动复制柄，复制数据到 B26 单元格。

13. 输入姓名并自定义姓名序列

（1）按照图 5-7 所示输入姓名。

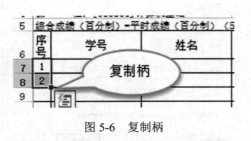

序号	学号	姓名
6		
7　1	160105520101	王奕博
8　2	160105520102	王钰鑫
9　3	160105520103	李明远
10　4	160105520104	马天庆
11　5	160105520105	张新宇
12　6	160105520106	那贵森
13　7	160105520107	乌琼
14　8	160105520108	李亚楠
15　9	160105520109	王涛
16　10	160105520110	谷鹏飞
17　11	160105520111	赵红龙
18　12	160105520112	王玉梅
19　13	160105520113	刘彦超
20　14	160105520114	周红廷
21　15	160105520115	王芷睿
22　16	160105520116	高国峰
23　17	160105520117	伊天娇
24　18	160105520118	杨兆旭
25　19	160105520119	孔祥鑫
26　20	160105520120	王均望
27		

图 5-6　复制柄　　　　　　　图 5-7　输入姓名

（2）选择"文件"|"选项"命令，打开"Excel 选项"对话框，选择"高级"选项卡，向下拖动滚动条，在"常规"选项组中单击"编辑自定义列表"按钮，如图 5-8 所示。

图 5-8　"Excel 选项"对话框的"高级"选项卡

（3）　在打开的"自定义序列"对话框中单击折叠按钮▣，折叠对话框，在表格中选中 C7:C26 单元格区域，按"Enter"键还原对话框，单击"导入"按钮导入序列，如图 5-9 所示。单击"确定"按钮完成设置。

14.　输入性别并设置性别序列

（1）　选择 D7:D26 单元格区域，在"数据"选项卡中单击"数据工具"|"数据验证"按钮，打开"数据验证"对话框。在"允许"下拉列表框中选择"序列"选项，并在"来源"框中输入"男,女"（","为英文标点），如图 5-10 所示。设置后单击"确定"按钮。

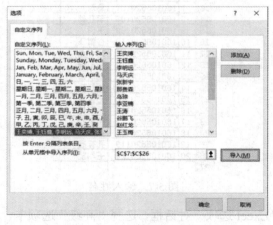

图 5-9　导入自定义序列　　　　　图 5-10　"数据验证"对话框

（2）　再次选中 D7 单元格，出现下拉按钮,单击该下拉按钮，在弹出的菜单中选择性别，如图 5-11 所示。

（3）　按照图 5-12 所示输入所有性别数据。

图 5-11　显示"性别"下拉列表　　　　　　　　图 5-12　性别数据示例

15.　输入修读性质

选择 E7 单元格，输入"初修"，拖动复制柄向下复制到单元格 E26。

16.　设置数据有效性

（1）　选择 F7:I30 单元格，在"数据"选项卡中单击"数据工具"|"数据验证"按钮，打开"数据验证"对话框，在"允许"下拉列表框中选择"整数"选项，然后在"最小值"框中输入"0"，在"最大值"框中输入"100"，如图 5-13 所示。

（2）　切换到"出错警告"选项卡，在"样式"下拉列表框中选择"停止"选项，在"错误信息"列表框中输入"请输入 0-100 间的整数"，如图 5-14 所示，单击"确定"按钮。

图 5-13　设置整数数据验证　　　　　　　　图 5-14　"出错警告"选项卡

17.　建立条件格式

（1）　选择 F7:J30 单元格区域，在"开始"选项卡中单击"样式"|"条件格式"按钮，

在弹出的菜单中选择"新建规则"命令，打开"新建格式规则"对话框，在"选择规则类型"列表框中选择"只为包含以下内容的单元格设置格式"选项，如图5-15所示。

（2）在"只为满足以下条件的单元格设置格式"选项组的左侧下拉列表框中选择"单元格值"选项，然后在第二个下拉列表框中选择"大于或等于"选项，再在右侧的框中输入"90"。

（3）单击"格式"按钮，在打开的对话框中将字体颜色设置为绿色，单击"确定"按钮。

（4）再次打开"新建格式规则"对话框，在"选择规则类型"列表框中选择"只为包含以下内容的单元格设置格式"选项，然后将单元格值设置为小于60，字体颜色设置为红色，字形设置为加粗。设置后单击"确定"按钮。

18. 复制工作表

在工作表标签上右击"智能成绩登记册"表名，在弹出的快捷菜单中选择"移动或复制"命令，打开"移动或复制工作表"对话框。选中"建立副本"复选框，在"下列选定工作表之前"列表框中选择"（移至最后）"选项，如图5-16所示。单击"确定"按钮，完成工作表的复制，将新表重命名为"数学成绩登记表"。

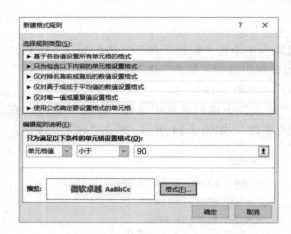

图5-15 "新建格式规则"对话框　　　　图5-16 "移动或复制工作表"对话框

19. 修改相关内容

切换到"数学成绩登记表"，将课程改为"课程：[060303]应用数学"，如图5-17所示。

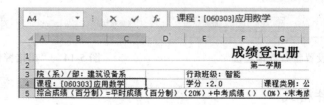

图5-17 修改数学成绩登记表

20.　输入平时成绩和末考成绩

按照图 5-18 所示输入"智能成绩登记册"的平时成绩和末考成绩，按照图 5-19 所示输入"数学成绩登记表"的平时成绩和末考成绩。

学分 :2.0		课程类别: 公共课/必修	
(20%)+中考成绩( )		(0%) +末考成绩(百分制	
修读性质	平时成绩	中考成绩	末考成绩
初修	95		85
初修	80		79
初修	98		92
初修	100		99
初修	95		93
初修	90		80
初修	80		63
初修	85		70
初修	95		99
初修	90		55
初修	85		78
初修	75		68
初修	85		72
初修	90		90
初修	90		35
初修	100		92
初修	85		77
初修	90		86
初修	80		73
初修	70		26

图 5-18　"智能成绩登记册"数据

学分 :2.0		课程类别: 公共课/必修	
(20%)+中考成绩( )		(0%) +末考成绩(百分	
修读性质	平时成绩	中考成绩	末考成绩
初修	60		27
初修	77		50
初修	70		77
初修	98		68
初修	66		98
初修	65		62
初修	65		52
初修	44		42
初修	99		97
初修	83		80
初修	92		77
初修	41		44
初修	56		55
初修	66		72
初修	94		80
初修	56		66
初修	72		92
初修	46		37
初修	60		73
初修	80		72

图 5-19　"数学成绩登记表"数据

21.　保存并退出

单击快速访问工具栏中的"保存"按钮，将编辑过的文件按原路径存盘。

5.1.4　知识链接

1.　Excel 2016 简介

Excel 在问世之后一直在不断改进和升级，Excel 2016 正是在继承了原来版本的优点之上经过完善的又一新作，它保留了以前版本的经典功能，同时提供一些建议来更好地格式化、分析、呈现数据等，功能更加人性化，视图也更加亲和易用。

（1）　工作簿和工作表。

在 Excel 中，将在工作簿文件中执行各种操作。可以根据需要创建很多工作簿，每个工作簿显示在自己的窗口中。默认情况下，Excel 2016 工作簿使用.xlsx 作为文件扩展名。

每个工作簿包含一个或多个工作表，每个工作表由一些单元格组成。每个单元格可包含值、公式或文本。工作表也可包含不可见的绘制层，用于保存表、图片和图表。可通过单击工作簿窗口底部的工作表标签访问工作簿中的每个工作表。此外，工作簿还可以存储图表工作表。图表工作表显示为单个图表，同样也可以通过单击工作表标签对其进行访问。

（2）　Excel 2016 工作界面。

启动 Excel 2016 后，最先显示的是 Excel 2016 的"开始"窗口，如图 5-20 所示。

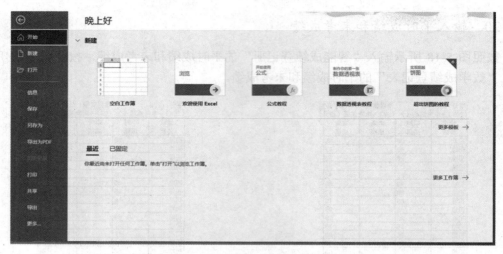

图 5-20　Excel 2016 的"开始"窗口

在"开始"窗口中单击"空白工作簿"图标，即可创建一个空白工作簿，显示 Excel 2016 的窗口界面，其中包含标题栏、快速访问工具栏、选项卡标签栏、功能区、工作表区、工作表标签、行号、名称栏、输入栏、编辑栏、滚动条、列标和状态栏等，如图 5-21 所示。

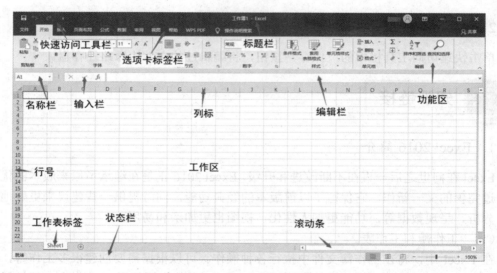

图 5-21　Excel 2016 主界面

Excel 程序界面中最大的区域是 Excel 的工作区，工作区由行和列组成，行和列交叉构成的一个个小方格称为单元格。Excel 中用列标和行号表示单元格地址，如 C2 表示 C 列第 2 行的单元格，E6 表示 E 列第 6 行的单元格。C2:E6 表示包含 C2 和 E6 之间的所有单元格。

2．Excel 2016 的基本操作

（1）启动 Excel 2016。

方法一：单击"开始"按钮，在弹出的菜单中指向"所有程序"命令，展开"开始"

菜单，选择其中的"Excel"命令。

方法二：双击一个已有的 Excel 工作簿，可启动 Excel 并打开一个相应的工作簿。

（2） 新建工作簿。

方法一：启动 Excel 2016 后，会首先显示"开始"页面，在该页面中单击"空白工作簿"图标，即可新建一个空白工作簿。

方法二：如果已经进入了 Excel 2016 程序主界面，可选择"文件"|"新建"命令，跳转到"新建"页面，单击"空白工作簿"图标，即可建立一个新的空白工作簿。

（3） 打开工作簿。

方法一：在"开始"窗口左侧选择"打开"命令，切换到"打开"窗口，单击"浏览"图标，打开"打开"对话框，选择所需文件，单击"打开"按钮，如图 5-22 所示。

图 5-22   从"打开"窗口打开工作簿

方法二：选择"文件"|"打开"命令，选择"最近"选项，在最近使用的文件列表中选择需要打开的工作簿名称，即可将其打开，如图 5-23 所示。

图 5-23   打开最近使用过的工作簿

（4） 保存工作簿。

方法一：单击快速访问工具栏中的"保存"按钮。如果是第一次保存工作簿，会打开一个“另存为”对话框，从中指定保存位置和文件名，单击“保存”按钮即可。

方法二：按“Ctrl+S”组合键。

（5） 关闭工作簿。

方法一：选择“文件”|“关闭”命令。

方法二：在 Excel 窗口右上角单击“关闭”按钮☒。

方法三：在任务栏中右击要关闭的工作簿名称，在弹出的快捷菜单中选择“关闭”命令。

3. 输入与编辑数据

（1） 输入一般数据。

方法一：单击目标单元格（如 A1），在编辑栏中输入单元格内容，单击“输入”按钮✔即可。

方法二：单击目标单元格，直接在其中输入需要的内容，然后按“Enter”键即可。

（2） 输入以“0”开头的数据。

在输入以 0 开头的数据时，会发现有效数字前面的 0 自动消失，即无法输入以 0 开头的数据。那是因为 Excel 默认是以“常规”格式显示数据的，数字之前的 0 作为无效的数据不显示。此时，需要将输入的内容以文本格式显示，才能显示有效数字之前的 0。具体方法是先选择目标单元格，然后在“开始”选项卡中单击“数字”|“数字格式”下拉按钮，在弹出的下拉列表中选择“文本”选项。设置后，再输入以 0 开头的数据，即可实现有效数字前面 0 的正常显示。

（3） 自动填充数据。

自动填充数据是根据已有的数据项，通过拖动复制柄快速填充相匹配的数据，如自动填充序列、有规律的数据、相同的数据、自定义序列的数据。

要自动填充数据，首先需要在起始单元格中输入序列开始的数据，例如，要输入相同的数据，可在序列首个单元格中输入该数据；若要输入递增的数据，则要在首个单元格和第二个单元格中输入递增的数据值，如 1、2 或 2、4 等。设置好序列规则后，选中创建规则的单元格，将鼠标指针移动到其右下角复制柄处，当鼠标指针变成十字形状时，按住左键拖动指针，到最后一个单元格时释放鼠标，即可看到在选择的单元格区域中显示了填充的序列，如图 5-24 所示。

	A	B	C	D	E	F	G	H	I
1	编号1	编号2	名称	日期1	日期2	时间	星期1	星期2	月份
2	001	2	选修	2019/1/6	12月8日	8:30	星期一	sun	一月
3	002	4	选修	2019/1/7	12月9日	9:30	星期二	Mon	二月
4	003	6	选修	2019/1/8	12月10日	10:30	星期三	Tue	三月
5	004	8	选修	2019/1/9	12月11日	11:30	星期四	Wed	四月
6	005	10	选修	2019/1/10	12月12日	12:30	星期五	Thu	五月
7	006	12	选修	2019/1/11	12月13日	13:30	星期六	Fri	六月
8	007	14	选修	2019/1/12	12月14日	14:30	星期日	Sat	七月
9	008	16	选修	2019/1/13	12月15日	15:30	星期一	Sun	八月
10	009	18	选修	2019/1/14	12月16日	16:30	星期二	Mon	九月
11	010	20	选修	2019/1/15	12月17日	17:30	星期三	Tue	十月
12									

图 5-24　自动填充的数据序列示例

（4） 同时输入多个数据。

选择需要输入相同数据的单元格区域，可以是连续的区域，也可以是不连续的区域（按住"Ctrl"键同时选择），然后输入需要的内容后，按下"Ctrl+Enter"组合键，即可看到所选择的单元格区域中显示了相同的数据，即同时输入了多个数据。

4．格式化工作表

（1）选择单元格。

在对单元格进行格式设置前，首先应按需要选择相应的单元格、行或列。

① 选择单元格/单元格区域：直接单击目标单元格。选中的单元格四周会出现选择框。单击一个单元格后按住鼠标左键拖动至结束单元格，可以选择一个单元格区域。

② 选择行：将光标移至行号上，当鼠标指针变成黑色向右的箭头形状时单击，可选择该行。选择该行后按住鼠标左键向上/下拖动，可以选择连续的多行。

③ 选择列：将光标移到列标上，当鼠标指针变成黑色向下箭头形状时单击，可以选择该列。选择该列后，按住鼠标左键向左/右进行拖动，可以选择连续的多列。

④ 选择不连续的多个单元格、多行、多列：按住"Ctrl"键，依次单击不相连的多个单元格，可以选择不相连的多个单元格；按住"Ctrl"键依次单击不相连的多个列标/行号，可以选择不相连的多个列/行。

（2）更改行高。

① 更改单行行高：将光标移至目标行行号下方的框线处，当鼠标指针变成双向箭头形状时，按住鼠标左键进行拖动，拖动过程中注意当前行高度值提示，拖到合适位置后释放鼠标，即可更改该行行高。

② 同时更改多行行高：通过在行号上拖动选择多行，然后拖动所选择区域任一行号下方的框线到适当位置，即可更改所选择的多行行高。

③ 设置精准行高：选择需要更改行高的行，在"开始"选项卡中单击"单元格"|"格式"按钮，在弹出的菜单中选择"行高"命令，打开"行高"对话框。在"行高"文本框中输入合适的数值，单击"确定"按钮，如图 5-25 所示。

（3）更改列宽。

① 更改单列列宽：将光标移至目标列列标右侧的框线处，当鼠标指针变成双向箭头形状时，按住鼠标左键进行拖动，拖至合适位置后释放鼠标，即可更改该列单元格的列宽，拖动过程中注意当前列列宽值的变化。

② 同时更改多列列宽：选择多列，拖动所选择单元格区域列标右侧的框线到适当位置，即可调整所选择列的列宽。

③ 精准更改列宽：选择目标列，在"开始"选项卡中单击"单元格"|"格式"按钮，在弹出的菜单中选择"列宽"命令，打开"列宽"对话框。在"列宽"文本框中输入合适的数值，单击"确定"按钮即可，如图 5-26 所示。

图 5-25　"行高"设置

图 5-26　"列宽"设置

（4）合并单元格。

在调整单元格布局时，经常需要将某几个相邻的单元格合并为一个单元格，以使这个单元格能够适应工作表的内容。

① 合并后居中：选中要合并的单元格区域，在"开始"选项卡中单击"对齐方式"|"合并后居中"按钮，可以看到所选择的单元格区域已合并为一个单元格，并且在其中输入内容时文本会居中显示。

② 取消单元格合并：合并单元格后，再次单击"合并后居中"按钮，即可取消单元格的合并。

（5）设置对齐方式。

方法一：在"开始"选项卡中单击"对齐方式"组中的对齐方式按钮。

方法二：选择单元格，右击，在弹出的快捷菜单中选择"设置单元格格式"命令，打开"设置单元格格式"对话框。切换到"对齐"选项卡，在"文本对齐方式"选项组中设置水平对齐或垂直对齐方式，然后单击"确定"按钮，如图5-27所示。

（6）边框线设置。

Excel表格中所有单元格默认是没有边框的，添加边框时需要选中部分单元格进行设置。

方法一：选中需要添加边框的单元格，在"开始"选项卡中单击"字体"|"边框"按钮右侧的下三角按钮，在弹出的菜单中选择"框线位置"命令。

方法二：选中需要添加边框的单元格，右击，在弹出的快捷菜单中选择"设置单元格格式"命令，打开"设置单元格格式"对话框。切换到"边框"选项卡，在"预置"和"边框"选项组中选择添加框线的位置，并在"直线"选项组中选择边框的线型和颜色，如图5-28所示。

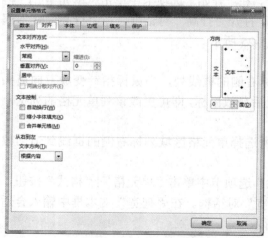

图5-27 "对齐"选项卡

图5-28 "边框"选项卡

（7）底纹设置。

方法一：选中需要添加底纹的单元格，在"开始"选项卡中单击"字体"|"填充颜色"按钮右侧的下三角按钮，在弹出的面板中选择所需的颜色。

方法二：打开"设置单元格格式"对话框，切换到"填充"选项卡，在"背景色"栏中选择所需添加底纹的颜色。也可以在"图案样式"下拉列表中选择需要添加的图案样式，并在"图案颜色"下拉列表中修改给定图案的颜色，如图 5-29 所示。

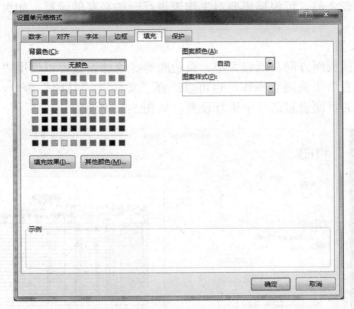

图 5-29　"设置单元格格式"对话框的"填充"选项卡

5．工作表的打印输出

工作表的打印输出

（1）设置打印区域。

正常情况下打印工作表时，会将整个工作表都打印输出。有时，只需要打印工作表中的某一部分，其他单元格的数据不要求（或不能）打印输出。这时，可通过设置打印区域来达到要求。

首先，在工作表中选择需要打印输出的单元格区域，然后在"页面布局"选项卡中单击"页面设置"|"打印区域"按钮，在弹出的下拉菜单中选择"设置打印区域"命令，将所选区域设置为打印区域，这样当对此工作表进行打印或打印预览时，将只能看到打印区域内的数据，如图 5-30 所示。

学号	组别	姓名	外语	政治	数学	语文	总成绩
20020601	1	张成祥	97	94	93	93	377
20020608	1	贾莉莉	93	73	78	88	332
20020612	1	王卓然	88	74	77	78	317
20020605	1	郑俊霞	89	62	77	85	313
20020607	2	王晓燕	86	79	80	93	338
20020606	2	马云燕	91	68	76	82	317
20020611	2	高云河	74	77	84	77	312
20020603	2	张雷	85	71	67	77	300
20020610	3	马丽萍	55	59	98	76	288
20020609	3	李广林	94	84	60	86	324
20020604	3	韩文岐	88	81	73	81	323
20020602	3	唐来云	80	73	69	87	309

图 5-30　设置打印区域（左）和预览打印效果（右）

设置打印区域后，如果以后想要打印全部数据，可再次在"页面布局"选项卡中单击"页面设置"|"打印区域"按钮，在弹出的下拉菜单中选择"取消打印区域"命令，可取消已设置的打印区域，即又可打印输出整个工作表的数据了。

在打印工作表之前，可根据需要对工作表进行一些必要的设置，如页面方向、纸张大小、页边距等。

（2）页面设置。

页面设置包括页面方向、纸张大小、页边距等，这些设置可以使用"页面布局"选项卡中的"页面设置"工具进行操作，也可以选择"文件"|"打印"命令，切换到"打印"选项页，在其中的页面设置选项中进行设置，如图 5-31 所示。

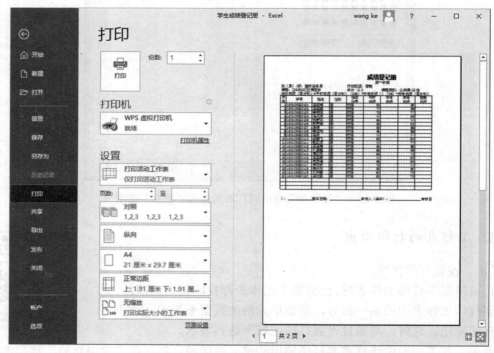

图 5-31 "打印"窗口

"打印"窗口的"设置"选项组中各选项功能如下：

① 打印范围：用于设置当前工作簿中要打印的范围。选择"打印整个工作簿"选项，将打印当前工作簿中所有工作表的内容；选择"打印活动工作表"选项，当只打印当前在窗口中显示的工作表；选择"仅打印活动工作表"选项，只打印活动工作表中选定区域的内容。如果一个工作簿包含多个页面，而只需要打印其中的数页，可在"打印范围"下拉列表框下方的"页数"数值框中输入起始页码和终止页码。

② 对照和非对照：当需要打印多份文件时，可以在此下拉列表框中选择打印顺序。选择"对照"选项，将打印完一份再打印另一份；选择"非对照"选项，则将一个页码打印全部份数后再打印下一个页码。

③ 页面方向：设置页面是纵向的还是横向的。

④ 纸张大小：设置打印纸张的尺寸。

⑤ 自定义页边距：指定或自定义页面边距。

⑥ 缩放：在纸张大小和打印内容不匹配时，通过缩减工作表的实际尺寸来匹配纸张。选择"无缩放"选项将按实际大小打印工作表。

（3）打印预览与打印。

打印项目设置完成后，并且打印预览效果也较为满意时，就可以在打印机上进行真实报表的打印输出了。切换到"打印"页面，在"打印机"栏的下拉列表框中选择要使用的打印机，在"份数"数值框中输入打印份数，并在"设置"栏中设置必要的打印选项，然后单击"打印"按钮即可启动打印机打印文档。

5.1.5 知识拓展

1. 插入工作表

当用户所需要的工作表超过 Excel 默认的数目时，就需要在工作簿中插入工作表。在工作表标签栏中右击现有的工作表标签，在弹出的快捷菜单中选择"插入"命令，打开"插入"对话框，在"常用"选项卡中单击"工作表"图标并确定，即可在所选工作表前面插入一张新工作表。

2. 移动工作表

选择需要移动的工作表标签，按住鼠标左键并在工作表标签区域位置进行拖动，拖至目标位置后松开鼠标即可。

3. 复制工作表

选择需要复制的工作表标签，按住"Ctrl"键的同时按住鼠标左键，并在工作表标签区域位置进行拖动，拖至目标位置后释放鼠标左键即可，复制的工作表标签后带有"（2）"字样。

4. 删除工作表

选择需要删除的工作表标签并右击鼠标，在弹出的快捷菜单中选择"删除"命令，此时弹出提示对话框，提示用户将永久删除工作表中的数据，单击"删除"按钮即可。

5. 重命名工作表标签

新建工作簿或者插入新工作表时，系统将自动以 Sheet1、Sheet2、Sheet3……来对工作表进行命名，为了方便对工作表进行管理，可以对工作表进行重新命名。双击需要重命名的工作表的标签，此时该工作表标签呈选中状态，直接输入所需要的工作表名称即可。

6. 设置工作表标签颜色

选择需要设置的工作表并且用鼠标右击其标签，在弹出的快捷菜单中选择"工作表标签颜色"命令，在展开的列表中选择所需要的标签颜色即可。

7. 插入单元格及行/列

（1）插入单元格。

用鼠标右击活动单元格，在弹出的快捷菜单中选择"插入"命令，打开"插入"对话框，在此选择适当的插入选项。

（2）插入行。

右击目标位置的行号，在弹出的快捷菜单中选择"插入"命令，即可在目标位置插入一行空白单元格。

（3）插入列。

右击目标位置的列标，在弹出的快捷菜单中选择"插入"命令，即可在目标位置处插入一列空白单元格。

8. 删除单元格及行/列

（1）删除单元格。

选择需要删除的单元格，在"开始"选项卡中单击"单元格"|"删除"按钮，在弹出的菜单中选择"删除单元格"命令，打开"删除"对话框。选择所需选项后单击"确定"按钮，即可将所选择的单元格进行删除，并且按指定方法移动其他单元格来填补此位。

（2）删除行。

单击需要删除行的行号，在"开始"选项卡中单击"单元格"|"删除"按钮，在弹出的菜单中选择"删除工作表行"命令，此时可看到所选择的行已经被删除。

（3）删除列。

单击需要删除列的列标，在"开始"选项卡中单击"单元格"|"删除"按钮，在弹出的菜单中选择"删除工作表列"命令，此时可看到所选择的列已经被删除。

9. 设置数字格式

数字格式包括数值、货币、会计专用、日期、时间、百分比、文本等。为了使电子表格中的数字更加专业、规范，可以为数字设置相符的格式，例如将金额数据以货币的格式进行显示。

选择目标单元格，在"开始"选项卡中单击"数字"|"数字格式"框右侧的下拉按钮，在弹出的列表中选择所需格式选项，即可使所选单元格中的数据应用该数据格式。单击"数字"组右下角的控件，打开"设置单元格格式"对话框，在"数字"选项卡中还可以分别设置各种数据格式的具体选项，如数值的小数点位数、会计专用的货币符号、日期和时间的类型等。

10. 设置数据自动换行

在制作表格时，经常会遇到需要输入较多内容的情况，输入的内容过多将超出单元格的宽度，导致无法正常显示。可以在编辑状态下按"Alt+Enter"组合键，将单元格中的数据进行强制换行。此外，还可以将单元格设置为自动换行，使其中的数据能够根据单元格的宽度自动换行。

方法一：选择需要设置自动换行的单元格，在"开始"选项卡中单击"对齐方式"|"自动换行"按钮。

方法二：选择目标单元格并打开"设置单元格格式"对话框，切换到"对齐"选项卡，选中"自动换行"复选框。

11．套用表格样式

选择数据区域，在"开始"选项卡中单击"样式"|"套用表格样式"按钮，在弹出的下拉面板中选择所需要的样式，即可快速为选定区域应用内置表格样式，如图 5-32 所示。

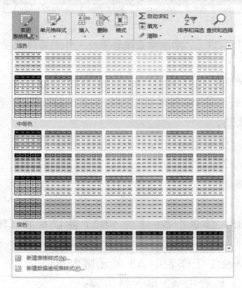

图 5-32　"套用表格格式"下拉面板

5.1.6　技能训练

练习一：制作"学生学费统计表"

1．新建一空白工作簿，将"Sheet1"工作表改名为"学生学费统计表"。

2．"学生学费统计表"中的内容设置：

（1）输入标题及表头，表标题"学生学费统计表"，字体设置为华文琥珀、18 号。

（2）其他单元格数据格式设置为宋体、11 号。

（3）行高设置：第 1 行行高设置为 30；其他行行高设置为 15。

（4）列宽设置：A:D 为 8，E:F 为 15，G 为 8。

（5）框线设置：将表格外边框线设置为粗实线，将内框线设置为细实线。

（6）底纹设置：表中有底纹处，底纹均设置为浅绿色。

3．输入文本类学号。

4．利用数据验证选择性输入姓名及班级。

5．输入缴费日期并生成"年月日"的格式。

6．输入缴费金额并设成人民币的格式。

7．输入备注。完成后效果如图 5-33 所示。

学生学费统计表

序号	姓名	性别	班级	缴费日期	缴费金额	备注
001	郭艾伦	男	房产1	2019年7月6日	¥2,500.00	
002	郭士强	男	房产2	2019年7月6日	¥2,500.00	
003	韩德君	男	房产1	2019年7月8日	¥2,500.00	
004	杨明	男	房产1	2019年7月8日	¥2,500.00	
005	李晓旭	男	房产2	2019年7月6日	¥2,500.00	
006	哈德森	男	房产2	2019年7月6日	¥1,500.00	藏族
007	郑海霞	女	房产2	2019年7月6日	¥2,500.00	
008	朱婷	女	房产1	2019年7月6日	¥2,500.00	
009	乔丹	男	房产2	2019年7月6日	¥3,500.00	重修
010	郎平	女	房产1	2019年7月6日	¥2,500.00	

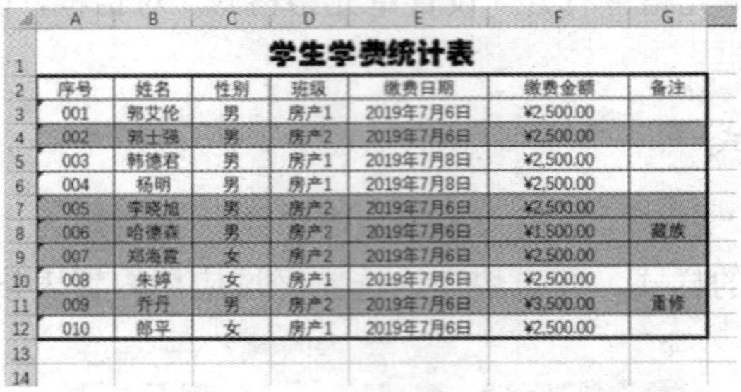

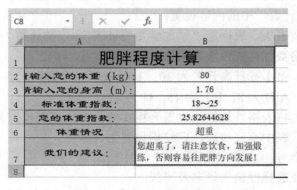

图 5-33　“学生学费统计表”工作表最终效果

练习二：肥胖程度计算器

1．打开原始文件：Excel 实例\任务四\肥胖程度计算.xlsx 工作簿文件。

2．制作肥胖程度计算器。

体重指数=体重（kg）/身高（m）的平方；

正常的体重指数：18～25；

偏瘦的体重指数：<18；

超重的体重指数：>25。

（1）　计算体重指数 B5，体重指数=体重（B2）除以身高（B3）的平方。

（2）　体重情况。

18≤B5≤25 时返回 Sheet1 工作表中 A3 单元格内容；

B5<18 时返回 Sheet1 工作表中 A2 单元格内容；

B5>25 时返回 Sheet1 工作表中 A4 单元格内容。

（3）　我们的建议。

18≤B5≤25 时返回 Sheet1 工作表中 B3 单元格内容；

B5<18 时返回 Sheet1 工作表中 B2 单元格内容；

B5>25 时返回 Sheet1 工作表中 B4 单元格内容。

最终结果如图 5-34 所示。

肥胖程度计算

请输入您的体重（kg）:	80
请输入您的身高（m）:	1.76
标准体重指数:	18～25
您的体重指数:	25.82644628
体重情况	超重
我们的建议:	您超重了，请注意饮食，加强锻练，否则容易往肥胖方向发展!

图 5-34　肥胖计算器结果

任务 5.2　公式与函数

5.2.1　任务要点

◆　公式。
◆　函数。

5.2.2　任务要求

1．用公式计算综合成绩：打开"学生成绩登记册.xlsx"工作簿，用公式计算智能成绩工作表和数学成绩工作表各自的综合成绩。

2．在成绩汇总登记表中录入成绩：利用以上各表计算出来的综合成绩分别录入到"成绩汇总登记册"工作表的智能成绩和数学成绩中去。

3．用公式计算总分和平均分：利用求和工具计算"成绩汇总登记册"工作表的总分和平均分。

4．用函数计算：使用函数计算"成绩汇总登记册"工作表中的优秀人数、不及格成绩人数、良好人数、中等人数、及格成绩人数，以及优秀率和不及格率。

5.2.3　实施过程

1．打开"学生成绩登记册.xlsx"工作簿

2．利用公式计算智能综合成绩

（1）切换到"智能成绩登记册"工作表，选择 J7 单元格，输入"=F7*50%+H7*50%"，如图 5-35 所示。

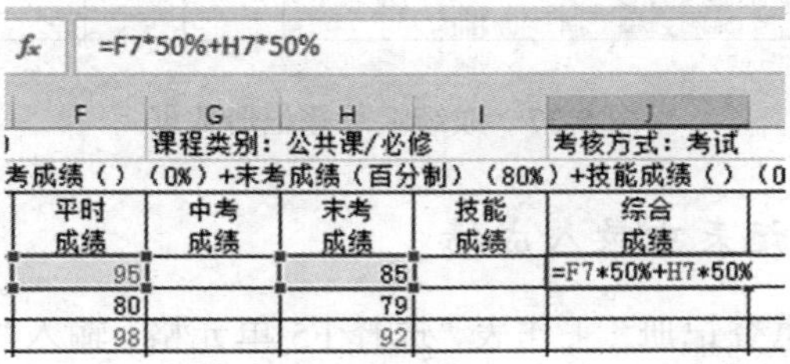

图 5-35　输入公式

（2）按"Enter"键得出计算结果。

（3）再次选择 J7 单元格，将鼠标指针放在单元格右下角的填充柄上并向下拖动到 J26，复制公式并得出结果，如图 5-36 所示。

图 5-36　复制公式并得出结果

3. 公式计算数学综合成绩

（1）切换到"数学成绩登记册"工作表，在 J7 单元格中输入"=F7*20%+H7*80%"，按"Enter"键。

（2）再次选择 J7 单元格，拖动填充柄向下复制到 J26。

4. 制作成绩汇总登记表

（1）单击工作表标签栏中的"新工作表"按钮插入一个工作表，将其重命名为"成绩汇总登记册"。

（2）切换到"数学成绩登记册"工作表，选中 A1:L3 单元格区域，按"Ctrl+C"组合键复制，再切换回"成绩汇总登记册"工作表，单击 A1 单元格，按"Ctrl+V"组合键单元格粘贴复制的数据。

（3）用同样的方法将"数学成绩登记册"工作表中的 A6:E26 单元格区域的数据复制粘贴到"成绩汇总登记册"工作表的 A4:E24 单元格区域中。

（4）按图 5-37 所示将表格补充完整（提示：将多出来的列删除）。

	A	B	C	D	E	F	G	H	I	J
1				**成绩登记册**						
2				第一学期						
3	院（系）/部：建筑设备系				行政班级：智能			学生人数：20		
4	序号	学号	姓名	性别	修读性质	智能综合成绩	数学综合成绩	总分	平均分	备注
5	1	160105520	王奕博	男	初修					
6	2	160105520	王廷鑫	男	初修					
7	3	160105520	李明远	男	初修					
8	4	160105520	马天庆	男	初修					
9	5	160105520	张新宇	男	初修					
10	6	160105520	那贵森	男	初修					
11	7	160105520	乌琼	女	初修					
12	8	160105520	李亚楠	女	初修					
13	9	160105520	王涛	男	初修					
14	10	160105520	谷鹏飞	男	初修					
15	11	160105520	赵红龙	男	初修					
16	12	160105520	王玉梅	女	初修					
17	13	160105520	刘彦超	男	初修					
18	14	160105520	周红珏	男	初修					
19	15	160105520	王芷睿	男	初修					
20	16	160105520	高国峰	男	初修					
21	17	160105520	伊天妡	女	初修					
22	18	160105520	杨兆旭	男	初修					
23	19	160105520	孔祥鑫	男	初修					
24	20	160105520	王均望	男	初修					

图 5-37　成绩汇总登记册数据

5. 在成绩汇总登记表中录入成绩

（1）进入"成绩汇总登记册"工作表，选择 F5 单元格，输入"=智能成绩登记册!J7"，如图 5-38 所示。按"Enter"键确认。

（2）再次选中 F5 单元格的填充柄并向下复制到 F24 单元格。

（3）选择 G5 单元格，输入"=数学成绩登记册!J7"，并向下复制到 G24 单元格。

6．计算总分、平均分

（1）总分录入：单击 H5 单元格，在"开始"选项卡单击"编辑"|"自动求和"按钮，系统自动选中数值区域并填充公式，如图 5-39 所示。确认公式中所选择的单元格区域为 F5:G5，按"Enter"键得出结果。再次选中 H5 单元格，向下拖动填充柄到 H24 单元格。

图 5-38　输入公式　　　　　　　　　　　　　　　　图 5-39　自动求和公式

（2）平均分录入：单击 I5 单元格，在"开始"选项卡中单击"编辑"|"自动求和"右侧的下拉按钮，在弹出的菜单中选择"平均值"命令，然后将自动插入的求平均值公式中的 H5 改成 G5，如图 5-40 所示。按"Enter"键得出结果，然后再次选中 I5 单元格，向下拖动复制柄到 I24 单元格，结果如图 5-41 所示。

智能综合成绩	数学综合成绩	总分	平均分
90	33.6	123.6	61.8
79.5	55.4	134.9	67.45
95	75.6	170.6	85.3
99.5	74	173.5	86.75
94	91.6	185.6	92.8
85	62.6	147.6	73.8
71.5	54.6	126.1	63.05
77.5	42.4	119.9	59.95
97	97.4	194.4	97.2
72.5	80.6	153.1	76.55
81.5	80	161.5	80.75
71.5	43.4	114.9	57.45
78.5	55.2	133.7	66.85
90	70.8	160.8	80.4
62.5	82.8	145.3	72.65
96	64	160	80
81	88	169	84.5
88	38.8	126.8	63.4
76.5	70.4	146.9	73.45
48	73.6	121.6	60.8

图 5-40　求平均值公式　　　　　　　　　　　　图 5-41　求和、求平均值的结果

7．计算优秀人数，不及格成绩人数字段

（1）计算优秀人数字段：按照图 5-42 所示输入成绩分析数据区域的数据，然后选中 F34 单元格，输入"=COUNTIF(F5:F24，" >=90 ")"，按"Enter"键，向右复制公式至 G34 完成计算。

（2）计算不及格成绩人数字段：选中 F38 单元格，输入"=COUNTIF(F5:F24,"<60")"，按"Enter"键，向右复制公式至 G34 完成计算。

	A	B	C	D	E	F	G
27							
28							
29							
30							
31							
32			成绩分析				
33			科目			智能 成绩分析	数学 成绩分析
34			优秀分人数（90分以上含90）				
35			良好分人数（80~90分含80）				
36			中等分人数（70~80分含70）				
37			及格分人数（60~70分含60）				
38			不及格人数（60分以下）				
39			优秀率				
40			不及格率				
41							

图 5-42　输入成绩分析数据

8. 计算良好人数字段

选中 F35 单元格，输入“=COUNTIF(F5:F24, ">=80")−COUNTIF(F5:F24, ">=90")”后按“Enter”键，向右复制公式至 G35 完成计算。

9. 计算中等人数和及格成绩人数字段

单击 F36 单元格，输入“=COUNTIFS(F5:F24, "<80", F5:F24, ">=70")”，按“Enter”键，复制公式到 G36 单元格位置。

单击 F37 单元格，输入“=COUNTIFS(F5:F24, "<70", F5:F24, ">=60")”，按“Enter”键，复制公式到 G37 单元格位置。

10. 计算优秀率和不及格率

选中 F39 单元格，输入“=F34/COUNT(F5:F24)”，按“Enter”键，设置单元格式中数字类型为百分比，并复制公式到 G39 单元格位置。

选中 F40 单元格，输入“=F38/COUNT(F5:F24)”，按“Enter”键，设置单元格式中数字类型为百分比，并复制公式到 G40 单元格位置。完成后选择 C33:G40 单元格，设置外部框线恢复表格因复制被破坏的外部框线，如图 5-43 所示。

	A	B	C	D	E	F	G
27							
28							
29							
30							
31							
32			成绩分析				
33			科目			智能 成绩分析	数学 成绩分析
34			优秀分人数（90分以上含90）			7	2
35			良好分人数（80~90分含80）			4	4
36			中等分人数（70~80分含70）			7	5
37			及格分人数（60~70分含60）			1	2
38			不及格人数（60分以下）			1	7
39			优秀率			0.35	0.1
40			不及格率			0.05	0.35

图 5-43　完成效果

5.2.4   知识链接

1. Excel 2016 公式简介

在单元格中输入"="表示进入公式编辑状态。

在 Excel 的公式中,可以使用运算符、单元格引用、值或常量、函数等几种元素。运算符是对公式中的元素进行特定类型的计算,一个运算符就是一个符号,如"+、-、*、/"等。

(1) 常数类型。

① 数值型:直接输入数字如:=29。

② 字符型:加引号表示字符型数据,如:="abc"表示字符 abc,如果不加引号,则被认为是变量 abc。

③ 逻辑型:逻辑型常数只有两个分别为逻辑真和逻辑假,表示为 True 和 False。

(2) 运算符和运算符优先级。

① 算术运算符:用来进行基本的数学运算的,如"+、-、*、/、%"等。

② 比较运算符:一般用在条件运算中,用于对两个数值进行比较,其计算结果为逻辑值,当计算结果为真时返回 True,否则返回 False。运算符号包括"=、>、>=、<、<=、<>"。

③ 连接运算符:使用连接符号"&"连接一个或多个文本字符串形成一串文本。例如,需要将"FBHSJD"和"销售明细表"两个文本连接在一起,那么输入公式应为"=FBHSJD&销售明细表"。

④ 引用运算符:用来表示单元格在工作表中位置的坐标集,为计算公式指明引用的位置。包括":""""" "。

⑤ 运算符的优先级见表 5-1。

表 5-1   运算符的优先级

优先级	运算符号	运算符名称	优先级	运算符号	运算符名称
1	:	冒号	6	+和-	加号和减号
1		单个空格	7	&	连接符号
1	,	逗号	8	=	等于
2	-	负号	8	<和>	小于和大于
3	%	百分比	8	<>	不等于
4	^	乘幂	8	<=	小于等于
5	*和/	乘号和除号	8	>=	大于等于

2. 单元格的引用方式

在 Excel 中,引用的关键在于标识单元格或单元格区域,Excel 中的引用包括相对引用、绝对引用、混合引用等三种类型。

(1) 相对引用。

相对引用是指在目标单元格与被引用单元格之间建立了相对的关系,当公式所在的单元格位置发生变化时，其引用的行与列也相对自动发生了变化。例如，在图 5-44 所示的表格中，选择 E3 单元格，并输入计算公式"=B3+C3+D3"，按"Enter"键，此时目标单元格中显示了计算结果，然后选中 D3 单元格，将光标移至该单元格的右下角，当鼠标指针变成十字状时向下拖动填充柄复制公式，拖至目标位置后释放，选择任意结果单元格，在编辑栏中可以看到相应的公式，如公式单元格变化为 E6，引用的行和列也自动变化为"=B6+C6+D6"。

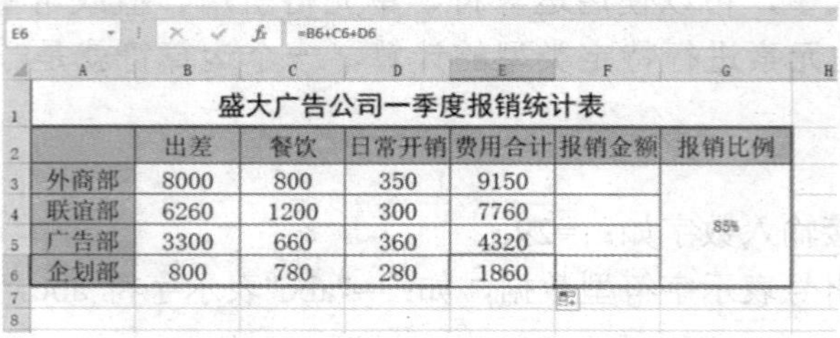

图 5-44　相对引用结果

（2）绝对引用。

绝对引用是指目标单元格与被引用的单元格之间没有相对的关系，无论公式所在的单元格位置是否发生了改变，绝对引用的地址不变。要建立绝对引用，则需要在单元格的行号和列标前添加绝对符号"$"。例如，在图 5-45 所示的表格中，选择 F3 单元格，并在其中输入"=E3*G3"，表示该单元格结果等于费用合计乘以报销比例，这里的G3 即表示绝对引用了 G3 单元格。按"Enter"键得到计算结果，然后选择 F3 单元格，双击右下角填充柄，得出所有结果。选择任一单元格，可以看到所选择的单元格区域都引用了 G3 同一单元格。

图 5-45　绝对引用最终结果

在公式中选择了单元格的引用地址时，按"F4"键，即可快速在绝对引用、相对列绝对行、绝对列相对行、相对引用中进行切换，也可以在输入公式时直接输入绝对符号"$"。

（3）混合引用。

在工作表中计算数据时，并不限于相对引用或绝对引用，还可能会使用混合引用。混合引用是指公式中既有相对引用又有绝对引用，既可以选择对行或者对列进行引用。例如，$A2，表示绝对引用 A 列，相对引用第 2 行。

例如，在图 5-46 所示的表格中，选择 B7 单元格，并输入计算公式"=$A7*B$6"，按"Enter"键，可以获得第一个折扣价，即消费满 300 元可获得的价格。选择结果单元格，并向右拖动填充柄复制公式，即可得到所有结果。

折扣率 / 消费额	95%	90%	85%	80%	75%
¥ 300.00	285.00				
¥ 500.00					
¥ 800.00					
¥ 1,000.00					
¥ 1,200.00					

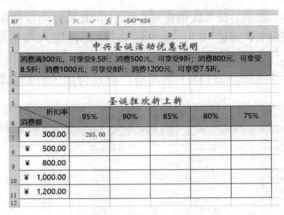

图 5-46　混合引用

步骤 1 的公式，表示绝对引用第 A 列和第 6 行单元格。在复制公式时，绝对引用的地址将不会发生改变，复制到 C7 单元格时，公式为“=$A7*C$6”。

① 拖至 F 列释放鼠标，然后将鼠标指针移至 F7 单元格右下角，并向下拖动填充柄复制公式。

② 拖至 F11 单元格位置处时释放鼠标，可以看到各消费额在折扣率下的折扣价格，如图 5-47 所示。

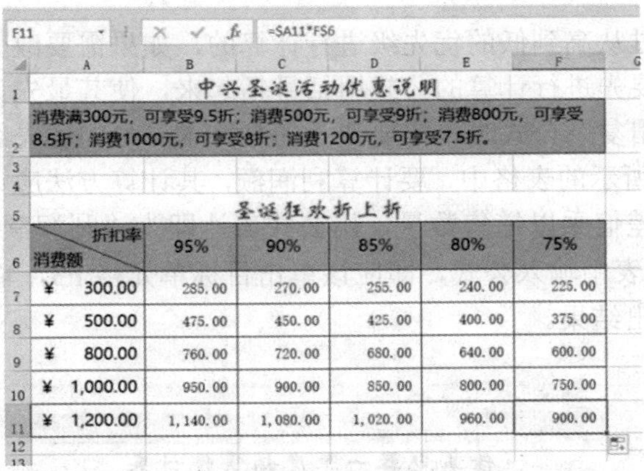

折扣率 / 消费额	95%	90%	85%	80%	75%
¥ 300.00	285.00	270.00	255.00	240.00	225.00
¥ 500.00	475.00	450.00	425.00	400.00	375.00
¥ 800.00	760.00	720.00	680.00	640.00	600.00
¥ 1,000.00	950.00	900.00	850.00	800.00	750.00
¥ 1,200.00	1,140.00	1,080.00	1,020.00	960.00	900.00

图 5-47　各消费额在折扣率下的折扣价格

③ 选择结果区域的任意数据单元格，可看到编辑栏中绝对引用的地址不变，而相对引用的地址随选中单元格的位置自动变化。

3. 输入公式

在 Excel 工作表中输入的公式都是以“=”开始的，在输入“=”后，再输入单元格地址和运算符。输入公式的方法非常简单，与输入数据一样，可以在单元格中直接输入，也可以在编辑栏中进行编辑。

方法一：在单元格中直接输入公式。选择目标单元格，先输入“=”，再单击需要参与运算的单元格，输入运算符，然后单击参与运算的另一个单元格，即可完成公式的编辑。例如，在图 5-48 所示的表格中，想要计算总销售额，首先明确计算公式为“总销售额=数量*单价”(*表示乘法)，然后，在“总销售额”列中单击第一个目标单元格 D3，输入“=”。接着输入销售数量所在的单元格 B3，输入运算符*，再输入单价所在的单元格 C3，即“=B3*C3”，完成公式。按“Enter”键即可得出计算结果。然后选中 D3 单元格，通过拖动其右下角的填充柄向下复制公式到 D11 单元格，即可得出所有商品的总销售额。

佳美电器一季度销售统计表						
商品类型	销售数量	单价	总销售额	商品进价	利润额	销售奖励
三星LED	40	¥4,000.00	=B3*C3	¥3,260.00		
苹果手机	55	¥6,888.00		¥5,500.00		
飞利浦剃须刀	42	¥588.00		¥288.00		
九阳榨汁机	30	¥820.00		¥200.00		
美的电饭煲	55	¥1,280.00		¥690.00		
日美空气炸锅	67	¥460.00		¥330.00		
格力空调	8	¥12,800.00		¥9,800.00		
博世冰箱	42	¥4,460.00		¥4,000.00		
西门子洗衣机	31	¥3,800.00		¥3,160.00		

销售情况统计

图 5-48　在单元格中编辑公式

方法二：通过编辑栏输入公式。选择目标结果单元格，在编辑栏中输入正确的公式，然后单击编辑栏左侧的“输入”按钮☑，或者按“Enter”键，即可得到计算的结果。

4. 复杂公式的使用

算术运算符是通过从高到低的优先级进行计算的，如果需要改变运算顺序，则可在公式中使用括号，将需要先进行计算的公式用括号括起来，使其最先计算，从而得到正确结果。也就是说，在使用复杂公式时，需要注意的是算术符号的优先级。

例如，在图 5-49 所示的表格中，要计算利润额，其计算方法应该是先将商品单价减去商品进价，再用这个差值乘以销售数量，用公式表达即为“利润额=（单价−商品进价）*销售数量”。要在工作表中输入公式，即应该单击目标单元格 F3，输入“=(C3−E3)*B3”。按“Enter”键即可得出结果。

B3　=(C3-E3)*B3

佳美电器一季度销售统计表						
商品类型	销售数量	单价	总销售额	商品进价	利润额	销售奖励
三星LED	40	¥4,000.00	¥160,000.00	¥3,260.00	3-E3)*B3	
苹果手机	55	¥6,888.00	¥378,840.00	¥5,500.00		
飞利浦剃须刀	42	¥588.00	¥24,696.00	¥288.00		
九阳榨汁机	30	¥820.00	¥24,600.00	¥200.00		
美的电饭煲	55	¥1,280.00	¥70,400.00	¥690.00		
日美空气炸锅	67	¥460.00	¥30,820.00	¥330.00		
格力空调	8	¥12,800.00	¥102,400.00	¥9,800.00		
博世冰箱	42	¥4,460.00	¥187,320.00	¥4,000.00		
西门子洗衣机	31	¥3,800.00	¥117,800.00	¥3,160.00		

图 5-49　计算利润总额

倘若还要计算销售奖励，首先要搞清楚销售奖励的原则：为利润额的 10%再加上 200 元，在 G3 单元格中输入公式“=F3*10%+200”。

假设此表中没有“利润额”列，则需要在 G3 单元格中输入完整公式如下：“=（C3−E3）

*B3*10%+200"。

5. 函数的类型与结构

按使用函数计算应用的方面不同，Excel 将函数分为统计函数、财务函数、逻辑函数等 11 种类型。函数与公式一样，是以"="开始的，其结构为"=函数名称（参数）"。

函数的结构分为函数名和参数两部分，其结构表达式为：函数名（参数 1，参数 2，参数 3，……）。

其中函数名为需要执行运算函数的名称。

参数为函数使用的单元格或者数值，它可以是数字、文本、数组、单元格区域的引用等。函数的参数中还可以包括其他函数，这就是函数的嵌套使用。

6. 插入函数

要想使用函数来计算数据，首先需要在结果单元格中插入函数，并设置该函数的参数。

（1）通过对话框插入函数。

选择目标单元格，在"公式"选项卡中单击"函数库"|"插入函数"按钮，打开如图 5-50 所示的"插入函数"对话框。在"或选择类别"下拉列表中选择所需要的类别，如"常用函数"；在"选择函数"列表框中选择需要插入的函数，如"COUNT"函数，然后单击"确定"按钮，打开"函数参数"对话框。在 Number1 文本框中显示了设置的参数，如输入 B4:E4 即表示对 B4:E4 单元格区域进行求和。确定设置返回工作表后，可以看到目标单元格中显示了计算的结果，编辑栏中显示了计算的公式。

图 5-50　"插入函数"对话框

（2）直接输入函数。

如果用户对需要使用的函数比较熟悉，也可以直接输入函数。函数可以直接在单元格中输入，也可在编辑栏中输入。例如要在一个表格中使用公式表达法为"=B4+C4+D4+E4"的加法函数，即可在目标单元格中输入"=SUM（B4:E4）"，如图 5-51 所示。按"Enter"键，即可得出计算结果。

图 5-51 在编辑栏中直接输入函数

（3） 通过"自动求和"按钮插入函数。

在"开始"选项卡中单击"编辑"|"自动求和"按钮右侧的下拉按钮，可以看到在弹出的菜单中列出了各种常用函数命令，选择某个命令即可在目标单元格中插入相应函数，然后选择要参与运算的单元格，即可完成函数公式的插入，按"Enter"键得出结果。

7. 复制函数

复制函数和复制数据的方法相同，可以通过快捷菜单中的命令进行复制操作，也可以使用填充柄来进行复制操作。

8. 修改与删除函数

插入函数计算数据后，如果发现使用的函数不正确或者参数存在问题，那么也可对其进行修改。如果不再需要某函数，还可以将其删除。

（1） 修改函数。

方法一：在单元格中修改。单击需要修改函数的单元格，如将 AVERAGE 函数修改为 MAX 函数，直接输入"=MAX(nmu1, num2…)"。

方法二：在编辑栏中对函数进行修改。如将 AVERAGE 函数修改为 SUM 函数，单击单元格，在编辑栏中可看到当前应用的函数，将其中的"AVERAGE"直接替换为"SUM"即可。

（2） 删除函数。

方法一：通过快捷菜单删除函数。选择需要删除函数的结果单元格并右击鼠标，在弹出的快捷菜单中选择"清除内容"命令。

方法二：使用功能区的"清除"功能。选择需要删除函数的结果单元格，在"开始"选项卡中单击"编辑"|"清除"按钮，然后在展开的下拉列表中选择"清除内容"命令。

方法三：通过键盘删除函数。选择需要删除函数的结果单元格，按"Delete"键或"Backspace"键可以删除函数。

9. 函数的参数和嵌套

（1） 以 IF 函数为例确定函数参数。

IF 函数功能：根据对指定的条件计算结果为 True 或 False，来返回不同的结果，可用于对数值和公式执行条件检测。

语法：IF(Logical_test，Value_if_True，Value_if_false)

参数：Logical_test 参数表示计算结果为 True 或 False 的任意值或条件表达式。

Value_if_true 参数是 Logical_test 为 True 时返回的值。

Value_if_false 参数是 Logical_test 为 False 时返回的值。

条件表达式是把两个表达式用关系运算符（=，<>，>，<，>=，<=）连接起来构成的。

例 1：判断 A1 单元格中成绩如果大于 60 分，则在 B2 单元格中显示"及格"，否则显示为"不及格"。

在 B2 中输入公式："=IF(A1>=60, "及格", "不及格")"。

（2）　同样以 IF 函数为例讲解函数嵌套。

例 2：在 Excel 中，如果 A1=B1=C1，则在 D1 显示 1；如果它们不相等，则返回 0。

分析：条件为 A1=B1=C1，不可能用一个表达式表达出来，需要引入 AND() ——与函数，则可以将条件写为：AND(A1=B1,A1=C1)。则在 D1 中输入如下函数："=IF(AND(A1=B1,A1=C1),1,0)"。

也就是说 AND(A1=B1,A1=C1)函数作为 IF 函数的条件参数嵌套进了 IF 函数中。

同时，此公式也可以改为："=IF(A1<>B1,0,IF(A1<>C1,0,1))"，在这个公式中 IF(A1<>C1,0,1)作为错误的返回值参数嵌套进了 IF 函数中。

5.2.5　知识拓展

1.　更改引用类型

通过在单元格地址的适当位置输入美元符号，可以输入非相对引用（绝对或混合）。或者，也可以使用一种方便的快捷方式：按"F4"键。当输入单元格引用（通过键入或指向）后，重复按"F4"键可以让 Excel 在 4 种引用类型中循环选择。

例如，如果在公式开始部分输入"=A1"，则按一下"F4"键会将单元格引用转换为"=A1"。再按一下"F4"键，会将其转换为"=A$1"。再按一下"F4"键，会转换为"=$A1"，最后再按一下，则又返回开始时的"=A1"。因此，可以不断地按"F4"键，直到 Excel 显示所需的引用类型为止。

2.　引用工作表外部的单元格

公式也可以引用其他工作表中的单元格，甚至这些工作表可以不在同一个工作簿中。Excel 使用一种特殊的符号来处理这种引用类型。

（1）　引用其他工作表中的单元格。

要引用同一个工作簿中不同工作表中的单元格，请使用以下格式：

=工作表名称！单元格地址

换句话说，需要在单元格地址前面加上工作表名称，后跟一个感叹号。以下是一个使用工作表 Sheet2 中单元格的公式的示例：

```
=A1*Sheet2! A1
```

这个公式表示将当前工作表中单元格 A1 的数值乘以工作表 Sheet2 中单元格 A1 的数值。

提示：如果引用中的工作表名称含有一个或多个空格，则必须用单引号将它们括起来（如果在创建公式时使用"指向并单击"方法，则 Excel 会自动进行此工作）。例如，下面的公式引用了工作表 AllDepts 中的一个单元格：

```
=A1*'All Depts'! A1
```

（2）引用其他工作簿的单元格。

要引用其他工作簿中的单元格，请使用下面的格式：

```
=[工作簿名称]工作表名称! 单元格地址
```

在这种情况下，单元格地址的前面是工作簿名称（位于方括号中）、工作表名称和一个感叹号。下面是一个公式示例，其中使用了工作簿 Budget 的工作表 Sheet1 中的单元格 A1 引用：

```
= [Budget.xlsx] Sheet1!A1
```

如果此引用中的工作簿名称中有一个或多个空格，则必须要用单引号将它（和工作表名称）括起来。例如，下面的公式引用了工作簿 BudgetFor2013 的工作表 Sheetl 中的一个单元格：

```
=A1*'[Budget For 2013.xlsx]Sheetl'! A1
```

当公式引用另一个工作簿中的单元格时，那一个被引用的工作簿并不需要打开。但是，如果此工作簿是关闭的，则必须在引用中加上完整的路径以便使 Excel 能找到它。下面是一个示例：

```
=A1*'C:\MyDocuments\[Budget For  2013.xlsx] Sheet1'! A1
```

链接的文件也可以驻留在公司网络可访问到的其他系统上。例如，下面的公式引用了名为 DataServer 的计算机上的 files 目录中某个工作簿中的一个单元格：

```
='\\DataServer\ files\[ budget.xlsx] Sheet1'! $D$7
```

5.2.6 技能训练

练习：

1. 乘法口诀表制作

（1）新建"乘法口诀表.xlsx"工作簿。

（2）将表格名"Sheet1"改名为"乘法口诀"。

（3）依次输入 B1，C1，…，J1 为"1"，"2"，…，"9"。

（4）依次输入 A2，A3，…，A10 为"1"，"2"，…，"9"。

（5）选择 B2 单元格录入 "=B$1&"×"&$A2&"="&B$1*$A2"。

（6）复制单元格 B2 至 J2，并依次复制 C2 至 C3，D2 至 D4，…，J2 至 J10。

（7）设置 1 行行高为 0，A 列列宽为 0，如图 5-52 所示。

	B	C	D	E	F	G	H	I	J
2	1×1=1								
3	1×2=2	2×2=4							
4	1×3=3	2×3=6	3×3=9						
5	1×4=4	2×4=8	3×4=12	4×4=16					
6	1×5=5	2×5=10	3×5=15	4×5=20	5×5=25				
7	1×6=6	2×6=12	3×6=18	4×6=24	5×6=30	6×6=36			
8	1×7=7	2×7=14	3×7=21	4×7=28	5×7=35	6×7=42	7×7=49		
9	1×8=8	2×8=16	3×8=24	4×8=32	5×8=40	6×8=48	7×8=56	8×8=64	
10	1×9=9	2×9=18	3×9=27	4×9=36	5×9=45	6×9=54	7×9=63	8×9=72	9×9=81
11									
12									

图 5-52　乘法口诀表

任务 5.3　数据的管理

5.3.1　任务要点

- 数据排序。
- 数据筛选。
- 分类汇总。
- 合并计算。

5.3.2　任务要求

1．打开原始文件。打开“学生成绩登记册.xlsx”工作簿。

2．筛选补考名单。对“智能成绩登记册”“数学万贯登记册”四个工作表中“综合成绩”字段低于 60 分的名单进行筛选。

3．复制名单生成“补考名单”工作表。将筛选出来的名单，复制到“补考名单”工作表中，完成“补考名单”工作表。

4．数据排序。将“成绩分析”工作表中数据按性别排序，女生在前，男生在后；性别相同时，按总分由高到低进行排序。

5．分类汇总。分析汇总“成绩分析”工作表中男生、女生的成绩对照。

5.3.3 实施过程

数据筛选

1. 打开原始文件"学生成绩登记册.xlsx"工作簿

2. 筛选补考名单

（1）进入"智能成绩登记册"工作表，选择 A6:L30 单元格，在"开始"选项卡中单击"编辑"|"排序和筛选"按钮，在弹出的下拉菜单中选择"筛选"命令，选择区域的列标题单元格右侧会出现下拉按钮，如图 5-53 所示。

图 5-53　筛选状态

（2）单击 J6 单元格（综合成绩）中的下拉按钮，在弹出的菜单中选择"数字筛选"|"小于"命令，打开"自定义自动筛选方式"对话框，在"小于"后面的列表框中输入"60"，如图 5-54 所示。

图 5-54　"自定义自动筛选方式"对话框

（3）单击"确定"按钮完成筛选，结果如图 5-55 所示。

图 5-55　筛选结果

（4）按此方式将"数学成绩登记册"工作表按"综合成绩"小于 60 进行筛选。

3. 复制名单生成"补考名单"工作表

（1）插入一个新工作表，命名为"补考名单"，并在其中输入数据、设置边框，结果如图 5-56 所示。

（2）在"智能成绩登记册"工作表中选中 B26:C26 单元格区域后右击，在弹出的快捷菜单中选择"复制"命令，然后切换到"补考名单"工作表，选择 A3 单元格，右击，在弹出的快捷菜单中选择"粘贴"命令。

（3）切换到"数学成绩登记册"工作表，选中 B7:C24 单元格区域后右击，在弹出的快捷菜单中选择"复制"命令，切换到"补考名单"工作表，选择并右击 C3 单元格，在弹出的快捷菜单中选择"粘贴"命令。

（4）补全表格线，结果如图 5-57 所示。

图 5-56　"补考名单"数据区域　　　　　图 5-57　补考名单完成结果

4．数据排序

排序与分类汇总

（1）新建一个工作表，命名为"成绩分析"，将"成绩汇总登记册"中的 A1:J24 单元格区域复制到该工作表中。

（2）在"成绩分析"工作表中选中 A4:I24 单元格，在"开始"选项卡中单击"编辑"|"排序和筛选"按钮，在弹出的菜单中选择"自定义排序"命令，打开"排序"对话框。在"主要关键字"下拉列表中选择"性别"，并将其"次序"设置为"降序"；然后单击"添加条件"按钮，出现"次要关键字"选项，选择"总分"，其"次序"也设为"降序"，如图 5-58 所示。

图 5-58　自定义排序

（3）单击"确定"按钮完成排序，结果如图 5-59 所示。

图 5-59　完成自定义排序

5．分类汇总数据

（1）进入"成绩分析"工作表，选择 A4:I24 单元格，在"数据"选项卡中单击"分级显示"|"分类汇总"按钮，打开"分类汇总"对话框，在"分类字段"下拉列表中选择"姓名"，在"汇总方式"下拉列表中选择"平均值"，在"选定汇总项"列表框中选择"智能综合成绩"和"数学综合成绩"，如图 5-60 所示。

（2）单击"确定"按钮，完成分类汇总，结果如图 5-61 所示。

图 5-60　"分类汇总"对话框

图 5-61　分类汇总结果

 知识链接

1．数据排序

（1）简单排序。

简单排序是指设置单一的排序条件，然后将工作表中的数据按指定的条件进行排序。要进行简单的数据排序，可在数据区域中选中排序字段所在的列，或者单击该列中的任意单元格，然后在"数据"选项卡中单击"排序和筛选"|"升序"或"降序"按钮，即可对

所选字段按指定方式进行排序。

（2）复杂排序。

复杂排序是指同时按多个关键字对数据进行排序。复杂排序需要在"排序"对话框中进行设置，可以添加多个排序的条件来实现对数据的复杂排序。

要进行复杂排序，应在工作表数据区域中选择任意一单元格，在"数据"选项卡中单击"排序和筛选"|"排序"按钮，打开"排序"对话框。在"主要关键字"列表框中选择第一排序条件，在"次序"列表框中选择排序方式，然后单击"添加条件"按钮，再在"次要关键字"列表框中选择第二排序条件，并在"次序"列表框中选择第二排序条件的排序方式。以此类推，可以添加多个排序条件。

2．数据筛选

（1）自动筛选。

自动筛选是在工作表中的数据根据所选择筛选条件直接快速显示满足条件的数据。

选择数据区域中的任意单元格，在"数据"选项卡中单击"排序和筛选"|"筛选"按钮，各列字段后面会出现下拉按钮，单击要进行筛选的字段右侧的下拉按钮，弹出如图 5-62 所示的下拉菜单，选择筛选条件，然后单击"确定"按钮，即可完成筛选，显示筛选结果，如图 5-61 所示。

如果需要清除工作表中的所有筛选，可在"数据"选项卡中再次单击"排序和筛选"|"清除"按钮，即可退出筛选状态。

（2）自定义筛选。

自定义筛选可以指定筛选条件，例如，在一个销售业绩表格中，要筛选本月销售额大于 60 000 和小于 50 000 的人员，可在数据区域中选择任一单元格，再在"数据"选项卡中单击"排序和筛选"|"筛选"按钮，然后单击"本月销售额"字段后面的下拉按钮，在弹出的菜单中选择"数字筛选"|"自定义筛选"选项，打开"自定义自动筛选方式"对话框。在第一个条件框中设置"大于""60000"，选中"或"单选按钮，再在第二个条件框中设置"小于""50000"，如图 5-63 所示。

设置后，单击"确定"按钮，即可得出筛选结果，结果如图 5-64 所示。

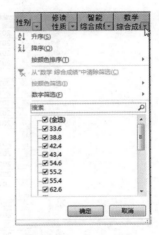

图 5-62　筛选结果

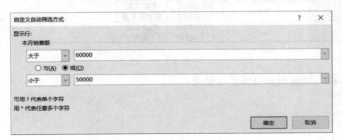

图 5-63　设置"自定义自动筛选方式"对话框　　图 5-64　"或"条件筛选结果

3. 分类汇总

在创建分类汇总前，需要确定分类的字段，并要将分类字段进行排序，以便对各类数据进行汇总计算。汇总的方式有计算、求和、平均值、最大值、最小值等。

例如，要对一个销售清单中各销售员的销售情况进行汇总，可在“销售员”列中单击任意单元格，再在“数据”选项卡中单击“排序和筛选”|“升序”按钮，先为销售员姓名按姓氏的首字母升序排序，然后，在“数据”选项卡中单击“分级显示”|“分类汇总”按钮，打开“分类汇总”对话框。在“分类字段”下拉列表框中选择“销售员”；在“汇总方式”下拉列表框中选择要使用的汇总方式，如“求和”；再在“选定汇总项”列表框中选择需要进行汇总的项目，如“销售金额”，然后单击“确定”按钮，可以看到工作表中数据按销售员对销售金额进行了求和，结果如图 5-65 所示。

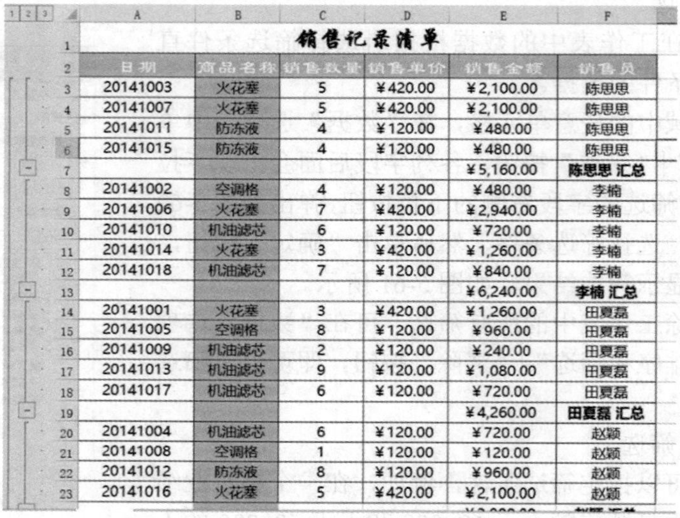

	A	B	C	D	E	F
1	销售记录清单					
2	日期	商品名称	销售数量	销售单价	销售金额	销售员
3	20141003	火花塞	5	¥420.00	¥2,100.00	陈思思
4	20141007	火花塞	5	¥420.00	¥2,100.00	陈思思
5	20141011	防冻液	4	¥120.00	¥480.00	陈思思
6	20141015	防冻液	4	¥120.00	¥480.00	陈思思
7					¥5,160.00	陈思思 汇总
8	20141002	空调格	4	¥120.00	¥480.00	李楠
9	20141006	火花塞	7	¥420.00	¥2,940.00	李楠
10	20141010	机油滤芯	6	¥120.00	¥720.00	李楠
11	20141014	火花塞	3	¥420.00	¥1,260.00	李楠
12	20141018	机油滤芯	7	¥120.00	¥840.00	李楠
13					¥6,240.00	李楠 汇总
14	20141001	火花塞	3	¥420.00	¥1,260.00	田夏磊
15	20141005	空调格	8	¥120.00	¥960.00	田夏磊
16	20141009	机油滤芯	2	¥120.00	¥240.00	田夏磊
17	20141013	机油滤芯	9	¥120.00	¥1,080.00	田夏磊
18	20141017	机油滤芯	6	¥120.00	¥720.00	田夏磊
19					¥4,260.00	田夏磊 汇总
20	20141004	机油滤芯	6	¥120.00	¥720.00	赵颖
21	20141008	空调格	1	¥120.00	¥120.00	赵颖
22	20141012	防冻液	8	¥120.00	¥960.00	赵颖
23	20141016	火花塞	5	¥420.00	¥2,100.00	赵颖

图 5-65　分类汇总结果

默认情况下，分类汇总后数据分三级显示，单击工作表左上角的相应数字分级按钮，可更改当前显示级别，如想以 2 级显示汇总结果，就单击数字 2，如图 5-66 所示。

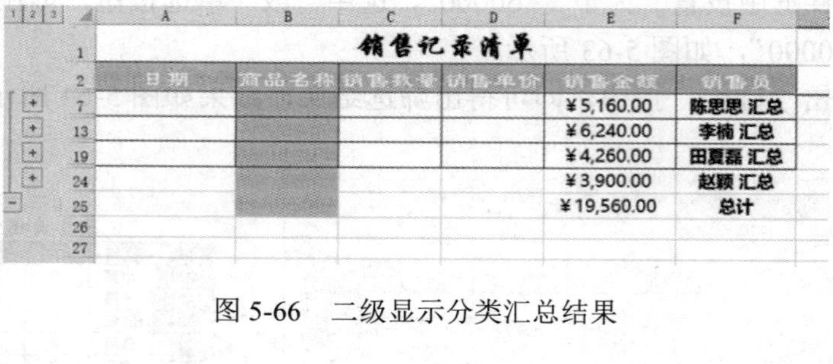

	A	B	C	D	E	F
1	销售记录清单					
2	日期	商品名称	销售数量	销售单价	销售金额	销售员
7					¥5,160.00	陈思思 汇总
13					¥6,240.00	李楠 汇总
19					¥4,260.00	田夏磊 汇总
24					¥3,900.00	赵颖 汇总
25					¥19,560.00	总计
26						
27						

图 5-66　二级显示分类汇总结果

5.3.5　知识拓展

1. 高级筛选

高级筛选是指复杂的条件筛选，可能会执行多个筛选条件。高级筛选要求在工作表中指定一个空白区域用于存放筛选条件，这个区域为条件区域。

例如，要在图 5-68 所示的表格中筛选性别为女且年龄大于 30 的人员，可将列标题复制到空白单元格区域，然后在其下方输入筛选条件，如图 5-67 所示。

图 5-67　在条件区域输入筛选条件

选择任意数据源单元格，在"数据"选项卡中单击"排序和筛选"|"高级"按钮，打开"高级筛选"对话框。可以看到在"列表区域"框中默认显示了数据源区域，如图 5-68 所示。

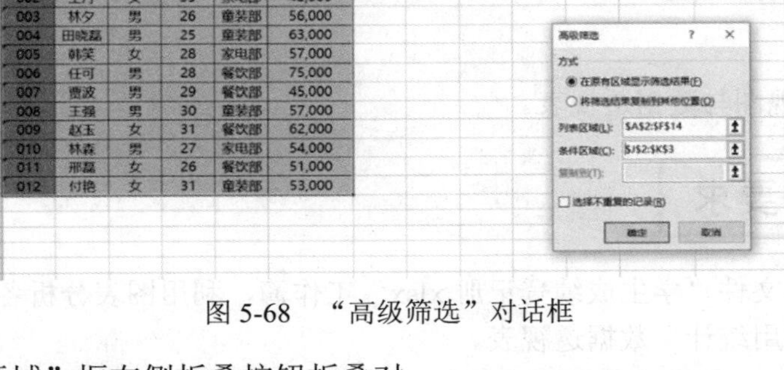

图 5-68　"高级筛选"对话框

单击"条件区域"框右侧折叠按钮折叠对话框，在工作表中选择条件区域，然后返回对话框，单击"确定"按钮，即可得出筛选结果，如图 5-69 所示。

2. 删除分类汇总

当不再需要在工作表中显示汇总结果时，

图 5-69　高级筛选结果

可以将分类汇总进行删除。方法是打开"分类汇总"对话框，单击"全部删除"按钮。删除分类汇总后，数据以常规的状态显示。

5.3.6 技能训练

练习：

合并计算期末成绩表：

1．打开原始文件"信息 1 班期末成绩单.xlsx 工作簿"。

2．计算总分。在 G 列，使用 SUM 函数计算各个同学的总分。

3．排序。按照总分进行排名。

4．条件格式。将不及格的科目分数，以浅红填充色深红色文本突出显示。

5．表格演示。套用表格样式：表样式中等深浅 17。

6．筛选。筛选出计算机分数高于 90 分并且总分为 400 分以上的同学。

结果如图 5-70 所示。

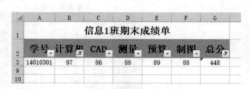

图 5-70　"信息 1 班期末成绩单"完成图

—□ 任务 5.4　图表与数据透视表 □—

5.4.1 任务要点

◆ 图表。

◆ 数据透视图与数据透视表。

5.4.2 任务要求

1．打开原始文件"学生成绩登记册.xlsx"工作簿，利用图表分析各科试题难易度。

2．创建"费用统计"数据透视表。

5.4.3 实施过程

1．利用图表分析各科试题难易度

（1） 打开"学生成绩登记册.xlsx"工作簿。

（2） 进入"成绩分析"工作表，选择 C4:C24、F4:G24 两个单元格区域，在"插入"

选项卡中单击"图表"|"插入柱形图或条形图"按钮，在弹出的菜单中选择"簇状柱形图"图标，生成图表，如图 5-71 所示。

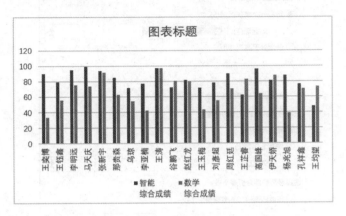

图 5-71　簇状柱形图

（3）选择图表中的"图表标题"，修改为"成绩分析"，设为黑体、18 号、加粗。

（4）适当调整图表大小，在图表下方插入文本框，内容为"成绩分析：根据图表分析智能成绩普遍偏高，数学成绩普遍偏低，出题难度适当。"，将其字号设为 14 号，如图 5-72 所示。

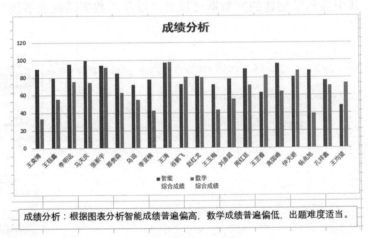

图 5-72　成绩分析图表的完成效果

2. 创建"费用统计"数据透视表

（1）打开"2019 年度税收统计.xlsx"工作簿。

（2）在"插入"选项卡中单击"表"|"数据透视表"按钮，打开"创建数据透视图"对话框，如图 5-73 所示。

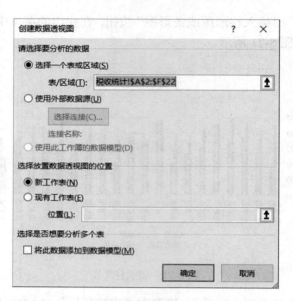

图 5-73　"创建数据透视图"对话框

（3）　单击"表/区域"框右侧的折叠按钮折叠对话框，在工作表中选中 A2:F22 单元格区域，然后返回对话框，选中"新工作表"单选按钮，单击"确定"按钮。此时会创建一个新工作表，其中显示了创建的空数据透视表，以及"数据透视表字段"任务窗格，如图 5-74 所示。

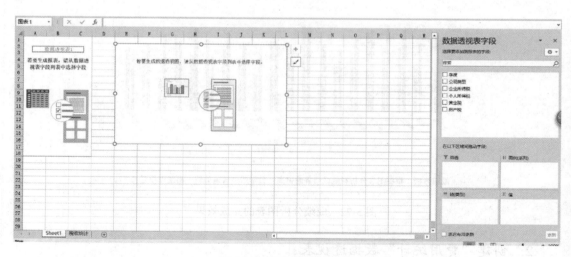

图 5-74　创建数据透视表

（4）　在"数据透视表字段"任务窗格中勾选相应的字段，如"季度""公司类型""企业所得税"等，将这些字段的数据添加到数据透视表中，如图 5-75 所示。

图 5-75　在数据透视表中添加数据字段

（5）单击"季度"字段中的折叠按钮 ▬，更改字段布局，如图 5-76 所示。

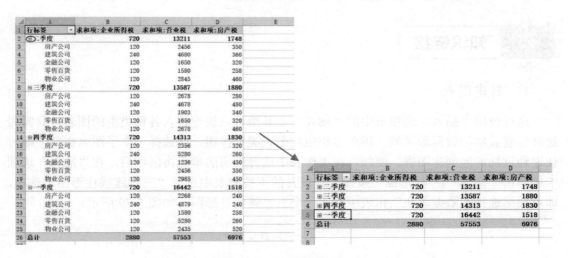

图 5-76　更改字段布局

（6）筛选报表中的数据。单击"季度"后（B2 单元格中）的下拉按钮，并选中"选择多项"复选框，设置需要筛选的字段，如清除"一季度"和"四季度"复选框，再单击"确定"按钮，设置如图 5-77 所示。此时可以看到报表中的数据对页字段进行了筛选，剩下二、三季度的数据。单击"行标签"后的下拉按钮，在展开的下拉列表中选择"升序"选项，再次单击"行标签"后的下拉按钮，并清除"物业公司"复选框，然后单击"确定"按钮。可以看到报表中没有"物业公司"数据了，所有部门按升序排序，如图 5-78 所示。

图 5-77　报表筛选设置　　　　　图 5-78　通过"行标签"筛选后的结果

5.4.4　知识链接

1. 创建图表

通过使用"插入"选项卡中的"图表"工具组可以快速插入各种类型的图表，只需先选择创建表格的数据源区域，再单击相应的图表类型按钮，并选择一个子图表类型，即可快速通过功能区创建图表。例如，在工作表中选择所需的单元格区域后，在"插入"选项卡中单击"图表"|"柱形图"按钮，在展开的下拉列表中选择"三维簇状柱形图"选项，即可根据选择的数据源在工作表中创建一个三维簇状柱形图，如图 5-79 所示。

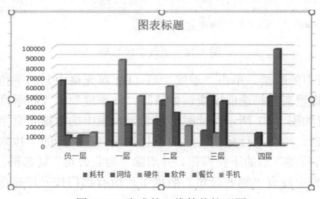

图 5-79　生成的三维簇状柱形图

2. 更改图表

创建图表后，如果对图表不满意，可以对其进行更改。例如更改图表在工作表中显示的位置、图表的大小、图表的数据源区域、图表的类型等。

（1）　更改图表的位置。

如果希望创建的图表在其他位置显示，那么可以更改图表的位置。更改图表的位置时，可以直接在工作表中拖动图表来调整其位置，也可以通过"移动图表"对话框将其移动到其他的工作表中。

在工作表中直接拖动图表将鼠标指针移动图表上方，当鼠标指针呈十字箭头状时进行拖动。拖至目标位置释放鼠标，此时可看到图表的位置已更改。

（2）　调整图表的大小。

① 调整图表高度：将鼠标指针移至图表上方或下方边框的控制点上，当鼠标指针变成双向箭头形状时，按住鼠标左键进行拖动到合适高度后释放鼠标即可。

② 调整图表宽度：将鼠标指针移至图表左侧或右侧边框的控制点上，当鼠标指针变成双向箭头形状时，按住鼠标左键进行拖动。

③ 同时调整图表的高度和宽度：将鼠标指针移至图表的对角控制点上，当鼠标指针变成双向箭头形状时，按住鼠标左键进行拖动，即可同时调整图表高度和宽度。

（3）　更改数据源。

如果希望在图表中表现另一组数据，可在图表区域右击鼠标，然后在弹出的快捷菜单中选择"选择数据"命令，打开如图 5-80 所示的"选择数据源"对话框，在"图表数据区域"文本框中设置图表区域，也可单击其右侧的折叠按钮折叠对话框，在工作表中选择目标数据区域。选择后返回对话框，单击"确定"按钮即可更改数据源数据。

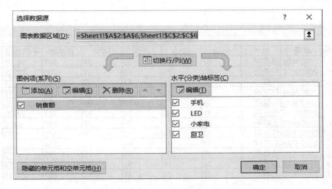

图 5-80　"选择数据源"对话框

3. 数据透视表和数据透视图

使用数据透视表可以用来汇总、分析、浏览和呈现汇总数据。数据透视图通过对数据透视表中的汇总数据添加可视化效果来对其进行补充，以便用户轻松查看。借助数据透视表和数据透视图，用户可对企业中的关键数据做出明智决策。此外，还可以连接外部数据源（例如 SQL Server 表、SQL Server Analysis Services 多维数据集、Azure Marketplace、Office 数据连接（.odc）文件、XML 文件、Access 数据库和文本文件），创建数据透视表，或使用现有数据透视表创建新表。

职称结构统计图制作

5.4.5 知识拓展

1. 应用数据透视表样式

创建数据透视表后，单击数据透视表中数据区域的任一单元格，功能区中会出现数据透视表工具，在数据透视表工具的"设计"选项卡中展开数据透视表样式库，选择所需要的样式，即可将该样式应用到当前数据透视表中。

2. 更改数据透视表的布局

在数据透视表工具的"设计"选项卡中单击"图表布局"|"快速布局"按钮，然后在展开的下拉列表中选择所需图标，即可快速更改数据透视表的布局。

5.4.6 技能训练

练习一：

（1） 创建如图 5-81 所示的考试成绩统计表，将姓名和各科成绩字段制成条形图，然后将其更改为柱形图。

学号	姓名	外语	政治	数学	语文	总成绩	平均成绩
				考试成绩统计表			
20020601	张成祥	97	94	93	93	377	94.25
20020602	唐来云	80	73	69	87	309	77.25
20020603	张雷	85	71	67	77	300	75
20020604	韩文歧	88	81	73	81	323	80.75
20020605	郑俊霞	89	62	77	85	313	78.25
20020606	马云燕	91	68	76	82	317	79.25
20020607	王晓燕	86	79	80	93	338	84.5
20020608	贾莉莉	93	73	78	88	332	83
20020609	李广林	94	84	60	86	324	81
20020610	马丽萍	55	59	98	76	288	72
20020611	高云河	74	77	84	77	312	78
20020612	王卓然	88	74	77	78	317	79.25

图 5-81　数据示例

（2） 将如图 5-81 所示的考试成绩统计表创建为数据透视表，添加姓名和总成绩、平均成绩字段。

练习二：综合项目实例练习

1. 编辑项目练习工作簿

打开素材文件夹"药品出入库记录表.xlsx"工作簿，再打开 Sheet1 工作表，重命名为"药品出入库记录表"，并完成以下操作：

（1）完成表格空白字段，注意公式关系如下：

① "运费+其他"等于进货金额的 1%；

② "成本合计"等于进货金额+"运费+其他";

③ "卖出单价"是"进货单价"的 110%;

④ "收入合计"等于卖出单价*"卖出数量";

(2) 在表格最右侧添加"扣税"和"利润"列,并计算出其金额:

① "扣税"计算方法为:("卖出单价"-"进货单价")*"卖出数量"*"扣率"

② "利润"计算方法为: "收入合计"-"进货单价"*"卖出数量"-"运费+其他"-"扣率;

(3) 调整表内字体和大小,绘制表格框线,使整个图表美观。

(4) 设置行高、列宽,冻结窗格,为标题及内容设置底纹。

(5) 取"成本合计","收入合计","利润合计"三个数据完成柱形图,并添加标题,设置相应格式,效果如图 5-82 所示。

图 5-82　药品出入库记录表完成图

2. 函数应用

打开 Sheet2 工作表,重命名为"医院病人护理统计表",如图 5-83 所示,并完成以下操作。

医院病人护理统计表									
编号	姓名	性别	科室	入住时间	护理级别	护理价格	出院时间	护理天数	护理费用（元）
A001	李冰洁	女	内科	2009/1/10	一般护理		2009/2/14		
A002	李琦	男	外科	2009/5/11	中级护理		2009/5/15		
A003	郭华芳	女	儿科	2009/6/12	一般护理		2009/6/28		
A004	张仑	女	内科	2009/2/13	中级护理		2009/3/17		
A005	姜星宇	男	外科	2009/5/17	中级护理		2009/8/18		
A006	沈晓凤	女	儿科	2009/5/15	高级护理		2009/5/19		
A007	陈小璐	女	内科	2009/2/10	一般护理		2009/3/20		
A008	金灏	女	外科	2009/5/7	高级护理		2009/5/21		
A009	江洋	男	儿科	2009/5/18	一般护理		2009/6/22		
A010	李梅	女	内科	2009/5/14	一般护理		2009/5/23		
A011	唐恩芝	女	外科	2009/4/20	一般护理		2009/4/24		
A012	梁婷婷	女	儿科	2009/5/21	中级护理		2009/5/25		
A013	胡伊甸	女	内科	2009/5/1	高级护理		2009/6/26		
A014	王文婷	女	外科	2009/7/23	高级护理		2009/7/27		
A015	张莹莹	女	儿科	2009/5/24	中级护理		2009/6/28		
A016	刘琪	女	内科	2009/5/2	中级护理		2009/6/1		
A017	王超	男	外科	2009/5/26	一般护理		2009/6/2		
A018	杜佳静	女	儿科	2009/8/2	高级护理		2009/8/3		

护理价格表		
类别	价格（元/天）	人数
一般护理	￥ 80.00	
中级护理	￥ 120.00	
高级护理	￥ 240.00	

条件区域一：

情况	结果
中级护理天数>30天的女性人数：	

条件区域二：

情况	结果
护理级别为高级护理的费用总和：	

图 5-83　医院病人护理统计表

① 使用公式和函数，按要求准确填上表格中空白处数据。

② 使用到的函数有：VLOOKUP，COUNTIF，DCOUNTA，DSUM。

③ 注意公式函数中单元格的引用方式。

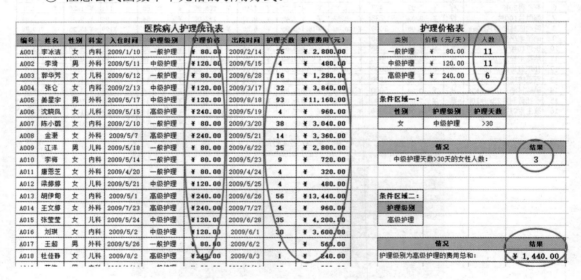

图 5-84　医院病人护理统计表完成图

3．透视图制作

利用任务 2 中的"医院病人护理统计表"工作表，按主关键字"科室"，次关键字"护理级别"进行排序，并完成以下操作：

① 生成数据透视表到一新工作表中，并将新工作表重命名为"护理费用分析图"，如图 5-85 所示。

② 将透视表数据，用"选择性粘贴"只将"值"复制至空白区域，计算出"科室"及相同"科室"下不同"护理级别"占总费用的比例，并调整好数据格式。

③ 根据调整后的数据格式，画出分析图表，并调整标签、图表、背景等的格式，使图表美观。

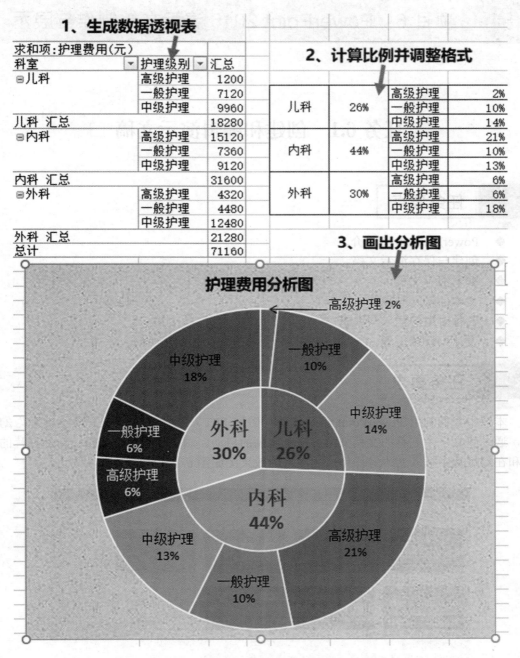

图 5-85　医院病人护理费用数据分析完成图

项目 6　PowerPoint 2016 演示文档制作与展示

─┤ **任务 6.1　创建和编辑演示文稿** ├─

6.1.1　任务要点

- ◆　PowerPoint 2016 简介。
- ◆　创建与保存演示文稿。
- ◆　编辑演示文稿。
- ◆　文本的输入与编辑。
- ◆　各种对象的插入与编辑。
- ◆　设计幻灯片主题。

6.1.2　任务要求

本节中我们利用 PowerPoint 演示文稿（俗称 PPT），制作一份"公司年会流程"幻灯片，通过建立一个完整的文稿来学习演示文稿的启动、浏览、新建、编辑、新幻灯片的插入和在幻灯片中插入文本等操作。完成后的效果图如图 6-1 所示。

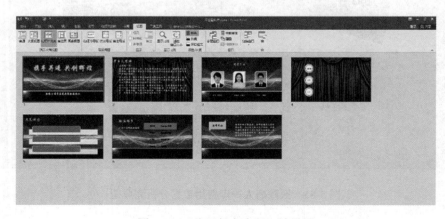

图 6-1　"公司年会流程"效果图

1. 启动 PowerPoint 2016。

2. 建立一个新演示文稿，保存名为"公司年会流程"。

3. 为"公司年会流程"演示文稿插入新幻灯片，共由 7 张幻灯片组成。

4. 设计幻灯片版式和背景，分别设置为标题版式和标题与内容版式。

5. 在第二页中添加文本框，输入文字。

6. 在第三页中添加图片。

7. 在第四页中添加自选图形。

8. 在第五页中添加 SmartArt 图形。

9. 在第六页中添加表格。

10. 关闭和保存演示文稿。

6.1.3 实施过程

1. 启动 PowerPoint 2016

常规启动是在 Windows 操作系统中最常用的启动方式，即通过"开始"菜单启动。单击"开始"按钮，在弹出的菜单中选择"PowerPoint 2016"命令，即可启动 PowerPoint 2016，进入"开始"页面，如图 6-2 所示。

图 6-2　PowerPoint 2016 启动界面

2. 新建演示文稿

在"开始"页面中单击"空白演示文稿"图标，创建一个默认包含一张标题版式幻灯片的演示文稿，如图 6-3 所示。

PowerPoint 新建演示文稿

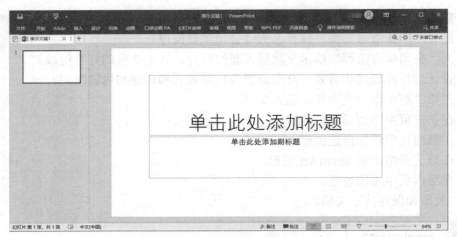

图 6-3　新空白演示文稿

3.　设置公司年会宣传片背景

（1）　在"设计"选项卡中单击"自定义"|"设置背景格式"按钮，在程序窗口右侧显示"设置背景格式"窗格，选中"图片或纹理填充"单选按钮，如图 6-4 所示。

（2）　在"图片源"选项组中单击"插入"按钮，从打开的对话框中选择"年会背景.jpg"图片。

（3）　设置后，单击"设置背景格式"窗格底部的"应用到全部"按钮，为所有幻灯片应用所选背景。

PowerPoint 设置幻灯片
背景图案

4.　制作"年会宣传片"标题页

（1）　输入文字：单击标题文本框，输入标题文字"携手并进 共创辉煌"，设置为华文行楷、88 号，并通过拖动的方式将标题文本框放置到合适位置；单击"单击此处添加副标题"文本框，输入文字并设置为华文行楷、32 号，即可完成第一张"标题"幻灯片的制作，如图 6-5 所示。

图 6-4　设置幻灯片背景图片

图 6-5　编辑幻灯片标题页

5. 制作第二页"董事长致辞"

（1）新建一页幻灯片。

在"开始"选项卡中单击"幻灯片"|"新建幻灯片"按钮，在弹出的菜单中选择"标题和内容"版式，在标题幻灯片后面添加了一张"标题和内容"版式的新幻灯片。

（2）设置背景图片。

设置"舞台幕布"为本页背景。

（3）输入文字。

单击标题占位符，输入标题"董事长致辞"，在文本占位符中输入文字，然后按"Enter"键换行，输入后续文本，完成效果如图 6-6 所示。

图 6-6　"董事长致辞"页效果图

6. 制作其他幻灯片

参照第二页幻灯片的插入方法插入第 3～7 页幻灯片，然后按下列方法进行制作。

（1）第 3 页：选择"内容与标题"版式，输入效果图中的文字，分别插入图片"员工 1"～"员工 3"，设置合适大小并设置图片样式为"圆形对角，白色"，完成后的效果如图 6-7 所示。

（2）第 4 页：修改版式，添加文字与图片，完成后的效果如图 6-8 所示。

（3）第 5 页：插入 SmartArt 图形制作节目单，完成后的效果如图 6-9 所示。

（4）第 6 页：插入表格，制作抽奖环节奖励说明，完成后的效果如图 6-10 所示。

（5）第 7 页：插入自选图形并编辑文字，完成后的效果如图 6-11 所示。

图 6-7 "优秀员工"效果图

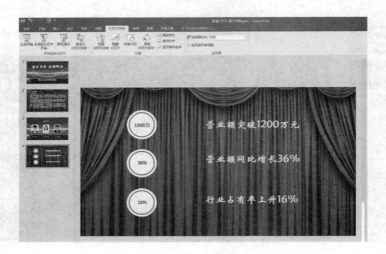

图 6-8 "回首 2018"效果图

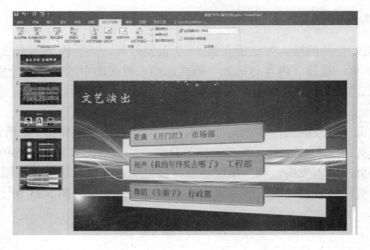

图 6-9 "文艺演出"效果图

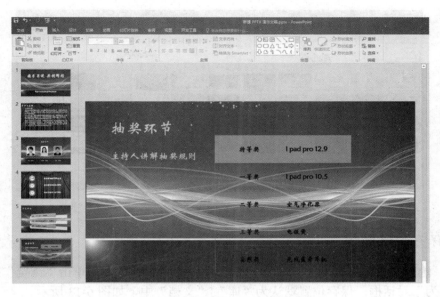

图 6-10　"抽奖环节"效果图

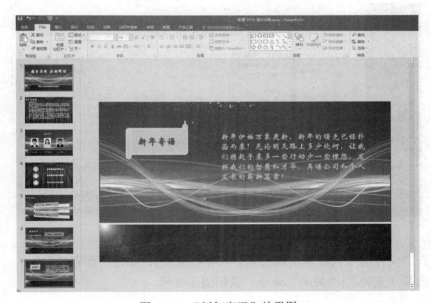

图 6-11　"新年寄语"效果图

7. 添加设计主题

在"设计"选项卡中展开"主题"列表框，选择合适的模板。如为第二页幻灯片选择
"波形"选项，如图 6-12 所示。

图 6-12　设计主题列表

8. 保存和退出

（1）　选择"文件"|"保存"命令，切换到"另存为"页面，单击"浏览"按钮，打开"另存为"对话框，保存位置默认为"库"|"文档"中，如图 6-13 所示。

图 6-13　"另存为"对话框

（2）　在"文件名"列表框中输入"公司年会流程"，单击"保存"按钮。

（3）　选择"文件"|"关闭"命令，关闭演示文稿。

6.1.4　知识链接

1. PowerPoint 2016 简介

PowerPoint 2016 采用了全新的开始界面，启动应用程序后不是直接进入空白文档，而是先进入开始页面，让用户选择从哪里开始，当选择了开始方式后，才正式进入工作界面（参见图 6-2 和图 6-3）。PowerPoint 2016 的工作界面与其他 Office 程序一样有着一些共同元素，如标题栏、菜单栏、功能区、工作区、状态栏等。与其他程序不同的是，PowerPoint

2016 的工作区由幻灯片窗格和编辑区两个部分组成,幻灯片窗格中显示幻灯片缩略图,可以进行幻灯片的切换和编辑(如删除、复制、移动等),编辑区中则可以对当前幻灯片进行内容编辑,如图 6-14 所示。

图 6-14　PowerPoint 2016 窗口界面

2.　创建和保存演示文稿

(1)　创建演示文稿。

主要有以下几种:

方法一:在"开始"页面中,单击"空白演示文稿"图标,创建一个新空白演示文稿。

方法二:在"开始"页面单击左侧边栏中的"新建"按钮,或者在程序主窗口中选择"文件"|"新建"命令,跳转到"新建"页面,单击"空白演示文稿"图标,创建一个新空白演示文稿。

方法三:在快速访问工具栏中单击"新建"按钮,创建一个新空白演示文稿。

方法四:按下"Ctrl+N"组合键,创建一个新空白演示文稿。

方法五:在"开始"页面中单击"更多主题"超链接文本,或者在程序主界面中选择"文件"|"新建"命令,跳转到"新建"页面,向下拖动滚动条,选择并单击系统提供的模板图标,基于模板创建一个具有一定格式和内容的演示文稿。

(2)　保存演示文稿。

主要有以下几种:

方法一:选择"文件"|"保存"命令。

方法二:使用"Ctrl+S"组合键。

方法三:直接单击"保存"按钮。

方法四:选择"文件"|"另存为"命令。

使用前三种方法保存演示文稿时,如果是第一次保存,系统会弹出"另存为"对话框,即可对演示文稿进行更名。使用第四种方法可以对当前演示文稿保存副本,或变更成另外一个文件名进行保存。

3. 编辑演示文稿

（1）插入幻灯片。

在"开始"选项卡中单击"幻灯片"|"新建幻灯片"按钮，默认会插入一张"标题与内容"版式的幻灯片，如果想要插入其他版式的幻灯片，可单击"新建幻灯片"按钮下方的下拉按钮，在弹出的面板中选择幻灯片的版式。

（2）复制幻灯片。

在幻灯片窗格中选中需要复制的幻灯片，右击，在弹出的快捷菜单中选择"复制幻灯片"命令，即可在所选择的幻灯片下方复制一个与其相同的幻灯片，同时幻灯片窗格中幻灯片的序号也随之发生了变化。

（3）删除幻灯片。

在幻灯片窗格中选中要删除的幻灯片，按下"Delete"键，或者右击所选幻灯片，在弹出的菜单中选择"删除幻灯片"命令，即可将选中的幻灯片删除，同时幻灯片窗格中幻灯片的序号也随之发生了变化。

4. 输入文本

（1）在文本占位符中添加文本。

大部分幻灯片版式中都包含文本占位符，有些文本占位符中只能输入文本，而有些文本占位符中既可以输入文本，也可以插入其他对象，如图 6-15 所示。

PowerPoint 编辑文本、创建形状图形

图 6-15　幻灯片中的文本占位符

按照文本占位符中的文字提示单击鼠标，即可使文本占位符进入编辑状态，直接键入或粘贴文本即可。占位符的大小通常是固定的，如果输入的文本内容超过了占位符的大小，PowerPoint 会在键入文本时以递减方式减小字体大小和行间距，使文本适应占位符的大小。

（2）在文本框中添加文本。

在"插入"选项卡中单击"文本"|"文本框"按钮，即可在幻灯片中插入一个文本框，单击"文本框"按钮下方的下拉按钮，还可在弹出的下拉菜单中选择是插入横排文本框还是竖排文本框。插入文本框后，在文本框中单击，即可键入或粘贴文本。

5. 图片的插入与编辑

在"插入"选项卡中单击"插图"|"图片"按钮，打开"插

PowerPoint 创建图片对象

入图片"对话框，在"查找范围"下拉列表中选择所需图片，然后单击"插入"按钮，选中的图片就会被插入到幻灯片中。插入图片后，可以调整其大小和位置。

（1）设置图片大小。

单击需要调整的图片，在图片的周围即会有 8 个控点，如图 6-16 所示。此时，鼠标放在任何一个控点上，拖动鼠标，即会改变图片的大小。

图 6-16　改变图片的大小

（2）移动图片。

选定需要移动的图片，将鼠标放在控点以外的边框上，鼠标会变成十字箭头，此时拖动鼠标，即可移动图片。

6．插入表格

如果幻灯片中有对象占位符，直接在对象占位符中单击"插入表格"图标，打开"插入表格"对话框，输入列数和行数，单击"确定"按钮即可插入表格。例如，指定列数为2，行数为5，插入的表格如图 6-17 所示。

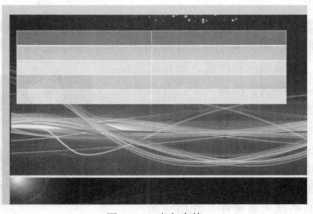

图 6-17　建立表格

如果要在没有占位符的幻灯片中插入表格，可以直接在"插入"选项卡中单击"表格"|"表格"按钮，在弹出的下拉列表框中选择"插入表格"命令，打开"插入表格"对话框。设置要插入表格的列数和行数，单击"确定"按钮，即可在幻灯片中直接插入表格。

插入表格后，即可在其中输入内容，并对表格中的文字进行格式化，格式化方式与 Word 表格的编辑方式相同。此外还可以使用表格工具的"设计"选项卡中的工具为表格应用表格样式、边框样式、填充样式等。

7. 插入 SmartArt 图形

PowerPoint 创建 SmartArt 图形

在幻灯片中的内容占位符中单击"插入 SmartArt 图形"图标，或者在"插入"选项卡中单击"插图"|"SmartArt"按钮，打开如图 6-18 所示的"选择 SmartArt 图形"对话框。在其中选择所需的图形样式，单击"确定"按钮，即会在幻灯片中插入相应图形。

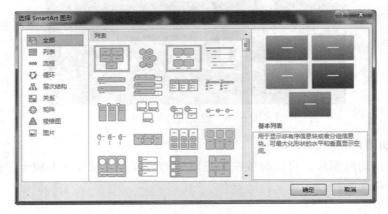

图 6-18　"选择 SmartArt 图形"对话框

在 SmartArt 图形自带的文本框中输入所需内容，再设置合适样式，即完成插入 SmartArt 图形操作。

8. 插入自选图形

在"插入"选项卡中单击"插图"|"形状"按钮，在弹出的下拉列表框中选择要插入的图形样式，如"圆形"，然后在幻灯片中单击或拖动，即可插入相应图形。插入的形状可以更改大小、位置、轮廓颜色和样式、填充颜色或图案等，此外还可以在形状中添加文字。方法是右击图形，在弹出的快捷菜单中选择"编辑文字"命令，使图形进入文字编辑状态，然后直接键入或粘贴文本即可。如图 6-19 所示的图形，即是将一个圆形设置为无轮廓，填充白色后，复制这个圆形并适当缩小，设置轮廓为红色加粗，并在图形中输入相应内容，然后将这两个圆形重叠在一起组成的。

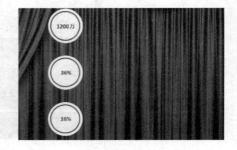

图 6-19　编辑形状

9. 主题的概念与应用

主题是一组格式选项，包括一组主题颜色、一组主题字体和一组主题效果。通过应用主题可以快速而轻松地设置文本内容的格式，设计出专业和时尚的外观。

要设置幻灯片主题，只需在"设计"选项卡中展开"主题"组的样式列表，从中选择一种合适的主题样式即可，如图 6-20 所示。

图 6-20　"主题"选项列表

6.1.5　知识拓展

1. 演示文稿的保存格式

在 PowerPoint 2016 中，演示文稿的扩展名为.pptx，当用户使用"保存"或"另存为"命令正常保存 PowerPoint 2016 演示文稿时，文件即被默认保存为 PPTX 格式。而传统演示文稿的扩展名为.ppt，这也就是人们常把演示文稿称为 PPT 的原因。如果要把 PowerPoint 2016 演示文稿保存为传统格式，可以打开"另存为"对话框，在"保存类型"下拉列表框中选择兼容模式，即"PowerPoint 97-2013 演示文稿"选项，如图 6-21 所示。按照这种方法，也可以将 PowerPoint 2016 演示文稿保存为其他所需的格式。

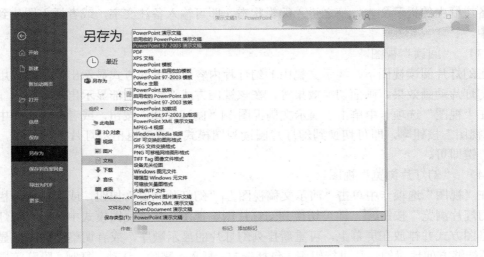

图 6-21　选择保存格式

2. 演示文稿的视图方式

PowerPoint 2016 提供了两种视图类型：演示文稿视图和母版视图。其中演示文稿视图有 5 种不同的视图窗口，分别是"普通视图""大纲视图""幻灯片浏览视图""备注页视图"和"阅读视图"。

PowerPoint 设置
演示者视图

（1） 普通视图。

普通视图中包含幻灯片窗格和编辑窗格两个部分，是编辑演示文稿比较常用的显示方式，如图 6-22 所示。

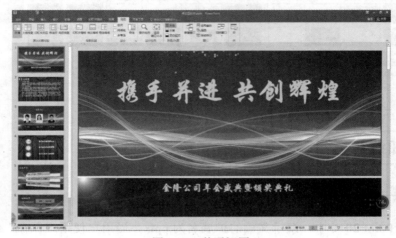

图 6-22　普通视图

（2） "备注页"视图。

备注页视图中包含两个部分，上半部分是幻灯片缩略图，下半部分是备注文本框，用户可以在备注文本框中为幻灯片添加需要的备注内容，也可以插入图片。

在"视图"选项卡中单击"演示文稿视图"|"备注页"按钮，即可切换到备注页视图，单击备注框中的提示文本，使之进入编辑状态，即可输入备注文字，或者插入图片到其他对象中。

（3） "阅读"视图。

在幻灯片阅读视图下，演示文稿中的幻灯片内容以全屏的方式显示出来，如果用户设置了幻灯片动画效果、画面切换效果等，在该视图方式下也会全部显示出来。

在"视图"选项卡中单击"演示文稿视图"|"阅读视图"按钮，或者在状态栏中单击"阅读视图"按钮📖，即可切换到幻灯片阅读视图模式。若要退出幻灯片阅读视图，按下"Esc"键即可。

（4） "幻灯片浏览"视图。

在"视图"选项卡中单击"演示文稿视图"|"幻灯片浏览"按钮，或者在状态栏中单击"幻灯片浏览"按钮⊞，即可切换到幻灯片浏览视图。在该视图模式中，所有幻灯片都以缩略图方式并排放在屏幕上，可重新排列幻灯片的显示顺序，或者调整缩略图的显示比例，还能够方便地对幻灯片进行组织，包括选定、插入、删除、移动、复制、隐藏等操作，以及设置幻灯片的切换效果，但不能对幻灯片中的内容进行编辑，如图 6-23 所示。

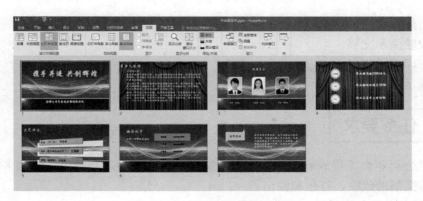

图 6-23   "幻灯片浏览"视图

（5）　"大纲"视图。

大纲视图是一种特殊的视图，只能通过使用功能区中的"大纲视图"工具进行切换。大纲视图是专供用户编辑文本用的，如幻灯片中的文字内容、备注文字等。

在"视图"选项卡中单击"演示文稿视图"｜"大纲视图"按钮，即可切换到大纲视图模式，可以看到在此视图中包含三个窗格，左侧为大纲窗格，用于编辑幻灯片中的文字内容；右侧上方为编辑区，显示幻灯片的完整样貌，也可以在此对幻灯片进行编辑；右侧下方为备注窗格，可在此添加备注文字，但不能添加图片。

6.1.6 技能训练

练习：

（1）　新建一个空白演示文稿，以"公司简介"为主题设计一个由 5 张幻灯片组成的幻灯片文件，完成后保存到桌面上，文件名为："公司简介.pptx"。

（2）　在第一页幻灯片制作标题：公司简介。

（3）　在第二页幻灯片中添加表格，输入公司各部门信息。

（4）　在第三、四页幻灯片中添加各部门图片，并结合文字说明。

（5）　在第五页中添加公司联系方式。

——□ 任务 6.2　演示文稿的设计、播放和输出 □——

6.2.1 任务要点

◆　母版。

◆　设置幻灯片背景。

◆　自定义动画。

◆ 幻灯片切换。

◆ 放映演示文稿。

◆ 打印演示文稿。

◆ 演示文稿的打包。

6.2.2　任务要求

　　完善"公司年会流程.pptx"演示文稿的制作，为其应用动画效果、添加多媒体元素，并完成演示文稿的放映、打包和输出。

　　1．打开"公司年会流程.pptx"文档。

　　2．对每张幻灯片添加切换效果。

　　3．对第一页文本框添加淡入淡出动画效果；对第四页图片添加进入动画效果；对第六页表格添加浮入进入动画效果；对第七页图表添加擦除进入动画效果；对第八页自选图形添加擦除进入动画效果。

　　4．在第一页中插入背景音乐，设置声音播放的文档最后一页。

　　5．在演示文稿最后新建一页，插入影片文件。

　　6．播放"公司年会流程.pptx"演示文稿。

　　7．设置幻灯片的放映方式及顺序。

　　8．添加墨迹注释。

　　9．在第一页制作礼花绽放特效；在第七页制作话筒飞入特效；在第六页制作金元宝下落动画特效。

　　10．设计幻灯片母版。

　　（1）设置文本字体：在右侧工作区中将"单击此处编辑母版标题样式"及下面的"第二级，第三级……"字符设置字体为华文新魏。

　　（2）设置文本段落：选中"第二级，第三级……"等字符，将段落中段前段后设置均为6磅，首行缩写2厘米，1.5倍行距。

　　（3）设置项目符号：选中"第二级，第三级……"等字符，设置菱形项目符号样式。

　　（4）选择"插入"|"页眉和页脚"命令，打开"页眉和页脚"对话框，切换到"幻灯片"选项卡下，对"日期和时间"选项组、页眉页脚区、数字区的文本进行格式化设置。

　　（5）将准备好的公司 logo 图片插入到母版中，使 logo 图片显示在每一个张幻灯片中，并且显示在相同位置上。

　　11．打印第六页幻灯片，黑白色。

　　12．将制作好的演示文稿保存成视频文件。

6.2.3　实施过程

1．打开演示文稿

　　打开"公司年会流程.pptx"演示文稿，如图 6-24 所示。

图 6-24　"公司年会流程"演示文稿

2．添加幻灯片切换效果

（1）使用"切换"选项卡中的工具，分别为 1～7 页幻灯片添加"淡出分割，悬挂，推进，框，翻转，溶解，摩天轮"等切换效果。

（2）在"切换"选项卡中单击"动画"|"效果选项"按钮，使用其中的命令将第一页"分割"动画效果调整为"中央向上下展开"，设置后将"持续时间"调整为"02.75"，如图 6-25 所示。

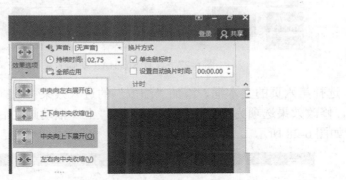

图 6-25　设置动画效果的效果和持续时间

（3）设置自动换片时间为 3 秒钟，单击"全部应用"按钮。

3．添加动画效果

（1）选择第一页"携手并进　共创辉煌"文本框，使用"动画"选项卡中的工具将其进入效果设置为"缩放"，效果选项设置为"对象中心"；播放顺序设置为与上一动画同时，"持续时间"调整为"01.00"，如图 6-26 所示。

PowerPoint 对象
动画效果的设置

（2）选择副标题"金隆公司年会盛典暨颁奖典礼"，添加"翻转式由远及近"的进入效果，效果选项为"整批发送"，播放顺序为上一动画之后，"持续时间"调整为"01.00"。

图 6-26　设置文本框的进入效果和持续时间

（3）选择第四页的自选图形，分别添加"形状"的进入效果，"持续时间"调整为"01.00"。

（4）选择第五页的 SmartArt 图形，添加"螺旋飞入"的进入效果，修改效果选项为"逐个级别"，动画播放顺序为与上一动画同时，如图 6-27 所示。

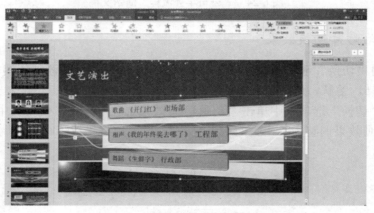

图 6-27　设置 SmartArt 动画效果

（5）选择第六页的文本框，添加"缩放"的进入效果；选择表格，添加"擦除"的进入效果，修改效果选项为"自左侧"，开始为"上一幅动画之后"，"持续时间"调整为"01.50"，如图 6-28 所示。

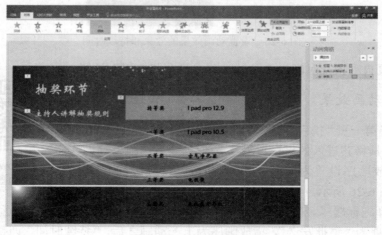

图 6-28　表格动画效果

4. 动画窗格效果

（1）选择第三页文本框"优秀员工"，添加"伸展"的进入效果，与上一动画同时；将图片 1、"赵旭 市场部"、图片 2、"孙潇潇 行政部"、图片 3、"李强 工程部"都设置为"擦除"的进入效果，三张图片的播放顺序都设置为"上一动画之后"，三个文本框的播放顺序都设置为"与上一动画同时"。

（2）选择第三页图片，在"动画"选项卡中单击"高级动画"|"动画效果"按钮，显示动画窗格，分别将代表三名员工部门、姓名的对话框动画移动到本人图片动画下面，如图 6-29 所示。

图 6-29 设置动画顺序

5. 插入声音

（1）打开幻灯片第一页，在"插入"选项卡中单击"媒体"|"音频"按钮，在弹出的菜单中选择"PC 上的音频"按钮，从打开的对话框中找到"庆典音乐.MP3"文件，将其插入到幻灯片中。

（2）选中刚才插入的喇叭图标，在功能区中会出现音频工具，其中包含"格式"和"播放"两个选项卡，在"播放"选项卡的"编辑"组中设置"淡出"时间为"01.50"；在"音频选项"组中设置开始为自动播放，并选中"跨幻灯片播放"和"循环播放，直到停止"两个复选框，如图 6-30 所示。

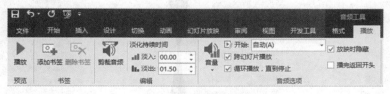

图 6-30 音频效果选项

（3）在动画窗格中将此声音移动到最前面。

6. 插入视频

（1）在幻灯片第七页中插入视频，在"插入"选项卡中选择"媒体"|"视频"按钮，

在弹出的菜单中选择"PC 上的视频"命令,在打开的对话框中找到"领导讲话.MP4"文件,将其插入到幻灯片中。

(2) 在视频工具中调整视频样式。

(3) 在动画窗格中调整视频播放效果。

7. 从头开始播放

PowerPoint 设置放映参数
及放映控制

(1) 在"幻灯片放映"选项卡中单击"开始放映幻灯片"|"从头开始"按钮,从演示文稿的第一张幻灯片开始放映演示文稿。

(2) 演示文稿放映时,可以利用鼠标来控制幻灯片的播放时间,单击一次鼠标左键,即可播放下一张幻灯片。

8. 设置排练计时播放方式

打开"幻灯片放映"选项卡当中的排练计时快捷键,重新播放幻灯片,用鼠标调节播放速度,播放结束后记住排练计时时间,再次播放就可以按照刚才排练计时调整的速度自动播放。

9. 制作礼花绽放特效

(1) 打开第一页幻灯片,在"插入"选项卡中单击"插图"|"形状"按钮,在弹出的菜单中选择流程图栏中的"流程图:对照"形状,在空白处画出对照图形,如图 6-31所示。

(2) 选择插入的对照图形,在绘图工具的"格式"选项卡中将其设置为无形状轮廓,再右击该形状,选择"设置形状格式"命令,显示"设置形状格式"窗格,选中"渐变填充"单选按钮,再单击渐变光圈下面的"停止点",选择浅绿色,如图6-32 所示。

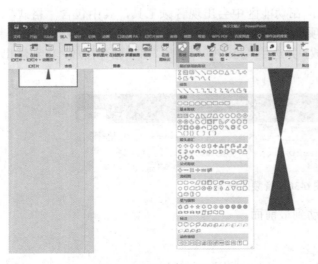

图 6-31 插入对照图形

图 6-32 设置渐变填充

（3）　选择对照图形，复制出同样的三个图形，通过拖动图形上方的旋转控点和调整位置使之中心重合，然后全选四个图形，复制同样的一组图形，并在"设置形状格式"窗格中为其设置浅蓝到深蓝的渐变填充，从而得到两组不同颜色的图形。

（4）　全选左边的绿色图形，右击，在弹出的快捷菜单中选择"大小和位置"命令，使"设置形状格式"窗格中显示"大小和位置"选项，将图形宽度设置为 0.1 厘米。使用同样的方法将右边的蓝色图形宽度也改为 0.1 厘米。改变线条宽度后，再次微调每根线条的位置，使中心点重合，然后分别选中所有绿色图形和所有蓝色图形，右击，在弹出的快捷菜单中选择"组合"命令，将绿色图形和蓝色图形分别组合在一起，如图 6-33 所示。

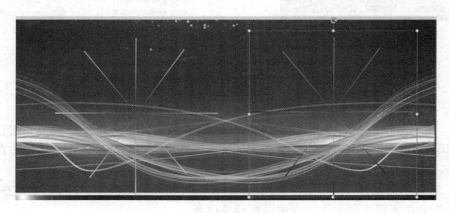

图 6-33　组合图形

（5）　选中蓝色的组合图形，复制一个同样的图形出来，在"设置形状格式"窗格中将其颜色设置为紫色到粉色的渐变填充。

（6）　通过拖动图形上方的旋转控件将三个图形分别旋转合适的角度，通过鼠标拖动的方式分别设置不同的大小，以使之呈现出层次感。再调整中心点的位置使之重合，这样一个烟花就做出来了，如图 6-34 所示。

（7）　选中图形，在"动画"选项卡中单击"高级动画"|"添加动画"按钮，为图形分别添加"缩放"的进入效果和"向外溶解"的退出效果。

（8）　选中已经设置好动画的图形，复制同样的三个图形出来，分别设置不同的渐变颜色，微调大小和旋转方向，放在页面的不同位置，这样我们就有了四个烟花图形，都自带进入退出的动画效果。

（9）　打开动画窗格，单击第一个组合，之后按住"Shift"键单击最后一个组合，全部选中刚才设置的图形动画，将所有组合图形动画移动到庆典音乐动画下面；然后将所有组合进入动画开始设置为"与上一动画同时"，"持续时间"调整为"02.00"；退出动画设置"持续时间"调整为"01.00"，"延迟"调整为"01.75"。目的是当缩放的进入效果没有播放完毕，就开始播放向外溶解的退出效果，看上去更自然。之后通过直接拖动动画窗格中的时间条的方法，将其余三个图形组合都设置为进入动画时间对齐上一动画消失时间，所有退出动画都在本图形进入动画即将播放完毕开始播放，如图 6-35 所示，到这里礼花绽放特效就制作完成了。

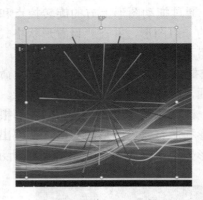

图 6-34   烟花效果图形

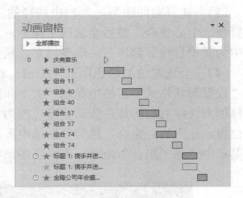

图 6-35   设置动画窗格

10.   制作话筒飞入特效

（1）   插入图片素材"金色话筒"。

（2）   选中图片，在图片工具的"格式"选项卡中单击"调整"|"颜色"按钮，在弹出的菜单中选择"设置透明色"命令，此时鼠标指针上会有一个画笔图案，单击图片中的白色部分，即可去掉金话筒图片的背景颜色。

（3）   选择话筒图片，调整至合适大小，移动到页面外的左侧方向，可以通过按住 Ctrl+鼠标滚轮的方式调整页面大小，方便调整话筒位置。

（4）   选择话筒图片，在"动画"选项卡中单击"高级动画"|"添加动画"按钮，在弹出的面板中选择"动作路径"栏的"直线"图标，系统默认绘制向下的直线路径。将路径的结束点移动到合适位置，如图 6-36 所示。

图 6-36   设置动作路径

（5）   将该页标题"董事长致辞"文本框的内容和文本框都设置为擦除的进入效果，效果选项分别为"自左侧"和"自顶部"，然后在动画窗格中将话筒的动画移动到两个文本之间；将"董事长致辞"文本框的开始动作设置为"与上一动画同时"；将图片和内容文本框开始动作都设置为"上一动画之后"，使它们依次播放，"持续时间"调整为"01.00""02.00""03.00"，如图 6-37 所示。

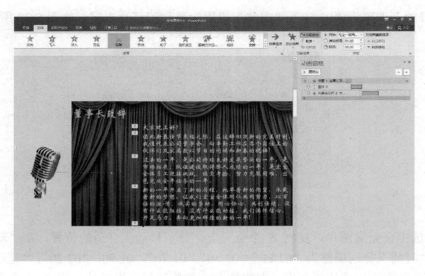

图 6-37　设置动画窗格

11. 制作金元宝下落特效

（1）　插入图片素材"金元宝"。

（2）　选中图片，设置透明色，完成无背景的金元宝图片。

（3）　选择话筒图片，调整至合适大小，移动到页面外的上方，可以通过按住 Ctrl+鼠标滚轮的方式调整页面大小，方便调整金元宝位置；选中金元宝，在"动画"选项卡中单击"添加动画"按钮，在弹出的面板中选择"动作路径"栏的"直线"图标设置动作路径，并将路径结束点向下拉到合适位置，如图 6-38 所示。

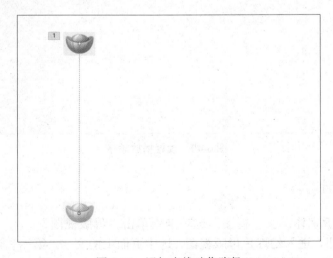

图 6-38　添加直线动作路径

（4）　打开动画窗格，将金元宝的动画移动至最前面，设置"开始时间"为"与上一动画同时"；"持续时间"调整为"01.50"；打开"效果选项"对话框，取消平滑结束，设置"平滑开始"调整为"01.50","重复"设置为直到幻灯片末尾,如图 6-39 所示。

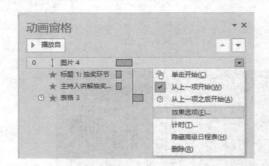

图 6-39 选择"效果选项"命令

(5) 选中金元宝图片,复制 5 个金元宝,分别移动到合适的位置,在"动画"窗格里将"持续时间"分别调整为"01.80""02.30""01.70""01.90""02.20";"延迟"设置为"0.2~0.3";改变动作直线的长度,并将结束点都移动到页面以外,使 6 个金元宝下落的时间速度不一样。

(6) 在动画窗格里将所有金元宝图片动画都设置到最前面,完成金元宝动作特效,如图 6-40 所示。

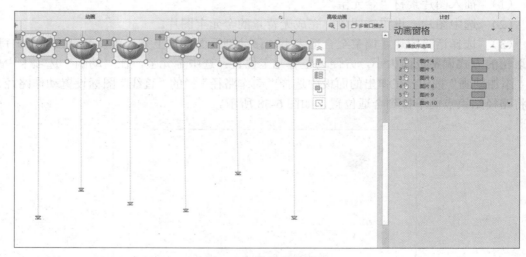

图 6-40 设置播放顺序

12. 母版设计

PowerPoint 修改
幻灯片母版

(1) 设置母版字体:在"视图"选项卡中单击"母版视图"|"幻灯片母版"按钮,进入幻灯片母版视图,选中页面上的文字"第二级,第三级……",设置其字体为"华文新魏",如图 6-41 所示。

(2) 设置文本段落:选中"第二级,第三级……"等字符,右击,在弹出的快捷菜单中选择"段落"命令,打开"段落"对话框,设置"段前""段后"均为"6 磅","度量值"为"2 厘米","行距"为"1.5 倍行距",如图 6-42 所示。

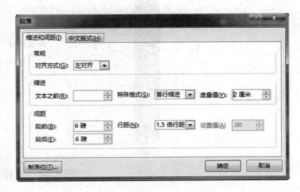

图 6-41　母版字体设计　　　　　　　　　图 6-42　母版段落设计

（3）设置项目符号：选中"第二级，第三级……"等字符，右击，在弹出的快捷菜单中选择"项目符号"子菜单中的菱形项目符号样式。

（4）设置页眉与页脚：在"插入"选项卡中单击"文本"|"页眉和页脚"按钮，打开"页眉和页脚"对话框，在"幻灯片"选项卡中的"日期和时间"选项组的时间设置为"2019/12/25"；选中"幻灯片编号"复选框，并设置页脚为"预祝庆典圆满成功！"，如图6-43所示。

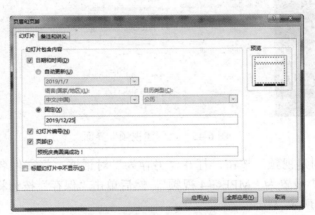

图 6-43　设置页眉和页脚

（5）设置公司 logo：在母版第一页上插入"公司 logo.jpg"图片，在图片工具的"格式"选项卡中单击"调整"|"删除背景"按钮，将其背景删除，然后将"图片格式"设置为"矩形投影"，调整合适大小并移动到页面右下角。在"幻灯片母版"选项卡中单击"关闭"|"关闭母版视图"按钮，回到"常规"页面视图。

13. 演示文稿的打印

（1）选择"文件"|"打印"命令，切换到"打印"界面，如图 6-44 所示。

（2）在"打印"设置选项中，选择"自定义范围"选项，在"幻灯片"文本框中输入"6"，在"颜色"下拉列表框中选择"纯黑白"命令。

图 6-44　"打印"界面

14. 保存演示文稿

（1）选择"文件"|"导出"命令，切换到"导出"界面，选择"创建视频"选项，在右侧下拉列表框中选择视频质量为"低质量"，使用录制的计时和旁白，如图 6-45 所示。

图 6-45　"创建视频"界面

（2）单击"创建视频"按钮，打开"另存为"对话框，将文件名改为"年会宣传片视频"，"保存类型"设置为"MPEG-4 视频"，然后单击"保存"按钮将演示文稿制作成视频文件，如图 6-46 所示。

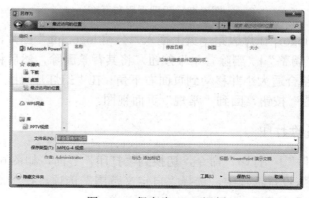

图 6-46　保存为 MP4 视频

15. 播放演示文稿

在保存文件的目录下找到保存的"公司宣传片视频.MP4"文件,执行该文件即可放映演示文稿。

6.2.4 知识链接

1. PowerPoint 中的动画效果

PowerPoint 中的动画效果可分为自定义动画和切换效果动画两种动画效果,前者是指为幻灯片中的文本和对象设置的动画效果,后者则是指幻灯片在放映过程中后一张幻灯片替换前一张幻灯片时所展现的动画效果。

自定义动画是指将 PowerPoint 演示文稿中的文本、图片、形状、表格、SmartArt 图形和其他对象制作成动画,赋予它们进入、退出、大小或颜色变化甚至移动等视觉效果。具体有以下 4 种自定义动画效果。

① "进入"效果。在"动画"选项卡中单击"高级动画"|"添加动画"按钮,在弹出的菜单中选择"进入"栏中的效果图标,或者选择"更多进入效果"命令,打开如图 6-47 所示的"添加进入效果"对话框,都可以为所选对象添加进入动画效果,这些动作是动画窗格中自定义对象的出现动画形式,比如可以使对象逐渐淡入焦点、从边缘飞入幻灯片或者跳入视图中等。

② "强调"效果。在"动画"选项卡中单击"高级动画"|"添加动画"按钮,在弹出的菜单中选择"强调"栏中的效果图标,或者选择"更多强调效果"命令,可以打开"添加强调效果"对话框,其中包含"基本型""细微型""温和型"以及"华丽型"四种特色动画效果,这些效果的示例包括使对象缩小或放大、更改颜色或沿着其中心旋转。

图 6-47 "添加进入效果"对话框

③ "退出"效果。在"动画"选项卡中单击"高级动画"|"添加动画"按钮,在弹出的菜单中选择"退出"栏中的效果图标,或者选择"更多退出效果"命令,可以打开"添加退出效果"对话框。"退出"效果与"进入"效果动作类似但作用相反,它是自定义对象退出时所表现的动画形式,如让对象飞出幻灯片或者从视图中消失。

④ "动作路径"效果。在"动画"选项卡中单击"高级动画"|"添加动画"按钮,在弹出的菜单中选择"动作路径"栏中的效果图标,或者选择"其他动作路径"命令,可以打开"添加动作路径"对话框。这一个动画效果是根据形状或者直线、曲线的路径来展示对象游走的路径,使用这些效果可以使对象上下移动、左右移动或者沿着星形或圆形图案移动(与其他效果一起)。

以上四种动画效果可以单独使用,也可以将多种效果组合在一起。例如,可以对一行文本应用"缩放"进入效果及"陀螺旋"强调效果，使它旋转起来。也可以对动画窗格设置出现的顺序以及开始时间、延时时间或者持续动画时间等。

2. 放映幻灯片

制作幻灯片的目的是向观众播放最终的作品，在不同的场合、不同的观众的条件下，必须根据实际情况来选择具体的播放方式。

（1）一般放映。

① 从头开始放映：打开需要放映的文件后，在"幻灯片放映"选项卡中单击"开始放映幻灯片"|"从头开始"按钮，或者按快捷键"F5"，系统就会开始从头放映演示文稿。单击鼠标即可切换到下一张幻灯片的放映。

② 从当前幻灯片开始放映：如果不想从头开始放映演示文稿，比如从第三张幻灯片开始放映，则选中第三张幻灯片，然后在"幻灯片放映"选项卡中单击"开始放映幻灯片"|"从当前幻灯片开始"按钮，或者按"Shift+F5"组合键，系统即会从第三张幻灯片开始放映演示文稿。放映后，系统会提示用户放映结束，单击鼠标即可退出放映。

（2）自定义放映。

用户还可以根据实际情况进行自定义放映设置。下面通过自定义设置来放映演示文稿中的第一张、第三张和第五张幻灯片。

打开需要放映的文件，在"幻灯片放映"选项卡中单击"开始放映幻灯片"|"自定义幻灯片放映"按钮，打开"自定义放映"对话框。由于用户还没有创建自定义放映，所以此对话框是空的，因此需要单击"新建"按钮，新建幻灯片放映方式。

此时会打开"定义自定义放映"对话框，在"幻灯片放映名称"文本框中输入放映名称，这里输入名称"领导讲话"，在"在演示文稿中的幻灯片"列表框中选中幻灯片2"董事长致辞"后，单击"添加"按钮。此幻灯片即被添加到"在自定义放映中的幻灯片"列表框中了，如图6-48所示。依照这种方法可依次添加需要放映的所有幻灯片。

添加完要自定义放映的幻灯片后，单击"确定"按钮返回"自定义放映"对话框，此时在"自定义放映"对话框中出现了用户自定义的放映名称"领导讲话"，如图6-49所示。单击"放映"按钮，即开始按照用户自定义的幻灯片内容及顺序放映演示文稿。

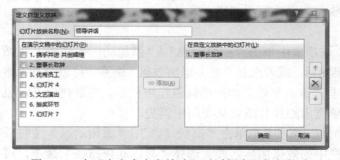

图6-48　在"定义自定义放映"对话框中添加幻灯片

图6-49　放映自定义幻灯片

3. 设置幻灯片放映方式

在PowerPoint 2016中，为满足不同放映场合的需要，为用户设置了三种浏览方式，包括演讲者放映、观众自行浏览和在展台浏览。

（1）演讲者放映。

该放映方式是在全屏幕上实现的，在放映过程中允许激活控制菜单，进行勾画、漫游等操作，是一种便于演讲者自行浏览或在展台浏览的放映方式。

（2）观众自行浏览。

该方式是提供观众使用窗口自行观看幻灯片进行放映的，只能自动放映或利用滚动条进行放映。

（3）在展台浏览。

该方式在放映时除了保留鼠标光标用于选择屏幕对象进行放映外，其他功能将全部失效，终止放映时只能按下"Esc"键。

幻灯片放映方式的设置方法：打开需要放映的文件，在"幻灯片放映"选项卡中单击"设置"|"设置幻灯片放映"按钮，打开如图 6-50 所示的"设置放映方式"对话框，在"放映类型"选项组中列出了三种放映方式，用户根据自己的需要设置放映方式。单击"确定"按钮返回演示文稿中，即可完成放映方式的设置。

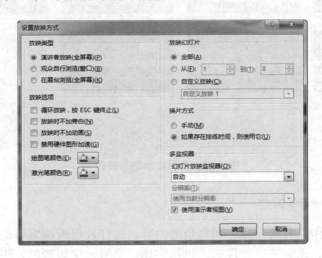

图 6-50　"设置放映方式"对话框

4. 排练计时放映方式

一般情况下，在放映幻灯片的过程中，用户都需要手动操作来切换幻灯片，如果为第一张幻灯片定义具体的时间，可让幻灯片在不需要人工操作的情况下自动进行播放。

操作方法：打开需要放映的文件，在"幻灯片放映"选项卡中单击"设置"|"排练计时"按钮，演示文稿会自动进入放映状态，同时显示如图 6-51 所示的"录制"浮动工具栏，当第一页幻灯片排练结束后，单击"下一项"按钮➔，即可进行下一页的排练。

图 6-51　"录制"浮动工具栏

按照相同的方法设置其他幻灯片的播放时间。若要根据实际需要自行设置放映时间，可在"录制"工具栏中的"幻灯片放映时间"文本框中输入一个合适的时间，如"0:00:06"，之后即会按此时间放映幻灯片。

有的幻灯片都设置后，会打开一个提示对话框，询问用户是否保留排练时间，单击"是"按钮即可。

设置了排练计时选项后，演示文稿会自动切换到"幻灯片浏览"视图状态下，在此可查看已排练的放映时间，今后放映演示文稿时就会按照此时间来放映各个幻灯片，如图6-52所示。

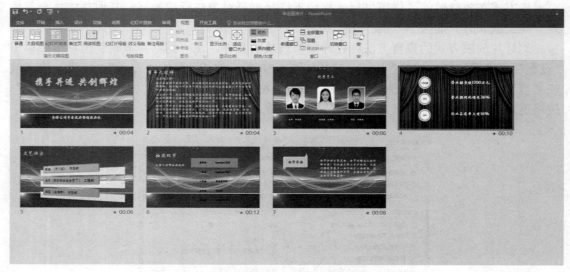

图 6-52　查看排练的放映时间

5. 幻灯片母版的制作

母版是用于制作具有统一标志和背景的内容，幻灯片母版决定着幻灯片的外观，用于设置幻灯片的标题、正文文字等样式，包括字体、字号、字体颜色、阴影等效果。也可以设置幻灯片的背景、页眉、页脚等。也就是说，幻灯片母版可以为所有幻灯片设置默认的版式。

在 PowerPoint 2016 中有三种类型的母版，分别是幻灯片母版、讲义母版和备注母版。

（1）幻灯片母版。

幻灯片母版是存储模板信息的设计模板的一个元素。幻灯片母版中的信息包括字形、占位符大小和位置、背景设计和配色方案。用户通过更改这些信息，就可以更改整个演示文稿中幻灯片的外观。

例如，要想在演示文稿中每个幻灯片的同一个位置都插入图片，只需要在"视图"选项卡中单击"母版视图"|"幻灯片母版"按钮，切换到"幻灯片母版"视图中，在首页幻灯片插入所需图片，即可在每页幻灯片的同一位置都插入这个图片，如图6-53所示。

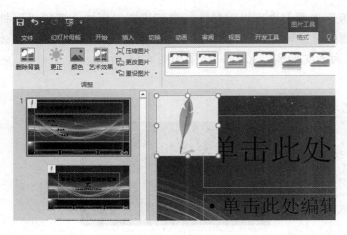

图 6-53　在"幻灯片母版"中插入图片

（2）讲义母版。

讲义母版是为制作讲义而准备的，通常需要打印输出，因此讲义母版的设置大多和打印页面有关。它允许设置一页讲义中包含几张幻灯片，设置页眉、页脚、页码等基本信息。在讲义母版中插入新的对象或者更改版式时，新的页面效果不会反映在其他母版视图中。

在"视图"选项卡中单击"母版视图"|"讲义母版"按钮，切换到"讲义母版"视图中，在此可以更改讲义的方向、每个页面中所包含的幻灯片张数，还可以设置页眉、日期、页脚和页码等，如图 6-54 所示。

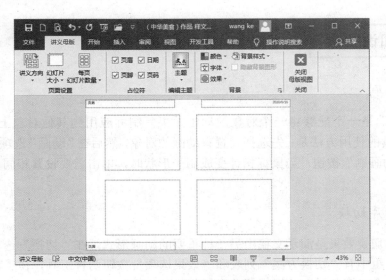

图 6-54　编辑讲义母版

（3）备注母版。

备注母版主要用来设置幻灯片的备注格式，一般也是用来打印输出的，所以备注母版的设置大多也和打印页面有关。

单击"视图"选项卡中的"母版视图"|"备注母版"按钮，切换到"备注母版"视图

中，在"备注母版"选项卡中可以对备注页进行设置。例如，清除"页脚"复选框后可以清除页脚；在页眉的位置输入"宣传稿"，并选中备注文本框中的提示文本"第一级、第二级…"，将其设置为华文楷体、20号，结果如图6-55所示。

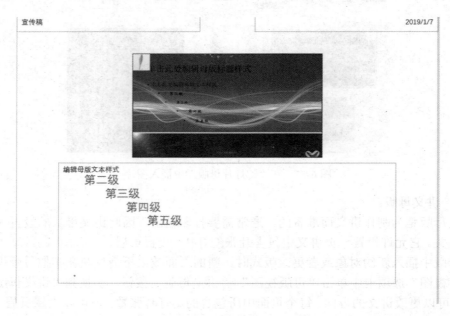

图 6-55　编辑备注母版

6.2.5　知识拓展

1. 动画刷

"动画刷"是一个能够将一个对象的动画效果复制并应用到其他对象上的动画工具。"动画刷"工具的使用方法是：先选择设置有动画的对象，然后在"动画"选项卡中双击"高级动画"|"动画刷"按钮，当鼠标指针变成刷子形状时，单击需要设置相同动画效果的对象即可。

2. 幻灯片切换

幻灯片的切换效果是演示文稿中另一种重要的动画形式，在"切换"选项卡的"切换到此幻灯片"组中有"切换方案"列表和"效果选项"按钮两种工具，在"切换方案"下拉列表中又包含"细微型""华丽型""动态内容"三类动画效果，如图6-56所示。选择要应用切换效果的幻灯片，在"切换方案"下拉列表中选择要使用的切换动画效果，然后单击"效果选项"按钮，在弹出的下拉菜单中选择当前切换动画的效果选项，即可为当前幻灯片添加切换动画。

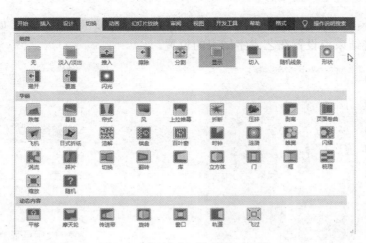

图 6-56　幻灯片切换效果示意图

3. 幻灯片标记

在放映幻灯片时，可以在其中的重点内容上进行标记，或者添加注释等，以便更清晰地演示幻灯片内容。例如，要在"公司年会流程"演示文稿的第三张幻灯片中添加注释，可打开第三张幻灯片，在"幻灯片放映"选项卡中单击"开始放映幻灯片"|"从头开始"按钮，进入"幻灯片放映"视图，在当前幻灯片中右击鼠标，在弹出的快捷菜单中选择"指针选项"|"荧光笔"命令，可以看到此时鼠标指针的形状变成了荧光笔的形状。再次右击幻灯片，在弹出的快捷菜单中选择"指针选项"|"墨迹颜色"命令，在弹出的子菜单中选择所需颜色。然后，按住鼠标左键，在需要做标记的位置拖动鼠标画线或者写字进行标记均可。

做了标记之后，待演示文稿放映完毕，会自动打开一个提示对话框，询问用户是否保留墨迹注释，如图 6-57 所示。单击"保留"按钮，返回演示文稿中，此时用户可以在相应的幻灯片中发现前面所做的标记。

图 6-57　提示对话框

4. 设置自由动作路径

在 PowerPoint 2016 中可以设置多种动作路径来配合图片或图形，从而达成理想的动画效果。例如，要制作一个羽毛笔写字的动画，就可以通过曲线路径来完成。

第一步：插入羽毛笔图片。

在"插入"选项卡中单击"插图"|"图片"按钮，从打开的对话框中选择素材图片"羽毛笔"，将其插入到幻灯片中。在图片工具的"格式"选项卡中单击"调整"|"删除背景"按钮，然后单击图片背景将其删除，这样一个羽毛笔就制作完成了，如图 6-58 所示。

第二步，插入艺术字"明天更美好"，设置其字体为华文行楷，将笔尖放在文字的起始位置。

第三步，右击羽毛笔图片，在弹出的快捷菜单中选择"置于顶层"命令将其置顶，然后在"动画"选项卡中单击"高级动画"|"添加动画"按钮，在弹出的菜单中选择"其他

动作路径"命令，打开"添加动作路径"对话框，选择"波浪形"选项，如图 6-59 所示。
确定设置，并将结束点设置在艺术字结束的位置。

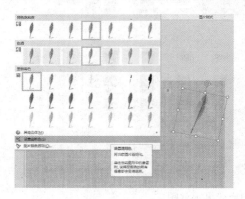

图 6-58　制作羽毛笔

图 6-59　设置波浪形路径

第四步：选择艺术字，添加"擦除"的动画效果，选择效果为"自左侧"。

第五步，显示动画窗格，将两个动画的开始动作都设置为"与上一动画同时"，时间都为 2 秒，这个羽毛笔写字的动画就制作完了，如图 6-60 所示。

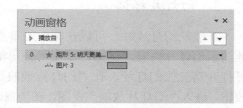

图 6-60　设置动画窗格

5．制作 CD 光盘

在 PowerPoint 2016 中，还可以将演示文稿制作成 CD 光盘，制作方法如下：

选择"文件"|"导出"命令，跳转到"导出"页面，选择"将演示文稿打包成 CD"选项，其页面如图 6-61 所示。

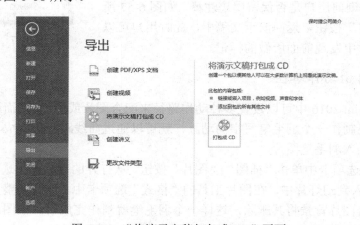

图 6-61　"将演示文稿打包成 CD"页面

单击"打包成 CD"按钮，打开"打包成 CD"对话框，在"将 CD 命名为"文本框中输入需要打包演示文稿的名称。如果想打包多个文件夹，可单击"添加"按钮，打开"添加文件"对话框，从打开的对话框中选择其他文件，将它们一起打包到 CD 中。

为了使打包后的文件可以在没有安装 PowerPoint 2016 的电脑中播放，可以将演示文稿复制到其他文件夹中。方法是在"打包成 CD"对话框中单击"复制到文件夹"按钮，打开"复制到文件夹"对话框，指定文件名和保存位置，单击"确定"按钮即可，如图 6-62 所示。

刻录完光盘后，在"打包成 CD"对话框中单击"关闭"按钮即可。

图 6-62　将演示文稿打包成 CD

6.2.6　技能训练

练习：

1．对"公司简介.pptx"添加动画效果。

（1）　为五页幻灯片分别设置"风""闪耀""梳理""窗口""百叶窗"的切换效果；

（2）　对第一页文本框添加"十字星扩展"的动画效果，之前、2 秒；

（3）　对第二页表格添加"擦除"的进入动画效果，自左至右，2.25 秒；

（4）　对第三页、第四页的图片添加"向内溶解"的动画效果，依次出现；

（5）　对第五页文本框添加"陀螺旋"的强调动画效果。

2．使用排练计时方式对"公司简介.pptx"演示文稿进行放映。

（1）　首次放映使用顺序放映，并结合鼠标调整播放速度。

（2）　再次放映使用排练及时功能，对"公司简介.pptx"演示文稿进行自动放映的编辑。

3．打开素材"公司宣传片"演示文稿，完成以下操作：

（1）　设置幻灯片母版，将图片素材"金元宝"插入到每一页幻灯片的左下角，图片要求删除背景，设置图片格式为"居中矩形阴影"。

（2）　设置讲义母版，讲义方向为横向，每页 3 张幻灯片，页眉为"宣传稿讲义"，日期为"2019/12/25"，幻灯片大小设置为 4:3 比例。

（3）　将幻灯片保存为"MPEG-4"视频文件，保存并发送给老师。

项目 7   人工智能技术及应用概论

─□ **任务 7.1   了解人工智能的发展简史** □─

7.1.1   任务要点

◆   什么是人工智能。
◆   人工智能的启蒙时代。
◆   人工智能的春天——语音识别。
◆   人工智能的爆发——深度学习。

7.1.2   任务要求

　　自从 2016 年 AlphaGo 战胜围棋世界冠军李世石后，人工智能技术的被关注度达到了空前的高度，人们关于人工智能的讨论持续升温，从协助人类完成家务，到替代人类从事一些特殊任务，而且越来越多的人参与到这个技术中来。有人说，人工智能将来可以代替人类做任何事情，会使大批人失业，很多传统行业都不需要人类参与，人工智能可以取而代之，大量的人将会失业；甚至使机器具有自己的思维能力，人类将失去对机器的控制，最终机器要毁灭人类，让人类变成机器的奴隶……人工智能到底是人类的帮手还是毁灭人类的杀手，这个问题的答案只靠猜是不行的，需要我们持续地研究和探讨，因此学习和了解人工智能的发展历史，从而掌控和预判人工智能的发展趋势是很有必要的。

7.1.3   实施过程

　　1．了解人工智能的概念和发展历史。
　　2．了解语音识别技术及应用。
　　3．探究深度学习技术的发展前景。

7.1.4 知识链接

1. 什么是人工智能

人工智能的一个比较流行的定义，也是该领域较早的定义，是约翰·麦卡锡在 1956 年的达特茅斯会议上提出的：人工智能就是要让机器的行为看起来就像是人所表现出的智能行为一样。另一个定义指：人工智能是人造机器所表现出来的智能。总体来讲，目前对人工智能的定义大多可归结为四点，即机器"像人一样思考""像人一样行动""理性地思考""理性地行动"。这里"行动"应广义地理解为采取行动，或制定行动的决策，而不是肢体动作。

2. 人工智能的启蒙时代

人类探索智能的道路是漫长的，最早可以追溯到远古的一些神话传说和文学作品，早在公元前 300 多年，伟大的哲学家和思想家亚里士多德就在他的《工具论》中提出了形式逻辑的一些主要定律，他提出的三段论至今仍是演绎推理的基本依据。

人工智能的正式提出是在 20 世纪 50～60 年代。1950 年，图灵在他的论文《计算机与智能》中提出了著名的图灵测试，用来判断一个机器是否具有人类智能。

1956 年，在达特茅斯学院举办的一次会议上，计算机专家约翰·麦卡锡提出了"人工智能"（AI）一词，这被人们认为是人工智能学科正式诞生的标志。就在这次会议后不久，麦卡锡从达特茅斯来到了马萨诸塞州的麻省理工学院（MIT）。同年，明斯基也来到了这里，之后两人共同创建了世界上第一座人工智能实验室——MIT AI LAB 实验室。值得追忆的是，达特茅斯会议正式确立了 AI 这一术语，并且开始从学术角度对 AI 展开了严肃而专业的研究。在那之后不久，最早的一批人工智能学者和技术开始涌现。达特茅斯会议被广泛认为是人工智能诞生的标志，从此人工智能走上了快速发展的道路。

在 1956 年的达特茅斯会议之后，人工智能迎来了第一段发展期，在这段长达十余年的时间里，计算机被广泛应用于数学和自然语言理解领域，用来解决代数、几何和英语问题。这让很多研究学者看到了机器向人工智能发展的信心。甚至在当时，有很多学者认为："二十年内，机器将能完成人能做到的一切"。但是到了 20 世纪 70 年代，人工智能进入了一段痛苦而艰难岁月。由于科研人员在人工智能的研究中对项目难度预估不足，不仅导致与美国国防高级研究计划署的合作计划失败，还让大家对人工智能的前景蒙上了一层阴影。明斯基出版的《感知机》中指出，神经网络虽然充满潜力，但是无法实现人们期望的功能，让人们对人工智能失去了信心，人工智能的发展势头渐渐衰弱。

人工智能的先驱者们经过总结和反思，转向对知识工程的研究，对以知识为基础的智能系统的研究起到重要作用，促进了专家系统的迅猛发展，并设计出了一些实用型专家系统。到了 20 世纪 90 年代中期开始，随着 AI 技术尤其是神经网络技术的逐步发展，以及人们对 AI 开始具有客观理性的认知，人工智能技术开始进入平稳发展时期。1997 年 5 月 11 日，IBM 的计算机系统"深蓝"战胜了国际象棋世界冠军卡斯帕罗夫，又一次在公众领域引发了现象级的 AI 话题讨论。这是人工智能发展的一个重要里程。2006 年，Hinton 在神经网络的深度学习领域取得突破，人类又一次看到"机器赶超人类的希望"，也是标志性的技术进步。众多的科技公司，纷纷加入人工智能产品的战场，掀起又一轮的智能化热潮，而且随着技术的日趋成熟和大众的广泛接受，这一次热潮也许会架起一座现代文明与未来文明的桥梁。

3. 人工智能的春天——语音识别

在过去的几十年中，为了使机器具有人类的思维和智力水平，人工智能一直是计算机科学的前沿和热点领域，但是由于技术发展和数据量不足，发展过程并不顺利，经历了几次高潮和低谷，自20世纪50年代提出后受到热捧，到70年代因算法处理非线性问题的效果不理想而淡出公众视野，80年代末期又因专家系统的兴起再次引起众多关注，一些大企业也开发了各自领域的专家系统，例如医学诊断专家系统，矿藏勘探专家系统等。

进入到21世纪，随着神经网络、遗传算法等新算法的成熟，以及深度学习领域核心问题的突破，人工智能的热潮再次来临，这次发展高峰期具有更实际的意义，将会给人们的生活带来质的变化。因为深度学习技术的发展，使计算机具有了模拟人类的功能特点，在视觉技术、听觉技术、自然语言理解上已经达到了人类的初级水平，这些技术逐步地应用在各个服务行业中，并渗透进入日常生活中，这种改变不是生硬的，而是潜移默化的。例如，一些客服人员已经由人工变为机器人，但是客户并没有感觉到，他们依然以为电话的另一端是一个真实的人。这些成就得益于模式识别技术的兴起。模式识别起源于19世纪50年代，在20世纪70~80年代风靡一时，主要被应用于图像分析与处理、语音识别、声音分类、通信、计算机辅助诊断、数据挖掘等方面。而在这些应用之中，离我们最近的当属语音识别（自然语言理解）技术。可以说，语音识别技术的广泛应用标志着人工智能的春天的到来。

4. 人工智能的爆发——深度学习

深度学习（Deep Learning）是机器学习研究中的一个新的技术领域，自从基于深度学习技术的AlphaGo战胜围棋九段李世石之后，深度学习成为目前最热门的技术热点之一。深度学习是一种实现机器学习的技术，目的是建立、模拟人脑进行分析学习的神经网络，它模仿人脑的机制来解释数据，例如图像、声音和文本。深度学习是无监督学习的一种。深度学习的概念源于人工神经网络的研究。含有多个隐含层的多层感知器就是一种深度学习结构。深度学习通过组合低层特征形成更加抽象的高层表示属性类别或特征，以发现数据的分布特征表示。

深度学习受益于人工神经网络的研究，是机器学习的一个分支。深度学习算法主要依赖于深度神经元网络，这种神经网络类似于人类的大脑，其学习过程也与人类十分相似。基本上，你输入海量的数据给它以后，它就会通过训练，学习到海量数据的特征。

深度学习是一个强大的工具，极大简化了一些问题的处理难度。然而，深度学习对大量数据的需求及其本身的复杂性仍然是其发展壮大路上的最大阻碍。而开源软件技术则意味着开放自己的源代码给别人查阅和使用，开发者可以将开源框架用在其他的其他领域里。如果有图像数据，就可以将其用在图像识别领域；如果有语音数据，就可以将其用在语音识别里等。

深度学习在大数据处理上具有很强的优势，深度学习可以用更多的数据或是更好的算法来提高学习算法的结果。对于一些应用而言，深度学习在大数据集上的表现比其他机器学习方法都要好。而在性能表现方面，深度学习探索了神经网络的概率空间，与其他工具相比，深度学习算法更适合无监督和半监督学习，更适合强特征提取，也更适合视频和图像识别领域、文本识别领域、语音识别领域、车辆自动驾驶领域等。

随着深度学习的发展，深度学习框架如雨后春笋般诞生于高校和公司中。尤其是近两年，Google、Facebook、Microsoft 和中国的阿里巴巴、腾讯、百度等巨头都围绕深度学习重点投资了一系列新项目，他们也一直在支持一些开源的深度学习框架的开发和升级迭代。

深度学习框架的出现降低了技术门槛，你不需从复杂的神经网络开始编代码，你可以依据需要，使用已有的模型，模型的参数由你自己训练得到。当然也正因如此，没有什么框架是完美的，就像一套积木里可能没有你需要的那一种积木，所以不同的框架适用的领域不完全一致。总的来说，深度学习框架提供了一系列的深度学习的组件（对于通用的算法，里面会有实现），当需要使用新的算法的时候就需要用户自己去定义，然后调用深度学习框架的函数接口使用用户自定义的新算法。

如果有足够的数据支撑，它就可以抽象出这些数据的特征。随着大公司逐渐将自己的深度学习算法开源共享，以后数据将是各个行业的门槛，谁掌握了大量数据，并能发现这些数据的价值，谁就能在这个行业获得成功。同时，对于拥有深度学习框架的公司来说，开源也意味着能吸引到更多优秀的人才。

7.1.5　知识拓展

1. 人工智能的发展趋势

经过 60 多年的发展，人工智能在算法、算力（计算能力）和数据三个方面取得了重要突破，使原本只处于理论研究的技术逐渐成熟走向了商用，但是很多技术并不完美，还有诸多瓶颈。那么在可以预见的未来，人工智能发展将会出现怎样的趋势与特征呢？

（1）从专用智能向通用智能发展。当前取得进展的人工智能技术都是针对某一特定应用领域的，并不是通用人工智能，如何实现从专用人工智能向通用人工智能的发展，既是下一代人工智能发展的必然趋势，也是研究与应用领域的重大挑战。很多国家已经制定了通用人工智能技术的研究计划，2016 年 10 月，美国国家科学技术委员会发布《国家人工智能研究和发展战略计划》（后在 2019 年进行了修订），提出在美国的人工智能中长期发展策略中要着重研究通用人工智能。一些企业也开始对通用人工智能技术进行布局，AlphaGo 系统开发团队创始人戴密斯·哈萨比斯提出朝着"创造解决世界上一切问题的通用人工智能"这一目标前进。微软在 2017 年成立了通用人工智能实验室，招募了很多领域科学家。

（2）从单纯的机器人工智能向人机混合智能发展。借鉴脑科学和认知科学的研究成果是人工智能的一个重要思路。人机混合智能旨在将人的作用或认知模型引入到人工智能系统中，提升人工智能系统的性能，使人工智能成为人类智能的自然延伸和拓展，通过人机协同更加高效地解决复杂问题。

（3）从人类高度参与的智能向自主智能系统发展。当前人工智能领域的大量研究集中在深度学习，但是深度学习的局限是，需要大量人工干预，比如人工设计深度神经网络模型、人工设定应用场景、人工采集和标注大量训练数据、用户需要人工适配智能系统等，非常费时费力。因此，科研人员开始关注减少人工干预的自主智能方法，提高机器智能对环境的自主学习能力。

（4）人工智能将加速与其他学科领域交叉渗透。人工智能本身是一门综合性的前沿学科和高度交叉的复合型学科，研究范畴广泛而又异常复杂，其发展需要与计算机科学、数学、认知科学、神经科学和社会科学等学科深度融合。随着超分辨率光学成像、光遗传学调控、透明脑、体细胞克隆等技术的突破，脑与认知科学的发展开启了新时代，能够大规模、更精细地解析智力的神经环路基础和机制，人工智能将进入生物启发的智能阶段，依赖于生物学、脑科学、生命科学和心理学等学科的发展，将机理变为可计算的模型，同时人工智能也会促进脑科学、认知科学、生命科学甚至化学、物理、天文学等传统科学的发展。

（5）人工智能的社会学研究也已提上日程。人工智能技术不是一门单纯的计算机科学，而是与人类的生活息息相关的，也许以后的研究会涉及人体的结构，触碰到人类的隐私，有些算法是以人脑结构为基础的，这些技术与以往的技术特点都不一样，它会改变人们之间的关系，触碰人类道德的底线，所以，在技术发展中制定新的道德规范也越发必要，为了确保人工智能的健康可持续发展，使其发展成果造福于民，需要从社会学的角度系统全面地研究人工智能对人类社会的影响，制定完善人工智能法律法规，规避可能的风险。

人们也许并不能预测未来人工智能技术的明确发展方向，但是它的发展势头一定是迅猛的，人工智能相关产业亦将蓬勃发展，随着人工智能技术的进一步成熟以及政府和产业界投入的日益增长，人工智能领域的国际竞争将日益激烈。当前，人工智能领域的国际竞赛已经拉开帷幕，并且将日趋白热化。

当前，我国人工智能发展的总体态势良好，人工智能企业在人脸识别、语音识别、安防监控、智能音箱、智能家居等人工智能应用领域处于国际前列。在国家层面上也得到高度重视，2017 年 7 月，国务院发布《新一代人工智能发展规划》，将新一代人工智能放在国家战略层面进行部署，描绘了面向 2030 年的我国人工智能发展路线图，旨在构筑人工智能先发优势，把握新一轮科技革命战略主动。但是我们也要清醒看到，我国人工智能发展存在过热和泡沫化风险，特别在基础研究、技术体系、应用生态、创新人才、法律规范等方面仍然存在不少值得重视的问题。另外，我国人工智能开源社区和技术生态布局相对滞后，技术平台建设力度有待加强，国际影响力有待提高。我国参与制定人工智能国际标准的积极性和力度不够，国内标准制定和实施也较为滞后。我国对人工智能可能产生的社会影响还缺少深度分析，制定完善人工智能相关法律法规的进程需要加快。

2. 深度学习框架

（1）Theano。

Theano 最初诞生于蒙特利尔大学 LISA 实验室，于 2008 年开始开发，是第一个有较大影响力的基于 Python 语言的深度学习框架。

　　Theano 建立了一个 Python 库,可用于定义、优化和计算数学表达式,特别是对多维数组的操作。在解决包含大量数据的问题时,使用 Theano 编程可实现比手写 C 语言更快的速度,而通过 GPU 加速,Theano 甚至可以比基于 CPU 计算的 C 语言更快。Theano 结合了计算机代数系统和优化编译器,还可以为多种数学运算生成定制的 C 语言代码。对于包含重复计算的复杂数学表达式的任务而言,计算速度很重要,因此这种优化是很有用的。对需要将每一种不同的数学表达式都计算一遍的情况,Theano 可以最小化编译/解析的计算量,但仍然会给出如自动微分那样的符号特征。

　　Theano 诞生于研究机构,服务于研究人员,其设计具有较浓厚的学术气息,但在工程设计上有较大的缺陷,存在调试困难,需要使用者从底层开始做很多工作,为了加速深度学习研究,人们在它的基础之上,开发了其他第三方框架。例如后来出现的 Keras,这些框架以 Theano 为基础,提供了更好的封装接口以方便用户使用,可以说 Theano 为其他深度学习框架奠定了基础。

　　(2) TensorFlow。

　　TensorFlow 是广泛使用的实现机器学习以及其他涉及大量数学运算的算法库之一。TensorFlow 由 Google 开发,在 GitHub 上受到广泛欢迎。

　　TensorFlow 并不是谷歌推出的第一个深度学习框架,而是谷歌在总结了第一代深度学习框架 DistBelief 的经验基础上形成的,TensorFlow 不仅便携、高效、可扩展,还能在不同计算机上运行,小到智能手机,大到计算机集群,并且它是一款轻量级的软件,可以立刻生成训练模型,也能重新实现它,TensorFlow 具有强大的社区、企业支持,因此它被个人和企业广泛应用。

　　TensorFlow 的命名来源于本身的运行原理。Tensor(张量)意味着 N 维数组,Flow(流)意味着基于数据流图的计算,TensorFlow 为张量从流图的一端流动到另一端计算过程。TensorFlow 是将复杂的数据结构传输至人工智能神经网中进行分析和处理过程的系统。Google 许多应用程序中都使用 TensorFlow 来实现机器学习。例如,Google 照片或 Google 语音搜索就是使用了 TensorFlow 模型。它们在大型 Google 硬件集群上工作,在感知任务方面功能强大。

　　对于深度学习的初学者来说,TensorFlow 是比较适合的深度学习框架,在 TensorFlow 的官网上,它被定义为"一个用于机器智能的开源软件库",并没有把它定义为一个专门用来针对机器学习的软件库,但使用者们认为它更像是一个使用数据流图(Data Flow Graphs)进行数值计算的开源软件库。在这里,他们没有将 TensorFlow 在"深度学习框架"范围内,TensorFlow 是一个非常好的框架,但是却非常低层。使用 TensorFlow 需要编写大量的代码,需要以更高的抽象水平在其上创建一些层,从而简化 TensorFlow 的使用。TensorFlow 支持 Python 和 C++,也允许在 CPU 和 GPU 上的分布计算。

　　(3) Keras。

　　Keras 是一个高级的神经网络 API,由纯 Python 语言编写而成,并使用 TensorFlow、Theano 及 CNTK 作为后端。严格意义上来讲,Keras 并不能称为一个深度学习框架,它更像是一个深度学习接口,它构建于第三方框架之上。Keras 应该是深度学习中最容易上手的一个,但是其多度的封装导致其丧失灵活性,由于做了层层封装导致用户在新增操作或是获取底层的数据信息时过于困难。同时,过度封装也使得 Keras 程序运行过于缓慢,在绝大场景中，Keras 是所有深度学习框架中速度最慢的。学习 Keras 是十分容易的，但是很快学习就会遇到相应的瓶颈。

（4）Caffe。

Caffe 的全称是 Convolutional Architecture for Fast Feature Embedding，它是一个清晰、高效的深度学习框架，核心的语言是 C++，它支持 Python 和 Matlab 接口，既可以在 CPU，也可以在 GPU 上运行。Caffe 的优点是简洁快捷。

Caffe 的核心模块有三个，分别是 Blobs、Layers 和 Nets。Blobs 用来进行数据存储、数据交互和处理，通过 Blobs，统一制定了数据内存的接口。Layers 是神经网络的核心，定义了许多层级结构，它将 Blobs 视为输入/输出。Nets 是一系列 Layers 的集合，并且这些层结构通过连接形成一个网图。

虽然 Caffe 的使用者众多，但是它逐渐表现出一些缺陷，Caffe 的缺点是缺乏灵活性，在 Caffe 中最主要的抽象对象是层，每实现一个新的层，必须要利用 C++实现它的前向传播和反向传播的代码，而如果想要新层运行在 GPU 上，那么还需要利用 CUDA 实现这一层的前向传播和反向传播。这对于不熟悉 C++和 CUDA 的用户扩展 Caffe 是十分困难的。尽管Caffe 曾经几乎占据了深度学习框架的半壁江山，但是在真正深度学习时代来临之时，Caffe 却表现出了力不从心，尽管现在在 GitHub 上还能找到许多基于 Caffe 的项目，但是新的项目已经越来越少。升级版本Caffe2的设计追求轻量级，在保有扩展性和性能的同时，Caffe2 也强调了便携性。虽然如今 Caffe 已经很少用于学术界，但是依然有少数的计算机视觉的论文使用的是 Caffe。由于其稳定、出众的性能，不少公司依然在使用 Caffe 部署模型。

（5）PyTorch。

2017 年 1 月，Facebook 人工智能研究院（FAIR）团队在 GitHub 上开源了 PyTorch，并迅速占领 GitHub 热度榜榜首。

PyTorch 一经推出就立刻引起了广泛关注，并迅速在研究领域流行起来，PyTorch 自发布起关注度就在不断上升。PyTorch 是一个基于 Python 的科学计算包，目标用户有两类，一类是为了使用 GPU 来替代 numpy；另外一类是作为一个深度学习援救平台，提供最大的灵活性和速度。PyTorch 更有利于研究人员、爱好者、小规模项目等快速搞出原型。而 TensorFlow 更适合大规模部署，特别是需要跨平台和嵌入式部署时。

7.1.6 技能训练

练习：

（1）拨打服务行业客服电话，试用智能语音系统进行业务交流，如充话费、查询业务等。

（2）到银行、火车站、房地产服务大厅等公共服务场所观摩和体验智能服务设备的使用，如 ATM 机、客服机器人、人脸识别系统等。

──□ 任务 7.2   初探人工智能的常用技术 □──

7.2.1   任务要点

◆   数字图像处理技术。
◆   语音识别技术。
◆   自然语言处理技术。

7.2.2   任务要求

从战略意义上看，人工智能在军事、情报分析、医疗等领域的应用能够极大地提升一个国家的综合竞争力。很多国家把人工智能确定为未来新兴技术的国家重点发展领域，希望全盘长远布署、整体推动人工智能领域的发展，政府参与某项技术的建设，是不多见的；科技界也对人工智能寄予厚望，加速在人工智能领域的投资和研发。这就要求我们要对人工智能的常用技术有较为全面细致的了解，需要我们学习和研究人工智能技术。

7.2.3   实施过程

（1）了解数字图像处理技术的概念与应用领域。
（2）了解语音识别技术的概念与应用领域。
（3）了解自然语言处理技术的概念与应用领域。

7.2.4   知识链接

1. 数字图像处理技术

数字图像处理又称为计算机图像处理，是指将图像信号转换成数字信号并利用计算机对其进行处理的过程。数字图像处理的常用方法有图像变换、图像编码压缩、图像增强和复原、图像分割、图像描述、图像分类（识别）等。

由于图像是人类获取和交换信息的主要来源之一，因此，图像处理的应用领域必然涉及人类生活和工作的方方面面，目前已在国家安全、经济发展、日常生活中充当越来越重要的角色，对国计民生的作用不可低估。随着人类活动范围的不断扩大，图像处理的应用领域也将随之不断扩大，从目前来看，数字图像处理技术主要应用在以下几个方面。

（1）航空航天。

数字图像处理技术在航空和航天技术方面的应用，主要表现在飞机遥感技术、卫星遥感技术以及对月球、火星照片的处理上。我们常常用高德地图、百度地图或腾讯地图进行导航，其中就运用了数字图像处理技术。

现在世界各国都在利用陆地卫星所获取的图像进行资源调查、灾害检测、资源勘察、农业规划、城市规划等，如美国的 LANDSAT 系列陆地卫星，采用多波段扫描器（MSS），在 900km 高空对地球每一个地区以 18 天为一周期进行扫描成像，其图像分辨率大致相当于地面上十几米到 100 米左右（如 1983 年发射的 LANDSAT-4，分辨率为 30 米）。这些图像在空中先处理（数字化，编码）成数字信号存入磁带中，在卫星经过地面站上空时，再高速传送下来，然后由处理中心分析判读。这些图像无论是在成像、存储、传输过程中，还是在判读分析中，都必须采用很多数字图像处理方法。目前中国也陆续开展了以上诸方面的一些实际应用，并获得了良好的效果。在气象预报和对地球及其他星球研究方面，数字图像处理技术也发挥了相当大的作用。

（2）生物医学工程。

数字图像处理技术在生物医学工程方面的应用十分广泛，而且很有成效，例如我们熟知的 CT 技术，就是根据人体不同组织对 X 射线的吸收率与透过率的不同，应用灵敏度极高的仪器对人体进行测量，然后将测量所获取的数据输入计算机，由计算机对数据进行处理后，就可摄下人体被检查部位的断面或立体的图像，发现体内许多部位的细小病变。此外，还有一类是对医用显微图像的处理分析，如红细胞/白细胞分类、染色体分析、癌细胞识别等。此外，在 X 光肺部图像增晰、超声波图像处理、心电图分析、立体定向放射治疗等医学诊断方面，都广泛地应用了图像处理技术。

（3）通信工程。

当前通信的主要发展方向是声音、文字、图像和数据结合的多媒体通信，具体来说就是将电话、电视和计算机以三网合一的方式在数字通信网上传输。由于图像数据量巨大，传输速率要求很高，必须采用编码技术来压缩信息量。从一定意义上讲，编码压缩是这些技术成败的关键。

（4）工业和工程。

数字图像处理技术在工业和工程领域中的应用为行业带来了巨大的变化，不但替代了传统工业和工程领域的"人海战术"，还大大提高了产品的质量和精细度，如自动装配线中检测零件的质量并对零件进行分类、印刷电路板疵病检查、弹性力学照片的应力分析、流体力学图片的阻力和升力分析、邮政信件的自动分拣等，此外，它还可以做一些常人难以做到的工作，如在一些有毒环境或放射性环境内识别工件及物体的形状和排列状态，在先进的设计和制造技术中采用工业视觉等。尤其是最新研制的具备视觉、听觉和触觉功能的智能机器人，目前已在工业生产中的喷漆、焊接、装配中得到有效的利用，给工农业生产带来了支援。

（5）军警与民用。

在军事方面，图像处理和识别主要用于导弹的精确制导，各种侦察照片的判读，具有图像传输、存储和显示的军事自动化指挥系统，飞机、坦克和军舰模拟训练系统等；公安方面则主要用于业务图片的判读分析、指纹识别、人脸鉴别、不完整图片的复原，以及交通监控、事故分析等。而目前已投入运行的高速公路不停车自动收费系统中的车辆和车牌的自动识别则是民用领域图像处理技术成功应用的例子之一。

（6）文化艺术领域。

数字图像处理技术在文化艺术领域的应用是与我们的生活密切相关的，如电视画面的数字编辑、动画制作、电子图像游戏、纺织品与工艺品设计、服装设计与制作、发型设计、文物资料照片的复制和修复、运动员动作分析和评分等，都需要应用到这项技术，并且现在已逐渐形成一门新的艺术——计算机美术。

（7）机器视觉。

机器视觉是智能机器人的重要感觉器官，主要进行三维景物理解和识别，是目前发展很快的研究政课题。机器视觉主要用于军事侦察、危险环境的自主机器人，邮政、医院和家庭服务的智能机器人，装配线工件识别、定位，太空机器人的自动操作等。

（8）视频和多媒体系统。

现在我们常听到"数字电视"这个名词，它贴切地概括了现在的电视节目制作技术。目前的电视制作系统广泛使用图像处理、变换、合成等技术，多媒体系统中静止图像和动态图像的采集、压缩、处理、存储和传输等全部采用了数字图像处理技术。

（9）科学可视化。

图像处理和图形学紧密结合，形成了科学研究各个领域新型的研究工具，如人脸识别技术、自动化模式识别技术等。

（10）电子商务。

随着电子商务的兴起和快速发展，图像处理技术也引入到了电子商业领域并且大有可为，如身份认证、产品防伪、水印技术等，在电子商务的快速发展进程中都起到了重大作用。

2. 语音识别技术

语音识别技术在近几年得到了广泛应用，最典型的就是机器人客服。当你拨打某个企业的客服电话时，对面温馨指引你操作的客服"小姐姐"可能只是一台机器人，它可以通过顾客语音中的关键词来判断顾客的需求，并做出相应的答复。

通俗来讲，语音识别技术就是将语音转化为文字，并对其进行识别认知和处理。研究对声音进行处理，对声音进行分帧，声音被分帧后，变为很多波形，需要将波形做声学体征提取，变为状态，特征提起之后，声音就变成了一个 N 行 M 列的矩阵。然后通过音素组合成单词。语音识别的主要应用包括医疗听写、语音书写、电脑系统声控、电话客服等。

3. 自然语言处理技术

自然语言处理（Natural Language Processing，NLP）是研究人与计算机交互的语言问题的一门学科。自然语言处理的关键是要让计算机能"理解"自然语言，所以自然语言处理又叫做自然语言理解，也称为计算语言学，这也是人工智能（AI）的核心课题之一。目前这项技术已经应用到了家用产品上，给人们的生活和学习带来了很多乐趣与便利，如现在热卖的教学机器人、AI 智能生活家居产品等，日本还研制出了一款智能陪伴型家用机器人 Groove X，不但可以通过声音，还可以通过触觉和身体动作与人互动，实现了真正意义上的智能机器人的概念，如图 7-1 所示。

图 7-1　阿里巴巴出品的 AI 智能音箱产品天猫精灵（左）和日本的 Groove X（右）

7.2.5　知识拓展

1. 我们身边的人工智能

在我们平时的生活中，存在着大量使用人工智能技术的产品，可能我们无时无刻都在使用它，但并不了解它背后的技术。

就拿我们现在形影不离的智能手机来说，它目前已成为了社交、购物甚至学习、办公的必备工具。智能手机产品在市面上存在已久，但以前的智能手机并没有得到广泛应用，其主要原因是没有丰富的应用软件来做支撑，不能满足用户的需求，功能仅限于打电话、发短信和玩玩小游戏等基本功能，而且受到移动网络技术的限制，也不能完成数据的高速传输，这些都限制了智能手机的推广。2007 年，苹果公司推出了大屏智能手机，支持触屏操作，最重要的是使用了"应用市场"的模式，从而吸引了大量的开发者进入移动平台进行应用开发，使各种各样的客户端应用程序进入到智能手机之中，满足了多层次用户的使用需求，甚至有时候是移动客户端引导着用户的需求，使得用户的使用黏性大幅度增加。与此同时，移动网络也升级到了 3G/4G，现在 5G 网络也开始商用，数据传输不再是困难，导致智能手机逐渐取代了桌面 PC 成为霸主。有报告显示：2018 年以后，全国互联网用户中的移动端使用率远远高于 PC 端，即通过移动端设备访问互联网服务的数量远高于 PC 端，且仍呈现上升趋势。

智能手机的普及也带来了人们生活的改变。目前智能手机中的相机都采用了智能算法，可以对人像进行识别，对背景进行虚化，自动进行美颜处理，另外还可以对所拍摄的对象进行识别并做出相应的处理，使花朵更鲜艳，天空更湛蓝。还有一些应用软件通过人工智能技术识别人脸后，可以对人物进行实时的美化、添加饰品、更换服装等功能。以前的相机需要人工对拍照模式进行调节，对拍摄者的技术要求较高，现在的智能相机软件，可以根据图像的内容自动进行场景识别，例如宠物、美食、蓝天、山峦、绿村、文本等，识别出画面内容后，会根据算法自动调节为相应的拍照模式，拍摄者无须具有摄影知识，也可以拍出专业水准的相片。许多公司还推出了具有人工智能芯片的手机，直接对相机拍摄的场景进行处理，而不是使用传统手机的 CPU，有了人工智能芯片加持，实现了硬件层面的加速，人工智能处理更实时，更高效。在应用处理中，就不必占用紧张的 CPU 资源或迫使

GPU 加入计算了。

　　智能手机中还有其他一些应用使用了人工智能技术，例如人脸识别技术。它是基于人的脸部特征信息进行身份识别的一种识别技术。用像机或摄像头采集含有人脸的图像或视频流，并自动在图像中检测和跟踪人脸，进而对检测到的人脸进行脸部识别的一系列分辨和处理技术，通常也叫作人像识别或面部识别。在智能手机中，人脸识别技术可以用来进行身份验证，用于手机解锁，各种应用软件的用户登录验证，还可以用于支付验证等等。人脸识别技术目前已经广泛的应用在我们的生活中，在开通了"刷脸进站"的高铁站，旅客只需按照提示，将自己的二代身份证和蓝色磁卡车票放到扫描区，摘下脸上的眼镜或者口罩，同时脸部正对摄像头稍作停留，机器进行脸部识别。只要网上购票记录、身份证和人相符即可快速通过。

　　可以看到，人工智能技术正不断地融入人们的生活中，而且，这种融入已经被人们所接受，与我们生活的联系越来越紧密，可以预期，未来的生活中，人工智能技术将会更多地融入各个领域中，不断改变我们的生活。

　　2. 人工智能研究方法

　　从研究方法上分类，人工智能的研究可以分为结构模拟、功能模拟和行为模拟。

　　（1）结构模拟。

　　结构模拟是指根据人脑的生理结构和工作机理来实现人工智能的方式。我们知道，人脑的生理结构是由大量神经细胞组成的神经网络。人脑是一个动态的、开放的、高度负责的复杂系统，以至于人们至今对它的生理结构和工作机理还未完全弄清楚。人类具有丰富的联想、想象能力，具有理解能力、记忆和复现能力、创造能力，这些能力都是建立在神经连接机制之上的，要实现这些能力而又不通过建立人脑类似的连接机制，就会绕弯路，甚至是不可能的。从另一个角度，结构产生功能，相似的结构产生相似的功能，现代主流人工智能的研究建立在与人脑不同的结构研究上，必然产生与人脑不同的功能，我们是否应该将这些能力称作"智能"？有人担心计算机会产生人类理解不了的智能，其实目前计算机的任何功能都是可跟踪的、可追溯的，不必产生这样的担心，倒是通过自组织产生的功能可能达到人们无法理解的程度，因为自组织产生的系统是"黑箱"式系统，是难以跟踪或追溯的。

　　让计算机达到人脑智能程度是人们追求的目标，而人脑又是现实的系统，复制一个复杂系统比创造一个同样复杂的新建系统要容易得多。尽管目前人脑智能结构还存在很多奥秘，但是要实现人类智能，即强人工智能目标，模拟人脑结构是最简单的方式。我们可以省去很多尝试和探索。要知道人类是从低等生物经历几百万年、在地球生态圈这么庞大的空间中进化出来的，要获得同样充足的进化演变时空环境几乎是不可能的。

　　（2）功能模拟。

　　由于人脑的奥秘至今还未彻底解开，所以，人们就在当前的数字计算机上对人脑从功能上进行模拟，实现人工智能。这种途径称为功能模拟。功能模拟方法是控制论的主要方法之一。运用模型对系统的功能进行描述，以实现对系统的行为进行模拟的方法。所谓模拟，是指模仿或仿真。模仿真实系统人工智能的功能模拟法就是以人脑的心理模型，将问题或者知识表示成某种逻辑网络，采用符号推演的方法，实现建模、推理、学习等功能，从宏观上来模拟人脑的思维，实现机器智能。

（3） 行为模拟。

2019 年，中国举办了年度的人工智能大会，其主题就是基于人类行为模仿的机器人智能控制研究，这将进一步推动我国人工智能的人类行为模拟的研究。行为模拟是指让人工智能产品具有适应环境变化、学习和经验总结能力，例如，目前由于自主学习能力明显不足，机器人只能按照人类事先编定的程序进行固定的任务，而行为模拟可以让机器人利用强化学习提高自我能力。

人工智能的行为模拟研究在国内外一直在推进，而且已经有了成功的先例，例如日本研究人员开发出的机器人女秘书 SAYA。SAYA 可以模仿人类的各种行为，能够用 300 多个单词和 700 多个句子与人类进行基本对话，并且拥有丰富的表情，还可以将访客带到他们要找的职员身边，如图 7-2 所示。

图 7-2　SAYA

7.2.6　技能训练

练习：
（1） 了解身边的人工智能产品和设备。
（2） 关注新闻媒体中关于人工智能的新闻和信息。

──□ 任务 7.3　认识人工智能的商业应用 □──

7.3.1　任务要点

◆　车辆自动驾驶：智慧路线规划和障碍判断。
◆　智慧生活：从机器翻译到智慧超市。
◆　智慧物流：智慧仓库和智能运输。
◆　智慧医疗：健康管理和分析平台。

7.3.2　任务要求

任何科学技术最终都是要为民生服务的，人工智能也不例外，因此人工智能产品的商业化是必然的趋势，且需求旺盛，这就要求我们必须了解人工智能的商业应用知识，尤其是与我们的生活息息相关的车辆自动驾驶、智慧生活、智慧物流和智慧医疗等。

7.3.3　实施过程

1．了解车辆自动驾驶的含义。
2．了解智慧生活的含义。
3．了解智慧物流的含义。
4．了解智慧医疗的含义。

7.3.4　知识链接

1．车辆自动驾驶：智慧路线规划和障碍判断

人工智能技术在车辆自动驾驶领域取得了很大的进展，为什么要在汽车的驾驶中使用车辆自动驾驶技术呢？首先是安全。根据统计仅在美国平均每天就有 103 人死于交通事故，全球每年有 124 万人因交通事故而死亡。超过 94%的碰撞事故都是由于驾驶员的失误而造成的。从理论上说，一个完美的车辆自动驾驶方案，在全球每年可以挽救约百万人的生命。当然，目前车辆自动驾驶还远远没有达到完美程度。但是随着汽车技术、通信技术、智能算法和传感器技术的进步，有理由相信，在不久的将来，车辆自动驾驶将超过人类司机的驾驶安全率。车辆自动驾驶带来的另外的好处就是方便。车辆自动驾驶可以将驾驶员从方向盘后面解放出来，在乘车时进行工作和娱乐。

有了车辆自动驾驶，可以实现驾驶资源的高效共享。很多关注共享出行的公司，都在积极研究车辆自动驾驶，因为共享出行最大的成本来自司机的时间。如果能够实现车辆自动驾驶，那么人们可以不再买车和养车，完全依赖于共享出行。车辆自动驾驶也可以有效地减少拥堵。如果说前面这些优点还有赖于车辆自动驾驶的大范围普及的话，那么减少拥堵这个优点，就可以说是立竿见影了。

2．智慧生活：从机器翻译到智慧超市

人工智能的应用也应用于自然语言处理领域，例如机器翻译，就是利用计算机将一种自然语言（源语言）转换为另一种自然语言（目标语言）的过程。它是计算语言学的一个分支，也是人工智能的重要应用领域之一，具有重要的科学研究价值。

到了 2014 年，由于机器学习技术的大幅提升，机器翻译迎来了史上最重要的发展期。自从 2006 年 Geoffrey Hinton 改善了神经网络优化过于缓慢的致命缺点后，深度学习就不断地伴随各种奇迹似的成果频繁出现。2015 年，机器首次实现图像识别超越人类；2016年，AlphaGo 战胜围棋世界冠军；2017 年，某款智能应用的语音识别速度超过人类速记员；2018 年，议会议演示中，机器英文阅读理解超越人类参与比赛者。当然机器翻译这个领域也因为有了深度学习这块沃土而开始茁壮成长。

《2020 国务院政府工作报告》的要求，加快培育新型消费，创新无接触、少接触型消费模式，探索发展智慧超市、智慧商店、智慧餐厅等新零售业态。人工智能将助力这些新零售业态的发展，如智慧超市将人工智能技术应用于客流统计，可以从性别、年龄、行为、新老顾客、

滞留时长等维度建立到店客流用户画像，从而合理调配商品储备，同时与智能支付相结合，就可以实现无人商超的运营。

3. 智慧物流：智慧仓库和智能运输

随着电子商务的蓬勃发展，物流的吞吐量剧增，人工分拣显然无法满足需求，因此智慧仓库和智能分拣应运而生，在京东、天猫的储运仓库中，早已实现了智能分拣。全球首创的物流自动化分拣机器人发明于中国杭州，一小时可以分拣 1.8 万件包裹，节省了 70% 的人力，如图 7-3 所示。甚至于快递的递送，现在也已有了无人机递送，虽然这只是小规模试验，但未来可期。

图 7-3 中国首创的物流自动化分拣机器人——小黄人

在城市交通管理领域，也融入了人工智能技术。在城市中，我们出行经常会遇到道路拥堵的情况，尤其是在十字路口，现在的路口信号灯的时间是预先设定的固定时长，但有时候南北方向上的车流很少，但是东西方向的车流已经拥堵的很厉害了，信号灯不会智能地动态调整。使用了人工智能技术的信号灯就可以很好地解决这个问题，通过摄像头、红绿灯全局感知到这个路口流量状况，并测算出拥堵时长和拥堵长度，之后会按照全局调节的思路制定一套配时优化策略，将这个路口的绿灯配时延长，相应地其他几个路口的绿灯配时缩短，如此一来拥堵路口的通行效率得以提升，同时也节约了其他路口路灯等待时间。

在交通出行中，我们现在经常使用的导航软件中，也渗透进入了人工智能技术，提供给使用者更好的导航体验。例如导航软件将人机语音交互功能内置到移动端地图导航应用中，使用者可以通过语音来指挥导航线路的规划，无须使用手指对手机进行操作，提高了安全系数，导航软件可以对到达时间进行估计，甚至对第二天道路路况进行预测，这些功能都是基于人工智能技术和海量数据的积累，对未来结果进行的智能化预测。

地图导航与计算机视觉技术还可以进行结合，通过 VR 技术在用户端提供更真实的使用体验，使用户使用体验更加真实和立体，让机器视觉从卫星遥感影像、无人机航拍影像中识别和标注道路信息，从街景汽车拍摄的街道影像数据中识别道路两旁的店铺名称，以及车道线、车道标牌等信息。对这些视觉类人工智能技术的应用，让原本需要大量人工处理的内业繁重工作，转变为由机器自动化、规模化的生产地图数据。

4.　智慧医疗：健康管理和分析平台

在医疗领域，医院也在使用 AI 技术在客户端帮助病人选择科室，图像识别技术在这个领域也被用于分析 X 光片 CT 片或医学探头录像等医学影像，从数字层面分析可能存在的病灶结合大量医学案例，进行智能诊断，再由医生综合确认，从而一定程度地减轻医生的工作量。

尤其是在医学影像领域，人工智能技术更是取得了实质性进展。医学影像是指为了医疗或医学研究，对人体或人体某部分，取得内部组织影像的技术与处理过程，它包含以下两个研究方向：医学成像系统和医学图像处理。由于目前的人工智能是以深度学习为代表的一系列技术，而该技术对于影像，特别是图像的分析，是与传统的人工智能方法或传统机器学习方法相比进展最大的。如今医疗领域面临着数据爆炸的情况，届时医生将面临海量的医学影像，人工智能将最大程度地减轻医生的负担，同时提高诊断的准确性。从这个角度来说，人工智能能够很好地缓解医生资源紧缺的问题，提高医生工作效率，医院可以利用 AI 进行范围内居民健康管理。通过人工智能 AI 模拟医生诊疗过程并给出诊疗建议，比如日常服用药物，或者就近联系医生等，满足常见病咨询需求。这也给患者和医生节省了大量的时间。

面对医疗数据爆炸的未来，人工智能提供了解决方案，那就是用人工智能赋能现有的临床工作流程，承担医生的助手这一角色。一个病人躺在核磁共振机器里进行扫描，他的身体影像会自动上传到医院的本地云服务器上，通过人工智能的分析，不需要任何人的干预，就能快速给出一份准确、清晰、自然的医学报告。这个工作以前是由医生来承担的，如今医生只需检查这一报告是否与自己的诊断吻合，大大减少了工作量，提高了诊疗效率，也减少了患者的等待时间。

7.3.5　知识拓展

1.　人工智能主要的研究领域

（1）　模式识别。

模式是指用来说明事物结构的主观理性形式。它是从生产经验和生活经验中经过抽象和升华提炼出来的核心知识体系。但是需要注意的是，模式并不是事物本身，而是一种存在形式。模式识别指的是对表征事物或现象的各种形式的信息进行处理和分析，从而达到对事物或现象进行描述、辨认、分类和解释的目的。

模式识别是人工智能这门学科中最基本也是最重要的一部分。模式识别帮助计算机能够认识它周围的事物，使人们与计算机的交流更加自然与方便。它包括文字识别（读）、语音识别（听）、语音合成（说）、自然语言理解与计算机图形识别等。现在的计算机可以说是又聋又哑又盲，如果模式识别技术能够得到充分发展并应用于计算机，那么我们就能够很自然地与计算机进行交流，也不需要记那些英文的命令就可以立接向计算机下命令。这也为智能机器人的研究提供了必要条件，它使机器人能够像人一样与外面的世界进行交流。

模式识别从 19 世纪 50 年代兴起，在 20 世纪 70～80 年代风靡一时，它是信息科学和人工智能的重要组成部分，主要被应用于图像分析与处理、语音识别、声音分类、通信管理、计算机辅助诊断、数据挖掘等方面。

（2）专家系统。

专家系统先把某一种行业（譬如医学、法律等等）的主要知识都输入到计算机的系统知识库里，再由设计者根据这些知识之间的特有关系和职业人员的经验，设计出一个系统，这个系统不仅能够为使用者提供这个行业知识的查询、建议等服务，更重要的是作为一个人工智能系统、必须具有自动推理和学习的能力。专家系统经常应用于各种商业用途，例如企业内部的客户端系统，决策支持系统，以及人们在世面上可以看见的医学顾问、法律顾问等软件。

（3）机器学习。

机器学习是一类算法的总称，这些算法试图从大量历史数据中挖掘出其中隐含的规律，并用于预测或者分类。更具体地说，机器学习可以看作是寻找一个"函数"（算法），输入是样本数据，输出是期望的结果，只是这个函数过于复杂，以至于不太方便形式化表达。需要注意的是，机器学习的目标是使学到的函数很好地适用于"新样本"，而不仅仅是在训练样本上表现很好。学到的函数适用于新样本的能力，称为泛化（Generalization）能力。

机器学习是实现人工智能的一种途径，它和数据挖掘有一定的相似性，也是一门多领域交叉学科，涉及概率论、统计学、逼近论、凸分析、计算复杂性理论等多门学科。对比于数据挖掘从大数据之间找相互特性而言，机器学习更加注重算法的设计，让计算机能够自动地从数据中"学习"规律，并利用规律对未知数据进行预测。因为学习算法涉及了大量的统计学理论，与统计推断联系尤为紧密，所以也被称为统计学习方法。

机器学习是人工智能的一种途径或子集，它强调学习而不是计算机程序。一台机器使用复杂的算法来分析大量的数据，识别数据中的模式，并做出一个预测——不一定需要人在机器的软件中编写特定的指令。

（4）计算机视觉。

计算机视觉技术运用由图像处理操作及其他技术所组成的序列来将图像分析任务分解为便于管理的多个子任务。比如，一些技术能够从图像中检测到物体的边缘及纹理。分类技术可被用作确定识别到的特征是否能够代表系统已知的一类物体。

（5）语音识别。

语音识别技术前面已经提到过，就是将语音转化为文字，并对其进行识别和处理。目前语音识别技术已经比较成熟，被广泛应用于语音输入、电脑声控、电话客服等领域。

（6）智能机器人。

智能机器人系统以功能及系统实现为载体，通过自主或半自主的感知、移动、操作或人机交互，体现类似于人或是生物的智能水平；它能够扩展人在距离、时间、空间、环境、情感、判断以及精度、速度、动力等方面所受到的约束和限制，并为人服务。

智能机器人技术在现代社会发展中起到的作用日益明显，因此，世界发达国家对智能机器人的重视程度也日益增加，特别是进入21世纪后，各国纷纷将机器人作为国家战略进行重点规划和部署。智能机器人包括很多种，例如工业智能机器人、水下智能机器人和人型智能机器人。

利用智能机器人进行海洋资源勘探和开发是国际激烈竞争的焦点问题之一，水下机器人是海洋资源勘探和开发的重要工具。20 多年来，我国水下机器人不断发展，2002 年，我国启动了 7000 米载人深潜器"蛟龙号"的研制工作，2012 年，蛟龙号圆满完成 7062 米的下潜任务，2020 年，奋斗号载人深潜器创造了 10909 米的新记录；标志着我国在深海高技术领域达到了领先国际的先进水平。

2. 人工智能的灵魂

人工智能可以代替人类做很多事情，也可以做一些人类无法完成的工作，是什么赋予了人工智能这样的能力？从计算机科学的角度去考虑这个问题，一个系统主要由硬件和软件组成，这两部分协同作用才能赋予系统一定的功能。硬件提供了物质平台，但是仅仅有物质是不够的，系统能力的发挥主要靠软件。举例来说，一辆汽车拥有先进的发动机和结实的车体，但是没有适当的操作方法和正确的操作流程是无法让汽车高速行驶的。

从计算机发展的历史来看，硬件和软件也是系统交替发展，并相互促进的，二者密不可分。硬件是软件的基础和依托，软件是发挥硬件功能的关键，是计算机的灵魂。在实际应用中，硬件与软件更是缺一不可，缺少哪一部分，计算机都是无法使用的。虽然计算机的硬件与软件各有分工，但是在很多情况下软硬件之间的界面是浮动的。计算机某些功能既可由硬件实现，也可以由软件实现。随着计算机技术的发展，一些过去只能用软件实现的功能，现在可以用硬件来实现，通过 ASIC 专用芯片实现特定的软件功能，而且速度和可靠性都大为提高。硬件技术的发展会对软件提出新的要求，从而促进软件的发展；反之，软件的发展又对硬件提出新的课题。

首先看一下硬件的发展对人工智能的促进作用。互联网虽然提供了大量的数据，但是如果没有足够的运算能力，机器也无法在短时间内训练出智能。运算能力是和数据量同步加强的，数据多了，运算能力就强，运算能力强了，数据的积累、存储能力就更强。

可以通过一个例子看一下处理器运算能力的进步，1997 年，IBM 公司的超级计算机"深蓝"在国际象棋比赛中击败了世界冠军卡斯帕罗夫，拥有 32 颗 CPU 的"深蓝"可以称得上是超级计算机。根据 IBM 公布的性能数据，它每秒可进行约 113 亿次浮点运算（11.3GFlops）。这种运算能力大约可以预估落子后的 12 步棋。而如今，随着半导体技术的飞速发展，一颗手机处理器的运算能力已远远超过这一数值，以高通骁龙 820 为例，其浮点运算已达到 554GFlops，而对于人工智能系统的 AlphaGo，其计算能力是"深蓝"的约 3 万倍。在这一项的比较上，AlphaGo 具有绝对优势。

人工智能的发展和计算机技术的发展紧密相关，可以说人工智能技术也是由硬件和软件组成的，接下来看一下硬件技术的发展。现在，很多人工智能技术都是在通用的处理器上，主要原因是人工智能技术对芯片还没有特别强烈的需求，通用的 CPU 芯片即可提供足够的计算能力。而之后由于高清视频和游戏产业的快速发展，GPU（图形处理器）芯片取得迅速的发展。因为 GPU 有更多的逻辑运算单元用于处理数据，属于高并行结构，在处理图形数据和某些复杂算法方面比 CPU 更有优势，又因为 AI 深度学习的模型参数多、数据规模大、计算量大，此后一段时间内 GPU 代替了 CPU，成为当时 AI 芯片的主流。然而 GPU 毕竟只是图形处理器，不是专门用于 AI 深度学习的芯片，自然存在不足，比如在执行 AI 应用时，其并行结构的性能无法充分发挥，导致能耗高。与此同时，AI 技术的应用日益增长，在教育、医疗、无人驾驶等领域都能看到 AI 的身影。然而 GPU 芯片过高的能耗无法满足某些低能耗环境的应用的需求，因此取而代之的是 FPGA 芯片和 ASIC 芯片。

FPGA 可以被理解为"万能芯片"。用户通过烧入 FPGA 配置文件，来定义这些门电路以及存储器之间的整体设计，用硬件描述语言（HDL）对 FPGA 的硬件电路进行设计。每完成一次烧录，FPGA 内部的硬件电路就有了确定的连接方式，具有了一定的功能，输入的数据只需要依次经过各个门电路，就可以得到输出结果。简言之，"万能芯片"就是你需要它有哪些功能、它就能设计哪些功能的芯片。在芯片需求还未成规模、深度学习算法需要不断迭代改进的情况下，具备可重构特性的 FPGA 芯片适应性更强。因此用 FPGA 来实现半定制人工智能芯片，毫无疑问是较优的选择。

但由于通用芯片的设计初衷并非专门针对深度学习，因此 FPGA 难免存在性能、功耗等方面的瓶颈。随着人工智能应用规模的扩大，这类问题将日益突出。换句话说，人们对人工智能所有的美好设想，都需要芯片追上人工智能迅速发展的步伐。如果芯片跟不上，就会成为人工智能发展的瓶颈。所以，随着近几年人工智能算法和应用领域的快速发展，以及研发上的成果和工艺上的逐渐成熟，ASIC 芯片正在成为人工智能计算芯片发展的主流。ASIC 芯片是针对特定需求而定制的专用芯片。虽然牺牲了通用性，但 ASIC 无论是在性能、功耗还是体积上，都比 FPGA 和 GPU 芯片有优势，特别是在需要芯片同时具备高性能、低功耗、小体积的移动端设备上，比如智能手机上。但是，因为其通用性低，ASIC 芯片的高研发成本也可能会带来高风险。然而如果考虑市场需求，ASIC 芯片其实是行业的发展大趋势。

人工智能的进步很重要的一部分原因来自算法的发展，而算法是通过设计软件设计来实现的。首先是通用的软件开发技术得到了巨大的发展，软件的复杂度逐渐提高，从单个人开发，到团队开发，软件的规模也从几万行代码，上升到上千万行代码，管理和技术方面的各种不确定性也暴发式增长，导致软件开发的质量无法得到有效保证，周期和成本无法得到有效控制。人们一直在寻求找到这些问题的解决办法，人们发展了项目研发过程管理来控制管理活动的不确定性，同时也发展了软件架构设计方法来控制技术方面的不确定性。进而在实践中不断地总结和改进，用于有效指导和最大程度地保障软件开发的质量、缩减周期或降低成本。

人工智能所表现出来的智慧就是通过软件运行产生的，就像人类根据现象进行周密的思考一样，如果没有软件和算法的支持，那么硬件平台也是一堆空转的算力，无法发挥该有的作用，虽然现在有些专用的人工智能芯片，内置了部分核心算法，但是这些都是非常基础的运算逻辑，并不能解决非常复杂的问题，一定要在芯片上再补充针对具体问题的应用软件，才能有效地利用芯片的算力，因此，人工智能的灵魂是软件。

7.3.6　技能训练

练习：

（1）　在手机上下载高德地图或百度地度，试用地图导航功能导航。

（2）　了解无人机的功能。

项目 8　大数据技术原理及应用概论

─□　任务 8.1　了解大数据的发展简史　□─

8.1.1　任务要点

- ◆　什么是大数据。
- ◆　大数据面临的主要问题。
- ◆　大数据与人工智能的关系。

8.1.2　任务要求

我们越来越多地在不同场合听到不同的人谈论"大数据",也许你觉得大数据高深莫测,距离我们的生活很遥远;也许你会认为大数据是一堆庞大的数据,都是高科技和新技术。大数据包含海量数据不假,大数据涉及新技术也不假,但大数据就在我们身边,因为我们就是大数据中的一份子。那么究竟什么是大数据呢?大数据与人工智能又有什么关系?这就是本章我们要了解的知识。

8.1.3　实施过程

(1)　了解大数据的概念。
(2)　了解大数据面临的主要问题。
(3)　了解大数据与人工智能的关系。

8.1.4　知识链接

1.　什么是大数据

美国的研究机构 Gartner 给出了这样的定义,"大数据是需要新处理模式才能具有更强的决策力、洞察发现力和流程优化能力来适应海量、高增长率和多样化的信息资产。"

麦肯锡全球研究所给出的定义是，"一种规模大到在获取、存储、管理、分析方面大大超出了传统数据库软件工具能力范围的数据集合，具有海量的数据规模、快速的数据流转、多样的数据类型和价值密度低四大特征。"

百度百科中如此定义，"大数据，指无法在一定时间范围内用常规软件工具进行捕捉、管理和处理的数据集合，是需要新处理模式才能具有更强的决策力、洞察发现力和流程优化能力的海量、高增长率和多样化的信息资产。"

目前，对于大数据的定义并没有标准统一答案，但鉴于对于大数据的现有认知，可以总结出大数据概念的几个关键词：大规模数据集合、新处理模式、信息资产。首先，大数据是一种大规模、海量的数据集合，数据的数量特别巨大，种类特别繁多；其次，大数据已经无法用传统的数据处理工具进行处理，从而催生出一些新的处理模式和处理技术；最后，在这样巨大规模的数据中，可以提取出更有价值的信息，从而使数据成为一种无形的可增值的资产。

2. 大数据面临的主要问题

任何事物都有两面，用得好利己利人，用得不好伤身伤情，大数据也不例外，在其发生和发展过程中也面临这样或那样的问题，比如数据的真实性、代表性、安全性、监管问题、权属界定等，都是大数据行业所面临的亟待解决的问题。

（1）数据真实性。

由于数据可以快速变现，因此在巨大的利益诱惑下，常常会有些人造假数据，如基尼系数、博主粉丝量、行业指数等，可能存在"注水"等情况，最让人容易理解的就是网上购物时商品的"刷单"。喜欢网购的人通常在下单之前会浏览目标商品的销售量，销售量高就意味着这款商品的受欢迎程度高，质量和信誉更加可靠，但是，有了"刷单"现象的存在，店主只需支付一定金额的刷单费，就可以使某个宝贝的销售数值倍增，为了看起来真实可信，组织者还会提供图片和评论文字，让刷单者上传图文评论，不明所以的消费者被这虚假的销售量所蒙蔽，常常会跟风下单。除了人工刷单之外，现在还有"刷单软件"，通过购买真实的用户信息来自动刷单，如网络空间人气值、宝贝收藏量等，使得大数据也是真假难辨。因此，数据源的真实性、全面性以及数据处理过程中的科学性，是大数据走向权威和信任的重要评断标准。

（2）数据代表性和适时性。

由于网络中数据来源繁杂，由于渠道不同，数据信息也常带有渠道的独特性，导致信息不够全面，由这样的数据来进行分析显然得不到正确的结果。此外网络信息的及时性也不能得到保证，有很多过时的信息不能及时过滤，导致引用时筛选麻烦，甚至可能引用不当的数据。而我们平常搜索一些数据时，也常常会发现搜索结果给出的数据网页还是好多年前的，这给我们如何快速得到适时数据带来了很多困扰。所以如何过滤过期信息，保证数据的代表性和适时性，这也是一个亟待解决的问题。

（3）数据安全性。

大数据的安全问题长久以来一直饱受诟病，首先是信息泄露问题，这方面有两种不确定因素：一是人为泄露，如内部工作人员因利益驱使而出售既得信息；另一种是技术窃取，如黑客用攻击的手段恶意窃取数据。由于大数据是由无数个小数据组合而成的，这些小数据细分到每个人身上，就可以了解他的行为喜好，并且评估他接下来的行为意识，例如，我们在浏览网页或者连网的过程中，常会弹出一些推荐广告，这些广告可能与我们平时搜索关键词时的关联词有关，也可能与我们网络购物时购买的商品相关联，比如我曾在某网站买了一件上衣，下次再浏览该网站时，它就会给我推荐相似上衣。如此种种，综合我的各种购物信息，就可以得到我的穿衣风格以及价格接受能力。最典型的大数据应用实例，就是当前我国为控制疫情而采取的一系列措施，如通过购票信息或通话记录来排查人员是否到过疫区或者有过相关人员接触史。所以，如何保护大数据的安全隐私，使其合规利用而不被不法之人窃取，这也是需要解决的问题。

（4）数据特殊性。

大数据安全虽仍继承传统数据安全保密性、完整性和可用性三个特性，但也有其特殊性，主要表现在以下几个方面：

① 易受攻击。

大数据的数据量非常巨大，往往采用分布式的方式进行存储，而正是由于这种存储方式，存储的路径视图相对清晰，而数据量过大，导致数据保护，相对简单，黑客可较为轻易地利用相关漏洞，实施不法操作，造成安全问题。由于大数据环境下终端用户非常多，且受众类型较多，对客户身份的认证环节需要耗费大量处理能力。由于 APT 攻击具有很强的针对性，且攻击时间长，一旦攻击成功，大数据分析平台输出的最终数据均会被获取，容易造成的较大的信息安全隐患。

② 进行数据挖掘时易泄密。

在对大数据进行数据采集和信息挖掘的时候，要注重用户隐私数据的安全问题，在不泄露用户隐私数据的前提下进行数据挖掘，这里需要注意以下几个问题：在分布计算的信息传输和数据交换时，保证各个存储点内的用户隐私数据不被非法泄露或不当使用；由当前的大数据数据量并不是固定的，而是在应用过程中动态增加的，但传统的数据隐私保护技术大多是针对静态数据的，所以应有效地应对大数据动态数据属性和表现形式的数据隐私保护；由于大数据的数据远比传统数据复杂，因此现有的敏感数据的隐私保护方案必须要能够满足大数据复杂性的数据信息方面的要求。

③ 数据传输的安全隐患。

伴随着大数据传输技术和应用的快速发展，在大数据传输生命周期的各个阶段、各个环节，越来越多的安全隐患被暴露出来。比如，大数据传输环节，除了存在泄漏、篡改等风险外，还可能被数据流攻击者利用，数据在传输中可能出现逐步失真等。又如，大数据传输处理环节，除数据非授权使用和被破坏的风险外，由于大数据传输的异构、多源、关联等特点，即使多个数据集各自脱敏处理，数据集仍然存在因关联分析而造成隐私信息泄漏的风险。此外，作为大数据传输汇集的主要载体和基础设施，云计算为大数据传输提供了存储场所、访问通道、虚拟化的数据处理空间。因此，云平台中存储数据的安全问题也是大数据安全的关注重点。

④ 存储管理风险。

大数据的数据类型和数据结构是传统数据不能比拟的，在大数据的存储平台上，数据量是以非线性甚至是以指数级的速度增长的，各种类型和各种结构的数据进行数据存储，容易引发多种应用进程的并发且频繁无序地运行,极易造成数据存储错位和数据管理混乱,为大数据存储和后期的处理带来安全隐患。当前的数据存储管理系统,能否满足大数据背景下的海量数据的数据存储需求,还有待考验。不过,如果数据管理系统没有相应的安全机制升级,出现问题后则为时已晚。

⑤ 数据跨境流动的隐患。

在现在这个时代,数据的流动很重要。全球性购物促销活动多个国家都参与其中,数据的跨境流动是大数据的一个特殊属性。在法律制度、数据服务外包、打击网络犯罪方面保护跨境数据的安全是很重要的。所以,建立大数据安全标准体系框架时要对传统数据的采集、组织、存储、处理等生命周期各方面安全标准进行适用性分析,适合的接着采用,不适合的要修订,缺项的必须增加。

⑥ 传统安全措施难以适配。

大数据海量、多源、异构、动态的特征导致大数据系统存在结构复杂、开放、分布式计算和高效精准的特点,这些特殊需求传统安全措施解决不了。例如,以前 ORACLE 数据库很流行;到了大数据时代,大家基于 Hadoop 体系结构。在 Hadoop 体系结构里,用户的身份鉴别和授权访问等安全保障能力比较薄弱。

⑦ 应用访问控制愈加复杂。

在数据库时代应用访问控制通过数据库的访问机制解决。每一个用户都需要注册,注册完毕后才能访问到数据库。但是到了大数据时代,存在大量未知的用户和大量未知的数据,有很多的用户不知道他的身份,即使他注册了也不知道他是谁,所以预先设置角色和预先设置角色的权限都做不到。

(5) 监管问题。

在现有隐私保护法规不健全、隐私保护技术不完善的条件下,互联网上的个人隐私泄露管控不够严格,一些社交软件掌握着用户的社会关系,监控系统记录着人们的聊天、上网、出行记录,网上支付、购物网站记录着人们的消费行为。但在大数据传输时代,人们面临的威胁不仅限于个人隐私泄露,还在于基于大数据传输对人的状态和行为的预测。一些大数据传输数据泄露安全事件表明,大数据传输未被妥善处理会对用户隐私造成极大的侵害。因此,在大数据传输环境下,如何管理好数据,在保证数据使用效益的同时保护个人隐私,是大数据传输时代面临的巨大挑战之一。

(6) 权属界定。

近年来,大数据正在成为新的经济增长点,越来越多的人认识到了它的"资源"属性,而随着大数据的市场化利用和产业化发展,它的"资产"属性也日益凸显,大数据的权属关系即将成为新的社会矛盾和经济纠纷焦点。通常,大数据并非原始资源,是经过采集、组织、存储甚至加工处理过的资产,也是企业、自然人、国家拥有或者控制且能以货币来计量收支的新兴经济资源。在我国,大数据产业发展的阻力除了技术条件的不成熟,还有相关法律及保障机制的不完善,尤其是大数据作为一种"资产",其权属问题仍未纳入法律保护与监管范围,因此,大数据权属的立法界定是很必要而且很有紧迫性的。

(7) 人才短缺。

大数据的快速发展使相关领域的人才短缺问题凸显,据猎聘公司的"2019 年大数据人才就业趋势报告"显示:中国大数据人才缺口高达 150 万人,但国内相关从业者只有约 30

万人。因此，人才的培养是当前大数据行业所面临的一个艰巨任务。

3. 大数据与人工智能的关系

人工智能自 1943 年诞生以来，在几十年的发展历程中经历了多次潮起潮落，人们却从未停止过对人工智能的研究与探索。而 2016 年的 AlphaGo 人机大战又让人工智能得到世人的广泛关注，人工智能也已经从实验室逐步走向了商业化。在移动互联网的新生态环境下，云计算、大数据、深度学习等因素正在推动着人工智能的大发展。未来大数据将成为人工智能的基础，通过深度学习从海量数据中获取的内容，将赋予人工智能更多有价值的发现与洞察，而人工智能也将成为进一步挖掘大数据宝藏的钥匙，助力大数据释放具备人类智慧的优越价值。

"人工智能的原始目标有两个：第一个目标是要通过计算机来模拟人的智能行为，来探讨智能的基本原理，这是真正关心的问题。第二个目标是把计算机做得更聪明，计算机变得更聪明，我们人就可以更傻，就是体验更好。"随着搜索引擎的飞速发展，将互联网文本内容结构化，从中抽取有用的概念、实体，建立这些实体间的语义关系，并与已有多源异构知识库进行关联，从而构建大规模知识图谱，对于文本内容的语义理解以及搜索结果的精准化有着重要的意义。然而，如何以自然语言方式访问这些结构化的知识图谱资源，构建深度问答系统是摆在众多研究者和开发者前的一个重要问题。

近年来，伴随着计算机软硬件技术的升级，并行计算、云计算、大数据与机器学习迅猛发展，为人工智能的研究与应用提供了良好基础。当前新一代人工智能发展强劲，其主要原因是它的"智能"来自大数据，大数据提升了人工智能的智慧。人工智能的"大脑"——智能系统的聪明程度取决于对知识的学习，学习的样本足够多，数据量足够大，才能获得足够的知识。为此，大的样本数据，也就是大数据，决定了人工智能的智能水平。在大数据的基础上，训练出来的人工智能程序，更智慧、更聪明。现今社会每天产生大量的数据，在数据浪潮的推动下，如何挖掘和利用隐含在大数据中的有用信息，人工智能把握住了大数据发展的机遇。在人们对谷歌的人机大战机器人 AlphaGo 不断胜利的赞叹与欢呼声中，大数据环境下的机器学习闪亮登场，人工智能的研究和应用再次掀起了新的高潮。在这一次新的科技浪潮中，站在潮头的是机器学习领域的"新人"——深度学习，人们相信深度学习将带领自己进入通用 AI 的时代，科技创新与应用将从互联网+，发展到 AI+。当前，人工智能在通用领域的应用，从智能交通，到无人驾驶汽车，再到智慧城市、智慧油田，人工智能已经在众多的领域开花结果。

我国已将大数据与人工智能作为一项重要的科技发展战略，党和国家领导人高度重视。在大数据发展日新月异的前提下，我们应该审时度势、精心谋划、超前布局、力争主动，通过积极参数实施国家大数据战略，加快数字中国建设。2018 年，首届数字中国建设峰会、2018 年中国国际大数据产业博览会、首届中国国际智能产业博览会相继召开，中国数字化、网络化、智能化的深入发展，使我们正处在新一轮科技革命和产业革命深入发展的时期，促进数字经济和实体经济的融合发展，加快新旧发展动能接续转换，打造新产业新业态，是各国面临的共同任务，这为我国指明了发展方向。

如今，大数据技术正在不断向各行各业进行渗透。深度学习、实时数据分析和预测、人工智能等大数据技术逐渐改变着原有的商业模式，推动着互联网和传统行业发生着日新月异地变化。但与此同时，非结构化数据难以利用，数据与实际商业价值不匹配的现象在很多企业依然存在，只有不断推进大数据技术与场景创新，才能真正推动大数据应用的不断落地。

未来五年是人工智能进入各个垂直领域的加速期，"人工智能+"将引领产业变革，金融、制造、安防等领域将会诞生新的业态和商业模式，从而更好地实现信息技术由 IT 向 DT 的转变。

8.1.5 知识拓展

1. 大数据的特性

最开始被我们认知的大数据特性有 4 种，即"4V"特性，数据量大（Volume）、种类多（Variety）、速度快时效高（Velocity）、价值密度低（Value）。IBM 接着提出了"5V"特性，即在"4V"的基础上，增加了真实性（Veracity）。随着对大数据认知的不断深入，大数据的特性也不断被发现和增加，现在已经在谈"6V"特性了，又增加了可变性（Variability）。

（1）海量性（Volume）。

大数据最主要的特征之一便是数据量大，拥有海量数据。参考一组互联网数据：互联网每天产生的全部内容可以刻满 6.4 亿张 DVD；全球每秒发送 290 万封电子邮件，一分钟读一篇的话，一个人不停地读也需要 5.5 年才能读完，等等。并且，这个数据在与日俱增。

（2）多样性（Variety）。

种类多也是大数据的主要特性之一，指的是大数据的数据类型的多样性。除了结构化数据外，还包括了更多的半结构化数据和非结构化数据，如网络日志、社交媒体聊天记录、视频、图片、地理位置等多种数据类型。仅依赖传统的数据传输、存储、处理方式，明显无法满足要求。

（3）快速性（Velocity）。

该特性描述的是数据产生、数据移动或数据变化的速度快，这是大数据所要具备的基本特性。同时，如何快速的处理、分析数据，并返回结果给用户，对速度和时效同样要求很高。

（4）价值性（Value）。

大数据有巨大的内在价值，但同其呈几何指数爆发式增长相比，某一对象或模块数据的价值密度较低。那是否可以说能够摒弃一些看似无用的数据？答案是否定的，大数据时代一个重要的转变就是，我们可以分析更多的数据，有时甚至可以处理所有的数据，即全样本数据，而不再依赖于随机采样数据。

（5）真实性（Veracity）。

真实性是数据是否可靠的重要特性。随着社交数据、企业生产数据、交易与应用数据等新数据源的不断产生，并不是所有的数据源都具有可靠性，如果在大数据中发现哪些数据对商业、决策是真正有效的，就愈发需要保证数据的真实性及安全性。

（6）可变性（Variability）。

大数据具有多层结构，这意味着大数据会呈现出多变的形式或类型。传统业务数据大多拥有标准的格式，能够被标准的传统软件识别。但大数据存在不规则或模糊不清的特性，造成很难甚至无法使用传统软件进行分析。

2. 大数据的价值

谈及大数据的价值，首先要分清楚大数据的受益者到底是谁？简单地说，大数据的最终受益者可以分为三类：企业、消费者以及政府公共服务部门，如图 8-1 所示。

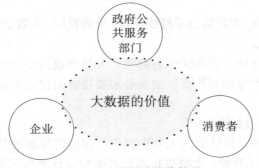

图 8-1 大数据的价值体现

（1）企业发展天生就依赖于大量的数据分析来做决策支持，同时，针对消费者市场的精准营销，也是企业营销的重要需求。

（2）对于消费者，大数据的价值主要体现在信息能够按需搜索，能够得到友好、可信的信息推荐，并提供高阶的信息服务，如智能信息的提供、用户体验的优化等。

（3）大数据也逐渐地被应用到政府日常管理和公众服务中，成为推动政府政务公开、完善服务的重要工具。从户籍事务处理，到不动产登记管理，再到征信体系建设等，都对大数据建设提出了更高的目标要求，可见，大数据已成为政府服务提效和优化的技术支撑和帮手。

从企业用户业务角度分析，大数据的价值体现在以下三方面。

（1）数据辅助决策：为企业提供基础的数据统计报表分析服务，从而辅助企业决策。例如，产品分析师能够通过统计数据生成分析报告指导产品和运营；产品经理能够通过统计数据完善产品性能和改善用户体验；运营人员可以通过数据发现运营问题并优化运营的策略和方向，管理层可以通过数据掌握公司业务运营状况，从而制定正确的战略决策。

（2）数据驱动业务：通过数据产品、数据挖掘模型实现企业产品和运营的智能化，从而极大地提高企业的整体效能产出，如基于个性化推荐技术的精准营销服务、广告服务，基于模型算法的风险控制、反欺诈服务及征信服务等。

（3）数据对外服务：通过对数据进行精心的包装，对外提供数据服务，从而获得收益。例如，大数据公司利用自己掌握的大数据，提供风控查询、验证、关联检索服务，提供导客、导流等精准营销服务，提供数据开放平台服务等。

随着大数据的发展，企业越来越重视数据相关的开发和应用，从而获取更多的市场机会。一方面，大数据能够明显提升企业获取数据的准确性和及时性；另一方面，大数据能够帮助企业分析大量市场数据而进一步挖掘细分市场的机会,能够缩短企业产品研发周期、提升企业在商业模式、产品和服务上的创新力,提升企业的商业决策水平,降低企业经营的风险。

随着计算机处理能力的日益强大,获得的数据量越大,可以挖掘到的价值就越高。实验的不断反复、大数据的日渐积累,让人类发现事情的发展变化规律、准确地预测未来,不再是科幻电影里的读心术。

最终,我们都将从大数据技术中获益。

3. 大数据的发展趋势

大数据市场需求明确,大数据技术持续发展,毋庸置疑,大数据将全面普及、快速发展。

（1） 数据的资源化。

数据的资源化、私有化、商品化成为趋势,大数据成为企业和社会关注的重要战略资源,并已成为企业争相抢夺的新焦点。企业必须要提前制定大数据营销战略计划,抢占市场先机。

（2） 与云计算的深度结合。

大数据离不开云计算,云计算为大数据提供了弹性可拓展的基础设施,是大数据处理的理想的平台。自 2013 年开始,大数据技术已开始和云计算技术紧密融合,未来两者关系将更为密切,两者相辅相成,密不可分。除此之外,物联网、产业互联网等新兴计算形态也将一齐助力大数据技术,让大数据发挥出更大的影响力。

（3） 科学理论的突破。

随着大数据技术、云计算和人工智能等相关技术的快速发展,可能会改变数据世界里的很多算法和基础理论,实现科学技术上的突破。

（4） 数据科学和数据联盟的成立。

未来,数据科学将成为一门专门的学科,被越来越多的人所认知。各大高校将设立专门的数据科学类专业,也会催生一批与之相关的新的就业岗位。与此同时,基于大数据的基础平台,也将建立起跨领域的数据共享平台,之后,数据共享将扩展到产业层面,并且成为未来产业的核心一环。

（5） 安全与隐私更受关注。

大数据时代,各网站会不同程度地开放其用户所产生的实时数据,一些监测数据的市场分析机构可通过人们在社交网站中写入的信息、智能手机机主同意提供的位置信息等多种数据组合进行分析挖掘。然而,大数据时代的数据分析需要保证个人信息的合规合法使用,保证不被其他组织非法使用,用户隐私安全问题的解决迫在眉睫。

目前关于数据隐私方面的法律法规尚不完善,未来还需要专门的法规为大数据理性发展扫除障碍。

（6） 结合智能计算的大数据分析成为热点。

包括大数据与神经网络、深度学习、语义计算以及人工智能其他相关技术结合。得益于以云计算、大数据为代表的计算技术的快速发展,使得信息处理速度和质量大为提高,能快速、并行处理海量数据。

（7） 各种可视化技术和应用工具提升大数据分析质量。

对大数据分析之后，为了便于用户理解结果，需要把结果直观地展示出来。尤其是可视化移动数据分析工具，能追踪用户行为，让应用开发者得以从用户角度评估自己的产品，通过观察用户与一款应用的互动方式，开发者将能理解用户为何执行某些特定行为，从而为自己完善和改进应用提供依据。

（8）跨学科领域的数据融合分析与应用。

目前大数据已经在大型互联网企业得到较好的应用，其他行业的大数据尤其是电信和金融也逐渐在多种应用场景取得效果。因此，我们有理由相信，大数据作为一种从数据中创造新价值的工具，尤其是与物联网、云计算、产业互联网等热点技术领域相互交叉融合，将会在更多的行业领域中得到应用和落地，带来广泛的社会价值。

8.1.6　技能训练

（1）关注新闻媒体中有关大数据的信息，分析大数据的功能和应用。

（2）根据搜集到的信息分析和阐述大数据+人工智能对人们的日常生活和工作学习有什么影响和意义。

任务 8.2　大数据处理架构 Hadoop 及开发工具

8.2.1　任务要点

◆ Hadoop 简介。
◆ Hadoop 生态系统。
◆ Hadoop 的安装与使用。
◆ Python 编程语言简介。

8.2.2　任务要求

1. 安装 Hadoop。
2. 使用 Hadoop。

8.2.3 实施过程

1. 安装 Hadoop

（1）安装 JDK1.6 或更高版本。从官网下载 JDK，安装时注意，不要安装到带有空格的文件夹中，如 Programe Files，否则在配置 Hadoop 的配置文件时会找不到它。

（2）安装 Cygwin。Cygwin 是 Windows 平台下模拟 Unix 环境的工具，需要在安装 Cygwin 的基础上安装 Hadoop。安装方法如下。

① 双击安装文件，打开安装向导，单击"下一步"按钮，在打开的对话框中选中"Install from Internet"单选按钮，如图 8-2 所示。

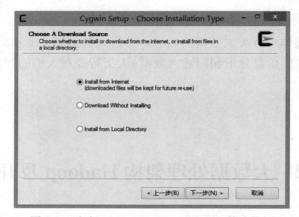

图 8-2 选中"Install from Internet"单选按钮

② 选择安装路径。

③ 选择 local Package Directory。

④ 选择 Internet 连接方式。

⑤ 选择合适的安装源，如图 8-3 所示。

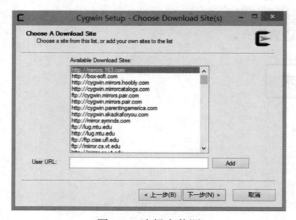

图 8-3 选择安装源

⑥ 单击"下一步"按钮后，在 Select Packages 界面里，Category 展开 net，选择 openssh 和 openssl 两项，如图 8-4 所示。

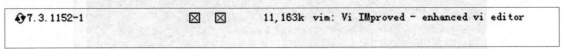

图 8-4　选择 openssh 和 openssl

如果要在 Eclipe 上编译 Hadoop，需要安装 Category 为 Base 下的 sed；如果想在 Cygwin 上直接修改 hadoop 的配置文件，则可以安装 Editors 下的 vim，如图 8-5 所示。

```
7.3.1152-1                    ☒    ☒        11,163k  vim: Vi IMproved - enhanced vi editor
```

图 8-5　选择 vim

⑦ 单击"下一步"按钮，等待安装完成。

（3）　配置环境变量。在系统桌面上右击"此电脑"图标，在弹出的菜单中选择"属性"命令，在打开的窗口中单击"高级系统设置"选项，打开"系统属性"对话框，切换到"高级"选项卡，单击"环境变量"按钮，打开"环境变量"对话框。在"系统变量"列表中双击"Path"变量，打开"编辑系统变量"对话框，在"变量值"框中输入安装的 Cygwin 的 bin 目录，如"D:\hadoop\cygwin64\bin"，如图 8-6 所示。

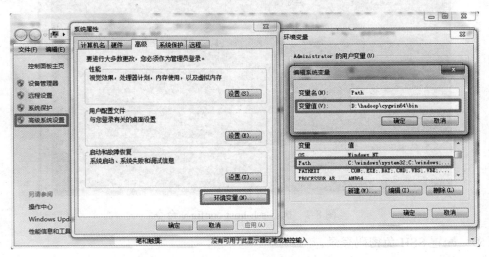

图 8-6　配置环境变量

（4）　安装 sshd 服务。

① 双击桌面上的 Cygwin 图标，启动 Cygwin，执行 ssh-host-config-y 命令，如图 8-7 所示。

② 执行命令后，会提示输入密码，否则会退出该配置，此时输入密码并再次确认密码，然后按 Enter 键。最后出现 Host configuration finished.Have fun!表示安装成功。

③ 执行 net start sshd 命令，启动服务。或者在系统的服务里找到并启动 Cygwin sshd 服务。

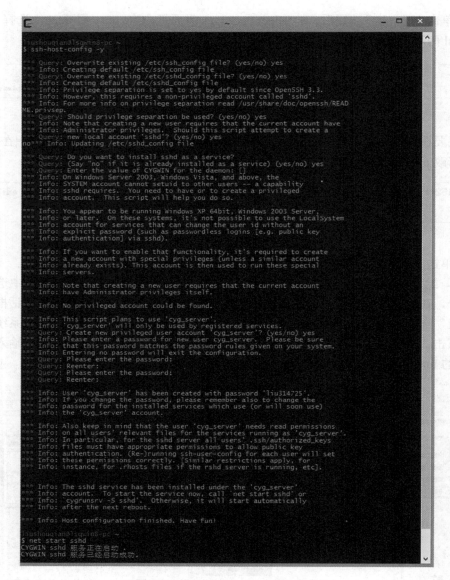

图 8-7　执行 ssh-host-config-y 命令

（5）　配置 SSH 免密码登录。

① 执行 ssh-keygen 命令生成密钥文件。

② 如图 8-8 所示，执行 ssh-keygen -t dsa -P '' -f ~/.ssh/id_dsa 命令。注意-t、-P、-f 参数区分大小写。

ssh-keygen 是生成密钥命令；

-t 表示指定生成的密钥类型（dsa,rsa）；

-P 表示提供的密语（Passphrase）；

-f 指定生成的密钥文件。

注意：~代表当前用户的文件夹，/home/用户名。

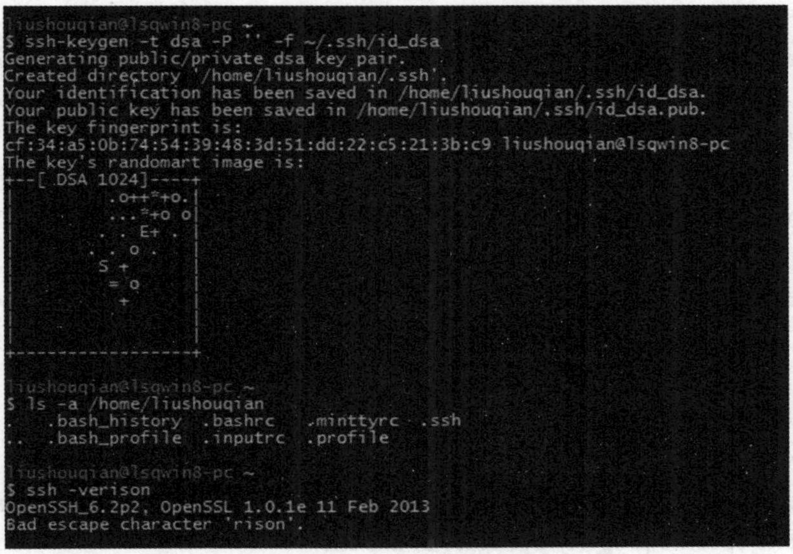

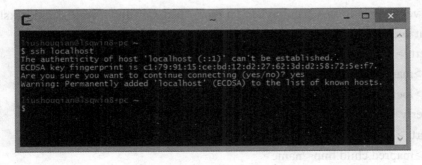

图 8-8　配置 SSH 免密码登录

执行上述命令后，在"Cygwin\home\用户名"路径下面会生成 .ssh 文件夹，可以通过命令"ls -a /home/用户名"查看。执行"ssh -version"命令可查看版本。

③ 执行 ssh-keygen 命令后，再执行下列命令，就可以生成 authorized_keys 文件了，如图 8-9 所示。

cd ~/.ssh/

cp id_dsa.pub authorized_keys

图 8-9　执行命令生成 authorized_keys 文件

④ 执行 exit 命令，退出 Cygwin 窗口。

（6）　再次在桌面上双击 Cygwin 图标，打开 Cygwin 窗口，执行 ssh localhost 命令，第一次执行该命令会有提示，输入"yes"后，按"Enter"键即可，如图 8-10 所示。

图 8-10　生成 authorized_keys 文件

（7）安装 Hadoop。

把 hadoop 压缩包解压到"/home/用户名"目录下，文件夹名称更改为 hadoop。

① 单机模式配置方式。单机模式不需要配置，这种方式下，Hadoop 被认为是一个单独的 Java 进程，这种方式经常用来调试。

② 伪分布模式。可以把伪分布模式看作是只有一个节点的集群，在这个集群中，这个节点既是 Master，也是 Slave；既是 NameNode，也是 DataNode；既是 JobTracker，也是 TaskTracker。

这种模式下修改几个配置文件即可。

配置 hadoop-env.sh，用记事本打开并修改文件，设置 JAVA_HOME 的值为 JDK 安装路径，例如：

JAVA_HOME="D:\hadoop\Java\jdk1.7.0_25"

配置 core-site.xml：

```
<?xml version="1.0"?> <?xml-stylesheet type="text/xsl" href="configuration.xsl"?>
<!-- Put site-specific property overrides in this file. -->
<configuration>
<property>
<name>fs.default.name</name>
<value>hdfs://localhost:9000</value>
</property>
<property>
<name>mapred.child.tmp</name>
<value>/home/u/hadoop/tmp</value>
</property> </configuration>
```

配置 hdfs-site.xml：

```
<?xml version="1.0"?> <?xml-stylesheet type="text/xsl" href="configuration.xsl"?>
<!-- Put site-specific property overrides in this file. --> <configuration>
<property>
<name>dfs.replication</name>
<value>1</value> </property> </configuration>
```

配置 mapred-site.xml：

```
<?xml version="1.0"?> <?xml-stylesheet type="text/xsl" href="configuration.xsl"?>
<!-- Put site-specific property overrides in this file. --> <configuration>
<property>
<name>mapred.job.tracker</name>
<value>localhost:9001</value>
</property>
<property>
<name>mapred.child.tmp</name>
<value>/home/u/hadoop/ tmp</value>
```

</property> </configuration>

2．Hadood 的使用。

打开 Cgywin 窗口，执行 cd ~/hadoop 命令，进入 hadoop 文件夹，如图 8-11 所示。

```
liushouqian@lsqwin8-pc ~
$ cd ~/hadoop

liushouqian@lsqwin8-pc ~/hadoop
$
```

图 8-11　进入 hadoop 文件夹

启动 Hadoop 前，需要先格式化 Hadoop 的文件系统 HDFS，命令为 bin/hadoop namenode -format。注意 namenode 要全部小写，否则会提示错误。执行正确命令后的界面如图 8-12 所示。

```
liushouqian@lsqwin8-pc ~/hadoop
$ bin/hadoop namenode -format
13/08/20 15:18:40 INFO namenode.NameNode: STARTUP_MSG:
/************************************************************
STARTUP_MSG: Starting NameNode
STARTUP_MSG:   host = lsqwin8-pc/10.11.68.90
STARTUP_MSG:   args = [-format]
STARTUP_MSG:   version = 1.2.0
STARTUP_MSG:   build = https://svn.apache.org/repos/asf/hadoop/common/branch
es/branch-1.2 -r 1479473; compiled by 'hortonfo' on Mon May  6 06:59:37 UTC
2013
STARTUP_MSG:   java = 1.7.0_25
************************************************************/
13/08/20 15:18:40 INFO util.GSet: Computing capacity for map BlocksMap
13/08/20 15:18:40 INFO util.GSet: VM type       = 64-bit
13/08/20 15:18:40 INFO util.GSet: 2.0% max memory = 932118528
13/08/20 15:18:40 INFO util.GSet: capacity      = 2^21 = 2097152 entries
13/08/20 15:18:40 INFO util.GSet: recommended=2097152, actual=2097152
13/08/20 15:18:41 INFO namenode.FSNamesystem: fsOwner=liushouqian
13/08/20 15:18:41 INFO namenode.FSNamesystem: supergroup=supergroup
13/08/20 15:18:41 INFO namenode.FSNamesystem: isPermissionEnabled=true
13/08/20 15:18:41 INFO namenode.FSNamesystem: dfs.block.invalidate.limit=100
13/08/20 15:18:41 INFO namenode.FSNamesystem: isAccessTokenEnabled=false acc
essKeyUpdateInterval=0 min(s), accessTokenLifetime=0 min(s)
13/08/20 15:18:41 INFO namenode.FSEditLog: dfs.namenode.edits.toleration.len
gth = 0
13/08/20 15:18:41 INFO namenode.NameNode: Caching file names occuring more t
han 10 times
13/08/20 15:18:42 INFO common.Storage: Image file of size 117 saved in 0 sec
onds.
13/08/20 15:18:42 INFO namenode.FSEditLog: closing edit log: position=4, edi
tlog=\tmp\hadoop-liushouqian\dfs\name\current\edits
13/08/20 15:18:42 INFO namenode.FSEditLog: close success: truncate to 4, edi
tlog=\tmp\hadoop-liushouqian\dfs\name\current\edits
13/08/20 15:18:42 INFO common.Storage: Storage directory \tmp\hadoop-liushou
qian\dfs\name has been successfully formatted.
13/08/20 15:18:42 INFO namenode.NameNode: SHUTDOWN_MSG:
/************************************************************
SHUTDOWN_MSG: Shutting down NameNode at lsqwin8-pc/10.11.68.90
************************************************************/
```

图 8-12　执行 bin/hadoop namenode -format 命令后的界面

输入命令 bin/start-all.sh，启动所有进程，如图 8-13 所示。

```
liushouqian@lsqwin8-pc ~/hadoop
$ bin/start-all.sh
starting namenode, logging to /home/liushouqian/hadoop/libexec/../logs/hadoop-liushouqian-namenode-lsqwin8-pc.out
localhost: starting datanode, logging to /home/liushouqian/hadoop/libexec/../logs/hadoop-liushouqian-datanode-lsqwin8-pc.out
localhost: starting secondarynamenode, logging to /home/liushouqian/hadoop/libexec/../logs/hadoop-liushouqian-secondarynamenode-lsqwin8-pc.out
starting jobtracker, logging to /home/liushouqian/hadoop/libexec/../logs/hadoop-liushouqian-jobtracker-lsqwin8-pc.out
localhost: starting tasktracker, logging to /home/liushouqian/hadoop/libexec/../logs/hadoop-liushouqian-tasktracker-lsqwin8-pc.out
```

图 8-13　启动所有进程

接下来验证是否安装成功。打开浏览器，在地址栏中输入网址"http://localhost:50030"，按 Enter 键，打开 MapReduce 的 Web 页面，如果能够正常浏览，说明安装成功，如图 8-14 所示。

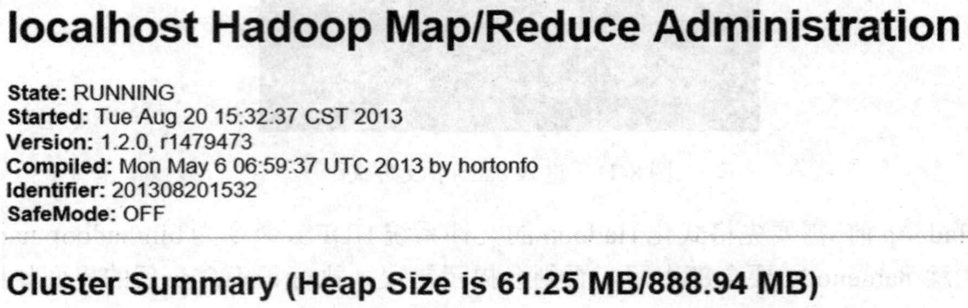

localhost Hadoop Map/Reduce Administration

State: RUNNING
Started: Tue Aug 20 15:32:37 CST 2013
Version: 1.2.0, r1479473
Compiled: Mon May 6 06:59:37 UTC 2013 by hortonfo
Identifier: 201308201532
SafeMode: OFF

Cluster Summary (Heap Size is 61.25 MB/888.94 MB)

图 8-14　MapReduce 的 Web 页面

再在浏览器地址栏中输入"http://localhost:50070"，按下"Enter"键，打开 HDFS 的 Web 页面，如图 8-15 所示。

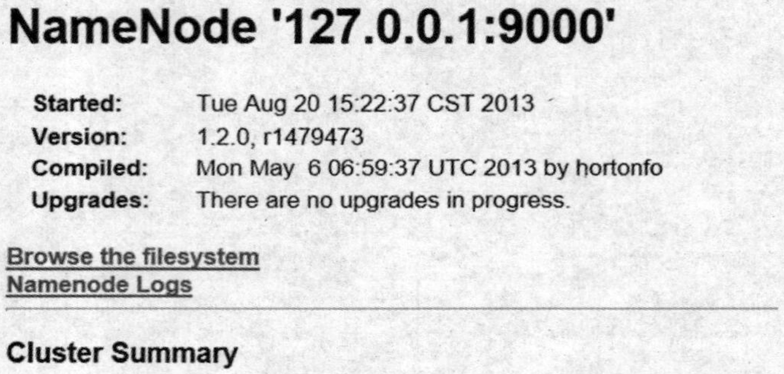

NameNode '127.0.0.1:9000'

Started:	Tue Aug 20 15:22:37 CST 2013
Version:	1.2.0, r1479473
Compiled:	Mon May 6 06:59:37 UTC 2013 by hortonfo
Upgrades:	There are no upgrades in progress.

Browse the filesystem
Namenode Logs

Cluster Summary

图 8-15　HDFS 的 Web 页面

第一次启动后，如果都不能浏览，或不能浏览某一个，先退出 Cygwin，然后再重新打开 Cygwin，执行 bin/start-all.sh 命令。

如果只想启动 MapReduce，可执行 bin/start-mapred.sh 命令；如果只想启动 HDFS，则可执行 bin/start-dfs.sh 命令。

8.2.4　知识链接

1. Hadoop 简介

Hadoop 是一个开源框架，可编写和运行分布式应用处理大规模数据。Hadoop 起源于开源组织 Apache 成立的开源引擎项目 Nutch，在 Nutch 发展的过程中借鉴了 Google 公司的 GFS、MapReduce 和 BigTable 思想，实现了 Nutch 版的 NDFS 和 MapReduce，并据此成立新的项目组称作 Hadoop，Hadoop 目前已有许多版本，本书使用经典的 Hadoop 2.0。

Hadoop 具有分布式文件系统（HDFS）和分布式操作系统（Yarn）两个功能软件包。

将 Hadoop 部署至集群，然后调用 Hadoop 程序库就能用简单的编程模型处理分布在不同机器上的大规模数据集。因为采用了客户/服务器模式，所以 Hadoop 可以很容易地进行机器扩展，同时每台机器都能进行本地存储和本地计算。

例如，有一个 100MB 的数据库备份的 SQL 文件，想在不导入到数据库的情况下直接用 grep 命令通过正则表达式过滤出想要的内容，可以直接用 Linux 的命令 grep，或者通过编程来读取文件，然后对每行数据进行正则匹配得到结果，但是如果是 1GB，1TB 甚至 1PB 的数据，就不能用上述两种方法了，因为单台服务器的性能有限，超大数据文件难以处理。要想处理这种超大数据，可以使用分布式计算方法。分布式计算的核心在于利用分布式算法把运行在单台机器上的程序扩展到多台机器上并行运行，从而使数据处理能力成倍增加，但是这种分布式计算一般对编程人员要求很高，而且对服务器也有要求，导致了成本变得非常高。Haddop 可以解决这个问题，Haddop 可以很轻易地把很多运行 Linux 的廉价 PC 组成分布式结点，编程人员只需要根据 MapReduce 的规则定义好接口方法，Haddoop 就会自动把相关的计算分布到各个结点上去，然后得出结果。也就是说，Hadoop 首先会把 1PB 的数据文件导入到 HDFS 中，编程人员只需定义好 Map 和 Reduce，即把文件的行定义为 Key，每行的内容定义为 Value，然后进行"正则匹配"，匹配成功则把结果通过 Reduce 聚合起来返回，Hadoop 就会把这个程序分布到 N 个结点去并行的操作。通过这种算法，计算时间会大大缩短。这个例子用专业术语来说，就是所谓的大数据和云计算。

2. Hadoop 的生态系统

Hadoop 框架的核心是 HDFS 和 MapReduce，其中 HDFS 是分布式文件系统，MapReduce 是分布式数据处理模型和执行环境。Hadoop 的生态系统如图 8-16 所示。

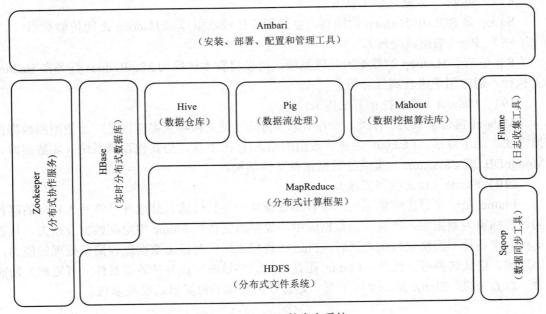

图 8-16　Hadoop 的生态系统

（1）Ambari（安装、部署、配置和管理工具）。

Ambari 是一种基于 Web 的工具，支持 Apache Hadoop 集群的供应、管理和监控。简单来说，Ambari 就是为了让 Hadoop 以及相关的大数据软件更容易使用的一个工具。

（2）HDFS（分布式文件系统）。

HDFS 是 Hadoop 生态系统中数据存储管理的基础，可以检测和应对硬件故障，用于在低成本的通用硬件上运行。HDFS 简化了文件的一致性模型，通过流式数据进行访问，提供高吞吐量应用程序数据访问功能，适合带有大型数据集的应用程序。

（3）MapReduce（分布式计算框架）。

MapReduce 是一种计算模型，用以进行大数据量的计算。其中 Map 对数据集上的独立元素进行指定的操作，生成键—值对形式中间结果；Reduce 则对中间结果中相同"键"的所有"值"进行规约，以得到最终结果。MapReduce 这样的功能划分，非常适合在大量计算机组成的分布式并行环境里进行数据处理。

（4）Hive（数据仓库）。

Hive 是基于 Hadoop 的数据仓库，它定义了一种类似 SQL 的查询语言，将 SQL 转化为 MapReduce 任务在 Hadoop 上执行，通常用于离线分析。

（5）HBase（实时分布式数据库）。

HBase 是一个针对结构化数据的可伸缩、高可靠、高性能、分布式和面向列的动态模式数据库，提供了对大规模数据的随机、实时读写访问。HBase 中保存的数据可以使用 MapReduce 来处理，将数据存储和并行计算完美地结合在一起。

（6）Zookeeper（分布式协作服务）。

Zookeeper 用于解决分布式环境下的数据管理问题，包括统一命名、状态同步、集群管理、配置同步等。

（7）Sqoop（数据同步工具）。

Sqoop 是 SQL-to-Hadoop 的缩写，主要用于传统数据库和 Hadoop 之间传输数据。

（8）Pig（数据流处理）。

Pig 是基于 Hadoop 的数据流处理系统，可以将脚本转换为 MapReduce 任务在 Hadoop 上执行，通常用于进行离线分析。

（9）Mahout（数据挖掘算法库）。

Mahout 包含了聚类、分类、推荐引擎（协同过滤）和频繁集挖掘等广泛使用的数据挖掘方法。除了算法，Mahout 还包含数据的输入/输出工具、与其他存储系统（如数据库、MongoDB 或 Cassandra）集成等数据挖掘支持架构。

（10）Flume（日志收集工具）。

Flume 是一个日志收集系统，可以将数据从产生、传输、处理并最终写入目标的路径的过程抽象为数据流，在具体的数据流中，数据源支持在 Flume 中定制数据发送方，从而支持收集各种不同协议数据。同时，Flume 数据流提供对日志数据进行简单处理的能力，如过滤、格式转换等。此外，Flume 还具有能够将日志写往各种数据目标（可定制）的能力。总的来说，Flume 是一个可扩展、适合复杂环境的海量日志收集系统。

3. Python 编程语言

Python 是一门跨平台、开源、免费的解释型动态编程语言，支持命令式编程、函数式编程、面向对象编程等程序设计方式，语法简介清晰，并且拥有大量支持多领域应用开发的成熟扩展库，如机器学习领域的 Scikit-learn；深度学习领域的 TensorFlow；数据分析领域的 Pandas、Numpy；以及绘图领域的 Matplotlib、Seaborn 等。这些扩展库让 Python 语言变得强大，也成为实现数据分析和机器学习、人工智能的首选语言。

（1）应用领域。

Python 是一种解释型脚本语言，可以应用于以下领域：Web 和 Internet 开发、科学计算和统计、教育、桌面界面开发、软件开发、后端开发。

（2）基本语法。

① 控制语句。

if 语句，当条件成立时运行语句块。经常与 else、elif（相当于 else if）配合使用。

for 语句，遍历列表、字符串、字典、集合等迭代器，依次处理迭代器中的每个元素。

while 语句，当条件为真时，循环运行语句块。

try 语句，与 except、finally 配合使用处理在程序运行中出现的异常情况。

class 语句，用于定义类型。

def 语句，用于定义函数和类型的方法。

pass 语句，表示此行为空，不运行任何操作。

assert 语句，用于程序调试阶段时测试运行条件是否满足。

with 语句，是 Python 2.6 以后定义的语法，在一个场景中运行语句块。比如，运行语句块前加密，然后在语句块运行退出后解密。

yield 语句，在迭代器函数内使用，用于返回一个元素。自从 Python 2.5 版本以后。这个语句变成一个运算符。

raise 语句，制造一个错误。

import 语句，导入一个模块或包。

from import 语句，从包导入模块或从模块导入某个对象。

import as 语句，将导入的对象赋值给一个变量。

in 语句，判断一个对象是否在一个字符串/列表/元组里。

② 表达式。

Python 主要的算术运算符与 C/C++类似：+、-、*、/、//、**、~、%分别表示加法或者取正、减法或者取负、乘法、除法、整除、乘方、取补、取余。>>、<<表示右移和左移；&、|、^表示二进制的与、或、异或运算。>、<、==、!=、<=、>=用于比较两个表达式的值，分别表示大于、小于、等于、不等于、小于或等于、大于或等于。在这些运算符里面，~、|、^、&、<<、>>必须应用于整数。

Python 使用 and、or、not 表示逻辑运算。

is、is not 用于比较两个变量是否是同一个对象。in、not in 用于判断一个对象是否属于另外一个对象。

Python 支持 list comprehension（列表推导式）。

Python 使用 Lambda 表达式形式的匿名函数。匿名函数体只能是表达式，例如，Python 使用 y if cond else x 表示条件表达式。意思是当 cond 为真时，表达式的值为 y，否则表达式的值为 x。相当于 C++语言里的 cond?y:x。

Python 区分列表（list）和元组（tuple）两种类型。list 的写法是[1,2,3]，而 tuple 的写法是（1,2,3）。可以改变 list 中的元素，而不能改变 tuple。在某些情况下，tuple 的括号可以省略。tuple 对于赋值语句有特殊的处理。因此，可以同时赋值给多个变量。

Python 支持列表切割（list slices），可以取得完整列表的一部分。支持切割操作的类型有 str、bytes、list、tuple 等。它的语法是...[left:right]或者...[left:right:stride]。

③ 函数。

Python 的函数支持递归、默认参数值、可变参数，但不支持函数重载。为了增强代码的可读性，可以在函数后书写"文档字符串"（Documentation Strings，简称 docstrings），用于解释函数的作用、参数的类型与意义、返回值类型与取值范围等。可以使用内置函数 help()打印出函数的使用帮助。

④ 对象的方法。

对象的方法是指绑定到对象的函数。调用对象方法的语法是 instance.method(arguments)。它等价于调用 Class.method(instance, arguments)。当定义对象方法时，必须显式地定义第一个参数，一般该参数名都使用 self，用于访问对象的内部数据。

⑤ 类型。

Python 是动态编程语言。在编译的时候，Python 不会检查对象是否拥有被调用的方法或者属性，而是直至运行时，才做出检查。所以操作对象时可能会抛出异常。不过，虽然 Python 采用动态类型系统，它同时也是强类型的。Python 禁止没有明确定义的操作，比如数值与字符串相加。

与其他面向对象语言一样，Python 允许程序员定义类型。构造一个对象只需要像函数一样调用类型即可，比如，对于前面定义的 Fish 类型，可使用 Fish()调用。类型本身也是特殊类型 type 的对象（type 类型本身也是 type 对象），这种特殊的设计允许对类型进行反射编程。

⑥ 数学运算。

Python 使用与 C、Java 类似的运算符，支持整数与浮点数的数学运算。同时还支持复数运算与无穷位数（实际受限于计算机的能力）的整数运算。除了求绝对值函数 abs()外，大多数数学函数封装在 math 和 cmath 模块内。前者用于实数运算，而后者用于复数运算。

8.2.5 知识拓展

1. Hadoop 的特点

在一个宽泛而不断变化的分布式计算领域，Hadoop 凭借什么优势能脱颖而出呢？

（1）运行方便：Hadoop 是运行在由一般商用机器构成的大型集群上。Hadoop 在云计算服务层次中属于 PaaS（Platform-as-a-Service，平台即服务）式系统工具。

（2）　健壮性：Hadoop 可在一般的商用硬件上运行，能够从容地处理类似硬件失效这类的故障。

（3）　可扩展性：Hadoop 通过增加集群节点，可以线性地扩展以处理更大的数据集。

（4）　简单：Hadoop 允许用户快速编写高效的并行代码。

2.　Hadoop 的典型应用

（1）　构建大型分布式集群

Hadoop 可以构建大型分布式集群，从而提供海量存储和计算服务。

（2）　数据仓库

企业服务器的 Log 日志文件和半结构化的数据不适合存入关系型数据库，但是很适合半结构化的 HDFS，并利用其他工具进行报表查询等服务。

（3）　数据挖掘

通过 Hadoop 可以实现多台机器并行处理海量数据，提高了数据处理的速度。

8.2.6　技能训练

练习：

（1）　下载并安装 Hadoop。

（2）　下载并安装 Python。

—□ 任务 8.3　大数据应用领域 □—

8.3.1　任务要点

◆　大数据在日常生活中的应用。

◆　大数据在城市管理中的应用。

◆　大数据在网络安全领域中的应用。

◆　大数据在金融电信行业中的应用。

8.3.2　任务要求

1．预测路网超车。

2．人群实时统计。

8.3.3 实施过程

1. 基于灰色理论与大数据技术的路网流量超限预测案例

在国民经济迅速发展的环境下，车辆数量快速增长，因而产生了诸多交通问题，如道路拥堵、路网流程超限等现象经常发生在城市道路中，因此，寻找有效办法解决交通问题、合理道路规划、合理交通设施设置以及及时车流量诱导是城市道路相关执法部门的重要任务。

现阶段，中国政府颁布了实施现代工业化的任务，着重加强交通设施建设，促进通信技术、信息技术等技术的综合运用。智能交通系统（Intelligent Transportation Systems，ITS）的目的是，依靠数据挖掘、数据分析、数据预测等先进技术实现城市道路路网的智能决策、管理，城市道路超车率的预测是很关键的科学性研究工作，它促进智能交通能更好地为人们提供多种服务，极大地减轻了城市道路交通拥堵、路网流程超限的压力，保障城市道路的运输效率。

城市路网流程超限安全问题已经成为一个城市迅速发展亟需解决的难题，自 20 世纪 80 年以后在部分大城市逐步建立交通控制系统、高速公路收费系统，GIS、GPS 等信息交通服务得到了广泛的推广。

"智能交通系统关键技术开发和示范"作为一项重大工程被科技部列入国家科技研究计划。20 世纪 60 年，代以美国为首的发达国家相继开展了智能交通系统的研究。道路设施的科学规划以及交通流量的控制成为了交通控制系统中的重要问题，城市道路中的交通流量预测理论有了高速发展，越来越多的国家重视交通流流量预测技术，世界各地都在积极举办交通流量预测学术研讨会。

如今，城市的发展速度越来越快，城市路网道路的通行能力也存在明显不足，缓解城市路网流程超限所带来的安全问题，成为了大众关注的问题，最为明显的是大范围的路网流程超限，降低生产、生活效率，增加交通运输成本，增加交通事故发生概率，城市路网流量超限预测的研究十分必要。对城市路网流量超限问题的及时的管控，是当今需要解决的问题。准确的预测城市路网中指定的路段的超车，能够为相关的管理部门提供很好的决策支持，在很大的程度上确保城市路网道路的交通安全与稳定。

交通路网系统是一个非线性的复杂的时变系统，相邻路段的相互作用、相互影响以及自然界和人为因素的影响，如路面情况、自然天气、交通事故、司机驾车的心理状态等等因素，造成了交通路网的复杂性强、不确定性多特点。因此，传统的交通技术已经不能满足和解决当今飞速发展的城市所带来的交通安全问题，交通智能化刻不容缓。

当前机动车数量基数大，采用传统的路口信号控制并不能从根本上解决交通拥堵等带来的安全隐患问题。为了能够充分合理发挥城市路网的基础设施的作用，提高城市道路的管理水平，降低城市路网流量超限所带来的影响，还是需要科学有效合理的规划交通路网，建立智能的交通控制体系，降低城市路网流量超限所带来的风险，因此，城市路网流量预测在交通控制和管理中有着不可或缺的作用。

随着电子警察（Electrical Police，EP）系统的普及，作为一种现代化的高科技管理系统，可 24 小时实现对道路车辆的监控，对驾驶人违法、违章行为进行抓拍，电子警察由路口杆件、高清数字摄像机、光纤传输系统、嵌入式抓拍控制主机等组成（更多规格参数详见行业标准 GA/T 497—2009）。车牌识别（Vehicle Plate Identification，VPI）数据可通过电子警察识别、匹配获取。因此，电子警察数据为精准预测路网流量，验证模型的可行性提供了极大的方便。对于搭建安全可靠的智能交通控制，降低城市道路超车所带来的风险有着不可替代的作用。

　　本案例将基于灰色理论与大数据技术应用于城市路网道路超车率的预测上，搭建适合的预测模型，可以帮助相关部门实现更加智能化、精准化的城市道路管理，降低城市所带来的危害与风险。具体来讲，本案例的意义是预测大面积路网流量超限，大面积的路网流量超限将导致路面系统极其不稳定，将导致事故发生率高，存在诸多的交通安全隐患，如果可以实现预测出大面积的路网流量超限现象，则可以进行人为干预来控制交通系统，进而降低事故率。本案例进行超限率（路网流量超限的程度）预测，因为超车数无法客观刻画大面积的程度，故案例使用超车率，这样一种比值的形式，即预测路面上此时现有车辆中，超过路网通行能力的车辆数是多少。因为每个路段上的车辆总数是不同的，故直接预测超限率是没有意义的，故本案例预测的超车率，路面上的超车率越大，表明超车的情况发生的越频繁。即本案例中，我们使用超车率来刻画大面积流量超限这种现象。短时超车率精度高，可以进行实时计算，众所周知，离得越近的数据，一般具有一致的规律性，离得较远的数据关联性较小，故短时预测一般精度较高，所以，我们可以拿很短时间的样本去训练，然后预测未来很短时间的情况，比如我们可以拿前十分钟的超车率数据进行建模，预测后面十分钟的流量超限情况，如果预测出来具有大面积流量超限的情况发生，则我们就进行人为的调控。但是短时超车只能预测未来很短一段时间的，如果进行长期预测，则精度较低。

　　为此我们为了掌握问题的整体规律，我们要进行长时预测。我们知道一个系统的问题往往具有规律性，甚至周期性，如每天早上 9:00 员工上班的期间，车辆集中上路，车流量大面积增加，那么此时道路流量状况将变得极其不稳定，这个时候短时观测将无法发现这个规律，我们需要进行长时观测的模型，它可以学习数据之间的规律性，比如可以发现周期性，通过前一天的大量数据预测今天的情况，整体上得出今天的车流量趋势。

　　在实际的日常生活中，若能及时准确地发现危险的超车路段，对于建立安全、可靠、生态的智能交通运输体系有着十分重要的价值，也为相关部门的决策提供了可靠的支持，城市路网交通秩序得到改善。随着经济的发展、城市进程的步伐加快、人民生活水平的提高，车辆也逐年增加，因此，智能交通生态体系中有了海量的交通历史数据，国内外的许多研究学者致力于研究形式多样的模型，用来演示海量交通数据所表现出的原理与模型样式。

　　本案例研究的对象是江苏省苏州市苏州工业园区星湖街—现代大道路段的电子警察流量数据，根据卡口与电子警察等车牌识别系统，获得车牌识别数据，通过上下游车牌识别的比对，较为精确地获取车辆在路段之间的流量关系。

　　（1）介绍了国内外关于交通的研究现状与相关背景。梳理了目前为止国内外关于交通流量预测所用的模型与方法，但在交通安全方面，关于交通路网流量预测的研究较少，然后对此问题进行较为系统的分析。以城市路网超车率为研究的对象，分析了城市路网交通超车率的特征、影响因素、预测过程、方法等。

（2）我们首先给出了对灰色理论的介绍，其次我们建立了用于流量预测的灰色模型。灰色模型的优点是，可以挖掘小样本中的流量信息，我们通过对此信息状态下的流量数据建立回归方程，实现流量的有效预测，可以实现在线学习，在线预测的功能，具有很强的推广意义。建立了灰色非线性伯努利模型，优于经典 GM(1,1)模型，输入已经预处理的城市路网流量数据，所得到的预测结果具有较好的稳定性和较高的精度。

（3）研究了传统神经网络、循环神经网络、GRU 神经网络，建立了传统神经网络模型、循环神经网络模型、GRU 神经网络模型，得到了相对应的结果。由于传统的 BP 神经网络没有时间记忆功能，在学习到新的样本时就会遗忘旧的样本，不能刻画序列之间的关系，BP 网络也会由于网络层数的加深，容易造成梯度消失的现象。因此，近年来，深度学习的巨大热度与其在神经网络中的建模所体现的优势密切相关。

在深度神经网络模型群中，经典循环网络（RNN）具有如下的优点。①备联想特性；②具备提取深层特征的特点。

此外这类的循环网络也有一定的缺点：虽然可以联想学习，但是不可避免的引入噪声。

交通系统的流量问题属于复杂系统范畴，系统内部受到不可知因素或部分不可知因素的影响，往往存在高维复杂的噪声，其次流量问题还存在较高的偶然性，这大大的给超车预测带来了难度，在这样的情况下大部分采集的超车数据都失去了统计学意义，进而失去了较强的预测能力。

针对上述特点，本案例提出了利用深度递归神经网络（GRU）进行流量分析等复杂问题的建模和分析。GRU 是一个长期和短期的记忆网络。它是一种深度递归神经网络，具有更好的泛化能力，适用于处理和预测具有较长时间间隔和时间序列延迟的重要事件。

2. 基于大数据挖掘技术的人群实时统计案例

随着城市化进程的加快和生活适量的提高，城市中或人员密集场所（如集市、商圈或旅游景点）人群密集拥挤的情况越来越多。当人群密度超过一定限度或者因突发意外会导致拥挤或踩踏事件发生造成人员伤亡与财产损失，同时引发社会各界恐慌。因此研究人群流量以避免造成风险具有重要意义和价值。当前治安智能监控与图像视觉技术已有广泛应用，随之涌现出诸多人群计数的算法与系统，但是因为拥挤人群高遮挡性、环境多变性、随时流动性等诸多原因，拥挤人群计数在实时度、精确度以及场景适应度还存在不足之处，有一定的提升空间。本案例主要针对拥挤人群计数算法的实时度、精确度以及场景适应度进行深入研究，尽可能做出改进与提高。

当前是人工智能、大数据与计算机视觉迅速发展的信息化时代，各个行业和领域都得到突破性的进展。计算机视觉作为当下科技迅速发展的产物，研究成果也如同雨后春笋般涌现，计算机视觉成为了人工智能极其重要的分支。计算机视觉主要通过各种摄像搜集视频或者图片数据等，对搜集的数据进行分析，最终达到模拟人类视觉的效果。

人群计数算法存在的困难和挑战：本案例重点关注治安智能视频监控场景下的目标计数问题，主要是行人计数的问题。当前治安视频监控已经遍布许多场景，但是采集视频数据的过程中，视频中光线的明暗、目标行人的形态和背景的复杂多变是常见的问题。如何有效地处理遮挡以及图像色温并且有效地将目标行人从图像中分离出来，是一个公认的难点。例如某些数据集目标人物所占像素的比例过小，特征很难提取准确。当前已有的算法已经应用于相应领域，但是依然会出现很多检测失误的情况，并且相当一部分算法对训练样本的要求过高，导致行人检测系统中分类器的性能不够稳定，适用性差。

本案例建立相应的人群计数检测器框架，重点讲述了深度学习中的卷积神经网络以及阈值所产生的检测影响，并对此进行了改进和优化。

（1）　分析了人群拥挤引发的各种公共安全事件，并对于当前的基于深度学习的行人检测算法鲁棒性差和适用性差等原因进行了论述。

（2）　提出了一种基于深度学习的行人计数方法，该方法主要利用 VGG 主干网络，并借鉴了 Cascade R-CNN 网络的级联结构，通过级联结构迭代，使正样本保持多样化，减少过拟合情况，对输入视频的帧图像进行分析和处理，提升模型的整体性能。

（3）　通过对公共数据集中进行实验，验证本方法的可行性与有效性。

本案例在基于治安监控视频数据的实际应用中，行人检测系统已被多次实验并应用于不同场景中。该系统可应用于公安预警、行人跟踪和人群计数等多个领域。该系统的研究和有效落实可极大的节省人力资源成本，节省财产资源，更有助于稳定社会治安工作。在以上实际应用案例中可以发现，当前行人检测方法依然有亟待解决的疑难点。比如拥挤人群图像的尺寸实际上是任意大小，并不是训练样本中已设定尺寸大小。其次人群聚集的拥挤密集程度分布具有不均匀的特点，再有镜头角度和光线遮挡问题的影响，人群中不同位置的人员个体所占像素的大小和色彩饱和度差异较大，导致行人检测系统在实际应用中具有局限性、鲁棒性低和模型适用性差等缺陷。为了优化上述问题，本案例提出了一种基于深度学习的行人检测算法，采用 1×1、3×3 小卷积核的 VGG16 主干网络，对人群中图像大小不同者的图像进行分类和特征提取。为了减少提高阈值后正样本数量急剧减少出现"过拟合"（即过度处理了无效细节）的情况，避免训练和测试时使用不同阈值会导致检测效果下降的情况，设计了级联结构，利用不同阶段设置不同的阈值，获得足够多的正样本。在训练的过程中利用参数硬共享方式，使用两种损失函数的加权求和结果，在一定程度上增加了一些训练时间，但是却提供了更可靠的全局信息，增强了模型的适用性和检测精度。

8.3.4　知识链接

1. 大数据在日常生活中的应用

日常生活中，我们免不了超市购物、网络购物、外卖点餐等，我们的购物清单以及个人的某些信息就成为超市或网站购物大数据的一部分。我们需要发微博、朋友圈、定位信息等，这些数据就成为各大社交网站的大数据的一部分。我们需要滴滴打车、地图导航、交通卡或手机刷码乘坐公共交通工具等，这些数据就成为各平台人流出行、车流分布的大数据的一部分。我们需要网站搜索、在线学习等，这些数据将成为各平台热点词、兴趣点等大数据的一部分。

2. 大数据在城市管理中的应用

大数据的应用在城市管理中意义重大，通过人口库、企业信息及企业关键人员库、地理信息库、经济信息数据库等各种数据库，可以建立政务云、行业云、工业云，通过数据融合、数据挖掘、数据共享来支撑智慧城市的建设。大数据在城市管理中的应用主要有以下几个方面：

（1）大数据与政府公共服务：政府通过建立政务云来管理事务，可以打开政府横向部门间、政府与市民间的通道，消除信息孤岛现象，政府各部门可以适时共享数据，提高工作效率，行政过程也更加公开透明，避免了"幕后交易""暗箱操作"等违法、违规行为。大数据技术还有助于规范政府各部门的数据存储标准，可以有效地解决政府部门间数据的不一致或冲突等问题。此外，数据还有助于公共服务精细化和政府决策精准化，大数据技术以其准确、全面、高效、智慧等特性，能够满足公众的个性化需求，为政府公共服务精细化提供了技术支持。而利用大数据的数据融合、数据挖掘、运筹学计算等技术，可以使用完整的、全面的信息进行分析，从而得出科学合理的决策方案，从而提高其管理效率。

（2）大数据与交通管理：通过大数据可以将各条道路上安装的摄像头拍摄下来的数据进行综合分析，将不同时间、不同道路上的交通状况适时发送到驾驶员和交通参与者手中，使人们可以以此为据来选择畅通的路线，从而分散或缓解交通压力。

（3）大数据与环保：通过使用数码装置对江河湖海中不同深度的水进行取样和检测，然后将结果传到后台，后台就可以通过云计算和大数据挖掘来得出河流的水质状况，然后做一个数字化河流的模型，随时了解该河流各点的水质情况。例如，上海就利用这种方法测试了全区的二氧化碳排放量、地表水质情况和噪声情况等。

（4）大数据与社会治安：通过大数据监测能源消耗异常情况，可以判断相关人员的行为异常。

3. 大数据在网络安全领域中的应用

大数据在网络安全领域中的应用主要表现在以下几个方面：

（1）数据采集：大数据技术主要运用数据采集等工具，依据流量、日志数据等特点、容量等，通过分布采集的方式来进行数据采集，高效且准确。

（2）数据查询：大数据技术可以保证数据查询的速度快，准确性和全面性高，给网络安全分析工作人员带来了极大的便利。

（3）数据存储：大数据技术可以降低数据存储工作的难度，提供不同的存储方式，使得网络安全分析工作能够高效进行。

（4）数据分析：大数据技术可以根据信息的特性、类型来选择合适的分析方法，使网络安全分析工作正常有序地开展下去，并保证数据信息的全面性、安全性和准确性。

（5）复杂数据处理：大数据可以从流量数据自身的特点出发，通过结合多方面的数据信息进行发散性/关联性分析，从而对数据开展更加全面的分析，保证复杂数据能够得到正确、及时的处理，有利于网络安全分析工作的高效、快速进行。

4. 大数据在金融电信行业中的应用

根据数据显示，中国大数据 IT 应用投资规模前五名的行业分别是，互联网行业占比最高，占大数据 IT 应用投资规模的 28.9%；其次是电信领域，占 19.9%；第三为金融领域，占 17.5%；第四和第五分别为政府部门和医疗行业。由此可以看出，无论是投资规模和应用潜力，电信行业和金融行业都是大数据应用的重点行业。

（1）金融行业的大数据应用。

国内不少银行已经开始尝试通过大数据来管理业务运营，如中信银行信用卡中心使用大数据技术进行实时营销，光大银行建立了社交网络信息数据库，招商银行则利用大数据发展小微贷款业务。总的来看银行大数据应用可以分为四大方面：

① 客户画像应用。客户画像应用主要分为个人客户画像和企业客户画像。个人客户画像包括人口统计学特征、消费能力数据、兴趣数据、风险偏好等；企业客户画像包括企业的生产、流通、运营、财务、销售和客户数据、相关产业链上下游等数据。

② 精准营销。在客户画像的基础上银行可以有效地开展精准营销，包括实时营销、交叉营销、个性化推荐、客户生命周期管理。

③ 风险管控。包括中小企业贷款风险评估和欺诈交易识别等手段。

④ 运营优化。包括市场和渠道分析优化、产品和服务优化、舆情分析等。

（2）大数据在电信行业中的应用。

目前国内电信运营商运用大数据主要有五方面。

① 网络管理和优化。包括基础设施建设优化和网络运营管理和优化。

② 市场与精准营销。包括客户画像、关系链研究、精准营销、实时营销和个性化产品与服务推荐。

③ 客户关系管理。包括客服中心优化和客户生命周期管理。

④ 企业运营管理。包括业务运营监控和经营分析。

⑤ 数据商业化指数据对外商业化，单独盈利。

8.3.5　知识拓展

1. 零售大数据——营销策略

这是一个大数据内在关联关系的典型应用案例。超级商业零售连锁沃尔玛公司曾经对其销售产品数据做了购物篮关联关系分析，目的在于试图发现销售者的购买习惯，以便改进其营销策略，提高销售业绩。通过销售数据分析和挖掘，竟然发现一个惊奇的规律，"购买尿不湿的消费者同时多数也会购买啤酒"！于是，销售人员将婴儿尿不湿与啤酒摆放在相邻的货架上进行销售，同时提高了两类产品的销售业绩。与此同时，也揭示了美国的一种行为模式：美国的年轻爸爸们去超市购买婴儿纸尿布时为了犒劳自己也会为自己购买喜欢的啤酒。这样，纸尿布和啤酒两种看似风马牛不相及的商品却有着紧密的联系，它反映出数据的内在规律和联系。

现在，通过对其庞大销售数据的分析和挖掘，沃尔玛发现，"每当季节性飓风来临之前，不仅手电筒销量大增，而且美式早餐蛋挞销量也增加了。"因此，每当季节性飓风来临前，销售人员就会把蛋挞和飓风用品摆放在一起，从而增加相关商品的销量。

2. 医疗大数据——高校看病

医疗行业是另一个让大数据分析最先发扬光大的传统行业之一。根据《"十三五"全国人口健康信息化发展规划》，人口健康信息化和健康医疗大数据是国家信息化建设及战略资源的重要内容，是深化医药卫生体制改革、建设健康中国的重要支撑。医疗行业拥有大量的病历和病案信息加上国家基本公共卫生服务建立的居民健康档案等，以及数目及种类众多的病菌、病毒、肿瘤细胞报告，并且它们还处于不断地演化进化过程中。如果将这些数据整理、分析、研究、应用，综合个人基因组和其他生物大数据的挖掘建立健康医疗大数据平台，不但可以帮助病人确诊，明确定位疾病，制定优化治疗方案，还可以为每个人提供个体化的健康监测和风险预测，达到"治未病"，推进健康中国建设。

3. 教育大数据——因材施教

教育领域是大数据大有可为的另一个重要应用领域，有人曾大胆预测，大数据将给教育带来革命性的变化。美国利用大数据来诊断处在辍学危险期的学生、探索教育开支与学生学习成绩提升的关系、探索学生缺课与成绩的关系、分析学生考试分数、职业规划的关系等。近年来，各种形式和规模的网络在线教育和大规模开放式网络课程大受欢迎，大数据推动了教育的革命，学生的上课和学习形式、教师的教学方法和形式、教育政策制定的方式和方法，都将并且正在发生重大变化。

当每位学生可以实现线上学习，包括上课、读书、写笔记、做作业、讨论问题、进行试验、阶段测试、发起投票等，这都将成为教育大数据的重要来源，可以全面地分析学生学习、教师授课、课程内容、测试考试等各环节的问题。同时，实施个性化教育也成为可能，不再是"吃不饱"和"消化不了"的两类学生不得不接收同样的知识，他们可以有侧重地学习，并在学习过程中产生诸如学生学习过程、作业过程、师生互动过程等即时性数据。通过大数据分析，教师可获取最为真实、最为个性化的学生特点信息，在教学过程中可以有针对性地进行因材施教。不仅可以提高学习效率，也可以减轻学生的学习负担。

未来的教育将不再是依靠理念和经验来传承的传统教育模式，而是大数据驱动的学习，教育将变成一门实实在在的基于数据的高效、互动、有针对性、个性化的新的新形式。

8.3.6 技能训练

练习：

（1）搜集身边的大数据应用实例。

（2）思考自己的哪些行为可能成为大数据收集的对象。